よくわかる公拡法

土地の先買い制度
関係事務Q&A

補償実務研究会 編著

ぎょうせい

発刊にあたって

　公共事業の実施に不可欠な公共用地及び代替地の取得を円滑化し、地域の秩序ある整備と公共の福祉の増進に資することを目的とした「公有地の拡大の推進に関する法律」が昭和47年に施行されて半世紀余りが経過しました。これまで本法の土地の先買い制度により、多くの土地が公有地として確保されてきました。

　この間、バブル期における地価の高騰とその後の長期にわたる地価低迷、土地開発公社のいわゆる長期保有土地の問題など、本法を取り巻く環境や課題は常に変化しています。一方、自然災害の激甚化・頻発化や地方創生の推進をはじめとする政策課題に適確に対応するためには、迅速な社会資本の整備は引き続き欠かせないものであることから、本法の適切な運用を通じて公共用地の取得の円滑化を図ることは現在においてもなお重要であると考えられます。

　本書は、実務に携わる方々が疑問を抱かれる論点を近年の改正等を取り入れながら一問一答形式で整理したものです。本書が地方公共団体や土地開発公社の担当者に活用されることにより、本法の適正な運用にいささかでも役立てば幸いです。

令和7年3月

補償実務研究会

凡　例

●本書において、次の略称を用いる。

公拡法………………公有地の拡大の推進に関する法律（昭和47年法律
　　　　　　　　　　　第66号）

公拡法施行令………公有地の拡大の推進に関する法律施行令（昭和47
　　　　　　　　　　　年政令第284号）

公拡法施行規則……公有地の拡大の推進に関する法律施行規則（昭和
　　　　　　　　　　　47年建設省・自治省令第1号）

●基準日

　解説の内容現在は、令和7年2月1日とした。

　掲載している条文の内容現在は、令和7年2月1日時点で公布済、施行基準日は令和7年2月1日とした。

目　次

発刊にあたって

凡例

第1編　総論

公拡法の概要 ———————————————————————————— 2

Q 1　公拡法の概要／2

Q 2　土地の先買い制度／2

Q 3　公拡法の土地の先買い制度と都市計画法の土地の先買い制度／3

Q 4　土地の先買いと土地の先行取得／8

Q 5　土地の先買い制度の手続／9

Q 6　地方自治法における公拡法第2章の事務の取扱い／10

第2編　公拡法　総則関係Q＆A

第1条　目的　関係 ———————————————————————————— 12

Q 7　公拡法の目的／12

Q 8　土地開発公社／12

第2条　用語の意義　関係 ———————————————————————— 13

Q 9　公有地の定義／13

Q10　土地開発公社が取得した土地／13

Q11　土地開発公社が管理する土地／14

Q12　地方公共団体等の定義／14

Q13　地方公共団体の種類／15

Q14　地方公共団体の組合による土地の先買い／15

Q15　土地開発公社等による土地の先買い／16

Q16　独立行政法人都市再生機構による土地の先買い／16

i

Q17 国・独立行政法人・特殊法人による土地の先買い／17

Q18 都市計画区域の定義／17

Q19 都市計画施設と都市施設の定義／19

第3条 公有地の確保及びその有効利用 関係 ——— 20

Q20 公有地の確保／20

Q21 公有地の有効利用／20

第3編 公拡法 都市計画区域内の土地等の先買い関係Q＆A
第4条 土地を譲渡しようとする場合の届出義務 関係 ——— 24

第4条第1項 ……………………………………… 24

Q22 土地の有償譲渡の届出義務／24

Q23 土地の有償譲渡の届出の対象となる土地／25

Q24 土地の有償譲渡の届出の方法、届出事項／27

Q25 オンラインによる土地の有償譲渡の届出／29

Q26 土地を所有する者／30

Q27 土地を有償で譲り渡そうとするとき／31

Q28 土地の有償譲渡の種類／32

Q29 売買・代物弁済の予約／32

Q30 将来的な土地の譲渡／33

Q31 入札による土地の譲渡／34

Q32 共有地の譲渡／35

Q33 共有持分の譲渡／35

Q34 相続登記未了の土地の譲渡／36

Q35 相続財産清算人による土地の処分／37

Q36 被相続人が届出を行った場合における相続人による土地の譲渡／38

Q37 事業譲渡による土地の譲渡／40

Q38 法人の合併・分割等による土地の継承／41

Q39 現物出資による土地の譲渡／42

Q40 工場財団に含まれる土地の譲渡／43

Q41 裁判所の命令による土地の処分／44

Q42 届出前の売買契約の締結／45

Q43 同時期になされる土地の譲渡／46

Q44 同時期になされる土地の譲渡／47

Q45 契約上の地位の譲渡による土地の譲渡／48

Q46 第三者のためにする契約による土地の譲渡／49

Q47 建物の譲渡／50

Q48 区分所有権の譲渡／50

Q49 抵当権等の所有権以外の権利の設定／51

Q50 抵当権等の所有権以外の権利が設定された土地の譲渡／52

Q51 賃借権等の所有権以外の権利の譲渡／52

Q52 信託受益権の設定／53

Q53 信託受益権の譲渡／53

Q54 信託受益権の譲渡による届出者／55

Q55 信託受益権の解除／56

Q56 信託契約の手数料／57

Q57 届出に関する土地の面積要件の考え方／57

Q58 複数の土地の譲渡／59

Q59 所有者が異なる隣接する土地の譲渡／60

Q60 土地区画整理事業の施行区域内の土地／60

Q61 都市計画施設の区域に接する土地の譲渡／61

Q62 公衆用道路を含む土地の譲渡／62

Q63 土地区画整理促進区域内の土地の譲渡／63

Q64 土地区画整理事業の施行区域内の土地（5,000㎡）の譲渡／64

Q65 生産緑地の譲渡／65

Q66 都市計画施設の区域の部分が200㎡未満である土地の譲渡／66

iii

Q67 都市計画区域内と都市計画区域外にまたがる土地の譲渡／67

Q68 市街化調整区域内の土地の譲渡／68

Q69 市街化区域と市街化調整区域にまたがる土地の譲渡／69

Q70 市街化区域と非線引き区域にまたがる土地の譲渡／70

Q71 複数の市にまたがる土地の譲渡／71

Q72 複数の市町村にまたがる土地の譲渡／72

Q73 届出の取下げ／73

Q74 土地有償譲渡届出書に記載した内容に変更が生じたとき／74

Q75 無届出による土地の譲渡／75

第4条第2項 ………………………………………………………… 76

Q76 国又は地方公共団体等に対する土地の譲渡／76

Q77 公拡法施行令第3条第1項で定める法人／77

Q78 財産区による土地の譲渡／77

Q79 重要文化財に指定されている土地の譲渡／78

Q80 住宅街区整備事業による施設住宅の敷地の譲渡／80

Q81 都市計画施設又は土地収用法第3条各号に掲げる施設に関する事業のための土地の譲渡／81

Q82 開発許可区域内の土地の譲渡／82

Q83 都市計画法に基づく事業予定地の譲渡／83

Q84 生産緑地法に基づく買い取らない旨の通知後の譲渡／85

Q85 土地の買取りを希望する地方公共団体等がない旨の通知後の譲渡／86

Q86 土地の買取りの協議が不成立となった土地の譲渡／87

Q87 国土利用計画法の規制区域内の土地の譲渡／89

Q88 国土利用計画法の注視区域内の土地の譲渡／90

Q89 小規模な土地の譲渡／92

Q90 農地の譲渡／93

第4条第3項 ………………………………………………………… 95

Q91 国土利用計画法の届出と公拡法の届出の関係／95

Q92　国土利用計画法の届出の取下げがあった場合の取扱い／97

第5条　地方公共団体等に対する土地の買取り希望の申出　関係

99

第5条第1項 ……………………………………………………………… 99

Q93　土地の買取り希望の申出／99

Q94　土地の交換等を目的とした申出／100

Q95　土地の買取り希望の申出の対象となる土地／101

Q96　土地の買取り希望の申出事項／103

Q97　オンラインによる買取り希望の申出／105

Q98　土地を所有する者／106

Q99　代理人による申出／107

Q100　国又は地方公共団体等による申出／108

Q101　公共法人による申出／109

Q102　財産区が所有する土地の申出／110

Q103　所有権の争いがある土地の申出／111

Q104　農地法の許可を条件とした仮登記がある土地の申出／112

Q105　所有権以外の権利が設定されている土地の申出／113

Q106　地方公共団体の権利が設定されている土地の申出／114

Q107　所有権以外の権利者による申出／115

Q108　建物がある土地の申出／116

Q109　複数の土地の申出／117

Q110　土地区画整理事業の施行区域内の土地の申出／118

Q111　土地区画整理事業の仮換地の指定があった土地の申出／118

Q112　土地区画整理事業の保留地予定地の申出／119

Q113　都市計画法に基づく事業予定地の申出／120

Q114　都市計画区域内と都市計画区域外にまたがる土地の申出／122

Q115　法定外公共物により分断されている土地の申出／123

Q116　市道により分断された土地の申出／124

Q117　水路により分断される土地の申出／125

v

Q118　境界点のみが接する土地の申出／126

Q119　共有地を含む土地の申出／127

Q120　連名による隣接地の申出／128

Q121　小規模な土地の申出／129

Q122　申出の取下げ／130

第5条第2項 ……………………………………………………131

Q123　土地の買取りの協議が不成立となった土地の譲渡／131

Q124　土地の買取りの協議が不成立となった土地の申出／133

Q125　遺言執行者による申出／134

Q126　相続人による土地の譲渡／135

第6条　土地の買取りの協議　関係 ───────────137

第6条第1項 ……………………………………………………137

Q127　土地の買取りの協議／137

Q128　土地の買取りの協議を行う地方公共団体等の選定／139

Q129　複数の地方公共団体等が土地の買取りを希望する場合の買取りの協議を行う地方公共団体等の選定／140

Q130　買取りの協議を行う地方公共団体等の選定／141

Q131　土地の買取りの協議を行う地方公共団体等の順位付け／142

Q132　申出者による土地の買取りの協議を行う地方公共団体等の指定／143

Q133　届出があった土地の所在する地方公共団体以外の土地の買取りの協議／144

Q134　国・独立行政法人・特殊法人による土地の買取りの協議／145

Q135　大規模な住宅地の建設のための有償譲渡の届出があった土地の買取りの協議／147

Q136　土地の買取りの目的／148

Q137　土地の買取りの目的の内容／149

Q138　土地の一部を対象とする買取りの協議／150

Q139　土地の持分を対象とする買取りの協議／151

Q140　減歩を目的とする土地区画整理事業の施行区域内の土地の買取りの協議／153

Q141　農地の代替地として供することを目的とした農地の買取りの協議／154

Q142　土地に建物が存する場合の土地の買取りの協議／155

Q143　相続人に対する土地の買取りの協議の通知／156

Q144　代理人が行った届出に関する土地の買取りの協議の通知／157

Q145　土地の買取りの協議の期間／158

第6条第2項 ……………………………………………………160

Q146　土地の買取りの協議の通知／160

Q147　届出等のあった日／161

Q148　土地の買取りの協議の通知の期間の末日が日曜日となる場合の通知／162

Q149　土地の買取りの協議の通知の期間の末日が土曜日や年末年始となる場合の通知／163

Q150　土地の買取りの協議の通知がない場合の譲渡／164

Q151　届出の受理から3週間後に通知が到達した場合／166

Q152　届出の受理から3週間後に通知が到達した場合／167

Q153　届出の受理から3週間後に買取りの協議が開始された場合／168

Q154　土地の買取りの協議を行う地方公共団体等の変更／169

第6条第3項 ……………………………………………………171

Q155　土地の買取りを希望する地方公共団体等がない場合の通知／171

第6条第4項 ……………………………………………………173

Q156　土地の買取りの協議の義務／173

Q157　土地の買取りの協議の期間／174

Q158　土地の買取りの協議を行うことを拒むことができる「正当な理由」／175

Q159　土地の買取りの協議の拒否／176

vii

第7条　土地の買取価格　関係 ——————————177

Q160　土地の買取価格／177

Q161　公示価格を規準として算定した価格／178

Q162　買取り希望価額／180

Q163　公示価格等と著しく異なる買取り希望価額／181

第8条　土地の譲渡の制限　関係 ——————————183

第8条第1項 ···183

Q164　土地の譲渡の制限／183

Q165　土地の譲渡の制限／184

Q166　通知があった日、通知があったとき／185

Q167　土地の買取りの協議が成立しないことが明らかになったとき／186

Q168　土地の譲渡の制限の期間内の無償譲渡／187

Q169　正当な理由により土地の買取りの協議を行うことができなかったとき／188

Q170　土地の買取りの協議の通知前の譲渡／189

第9条　先買いに係る土地の管理　関係 ——————————191

Q171　公拡法第9条の趣旨／191

Q172　買取り目的とした事業以外の事業への転用／192

Q173　用途変更した場合に、錯誤により契約が無効にならないか／193

第9条第1項 ···194

Q174　本法における都市計画施設と都市施設／194

Q175　公拡法第9条第1項第1号／195

第9条第1項第2号 ···196

Q176　土地収用法第3条各号に掲げる施設／196

Q177　事業認定の要否／197

第9条第1項第3号 ···197

Q178　第9条第1項第3号の政令で定める事業／197

第9条第1項第4号 ···198

Q179　第9条第1項第4号の趣旨／198

Q180　第9条第1項第4号の要件／199

Q181　第9条第1項第4号の要件／200

Q182　国土交通大臣に提出しない都市再生整備計画／201

Q183　地域再生計画の作成手続／202

Q184　第9条第1項第4号におけるその他政令で定める事業／203

先買い土地の取扱い ………………………………………………………204

Q185　先買い土地を国へ譲渡できるか／204

Q186　先買い土地を私立保育所施設敷地として貸与できるか／205

Q187　先買い土地を社会福祉法人へ貸与できるか／206

Q188　先買い土地を工場敷地として譲渡できるか／207

Q189　先買い土地を住宅の用に供する宅地として譲渡できるか／208

Q190　先買い土地を住宅地区改良事業の用に供せるか／209

Q191　先買い土地を代替地として提供できるか／210

Q192　買取り団体とは違う地方公共団体等に使用貸借させる目的での先買い／211

Q193　事業施行者以外の者による代替地の用に供することを目的とした先買い／211

Q194　代替地の地目／212

Q195　借地人へ代替地として提供できるか／212

Q196　狭小な土地を代替地として提供できるか／213

第9条第2項 …………………………………………………………………214

Q197　先買い土地の暫定利用／214

第4編　公拡法　その他Q＆A

第24条　国の援助　関係 ─────────────────216

Q198　地方公共団体の資金の確保／216

Q199　国による支援／217

ix

第32条（第5章　罰則）　関係 ————————————218

Q200　過料の手続／218

その他 ————————————————————219

Q201　税制上の特例措置の概要／219

Q202　税制上の特例措置の適用要件／219

Q203　税制上の特例措置に係る地方公共団体等による手続／220

Q204　行政不服審査法の適用／220

Q205　届出等に関する情報公開請求の対応／221

第5編　参考資料

○公有地の拡大の推進に関する法律 ……………………………224

○公有地の拡大の推進に関する法律施行令 ……………………239

○公有地の拡大の推進に関する法律施行規則 …………………245

○公有地の拡大の推進に関する法律第18条第6項第1号に規定
する主務大臣の指定する有価証券 ……………………………247

○公有地の拡大の推進に関する法律第18条第7項第2号に規定
する主務大臣の指定する金融機関 ……………………………248

○公有地の拡大の推進に関する法律附則第4条に規定する主務
大臣が指定する地方公共団体 …………………………………248

○昭和47年建設省／自治省告示第2号（公有地の拡大の推進に
関する法律施行規則第4条第5号の規定に基づく主務大臣が
指定する法人） …………………………………………………249

▽公有地の拡大の推進に関する法律の施行について ……………249

▽公有地の拡大の推進に関する法律の施行について（土地開発
公社関係） ………………………………………………………252

▽公有地の拡大の推進に関する法律の施行について（土地の先
買い制度関係） …………………………………………………266

▽公有地の拡大の推進に関する法律の一部を改正する法律の施
行について ………………………………………………………268

▽公有地の拡大の推進に関する法律の一部を改正する法律の施
行について ………………………………………………………269

▽公有地の拡大の推進に関する法律の一部を改正する法律の施行にあたつて留意すべき事項について ……………………………271

▽国土利用計画法の施行に係る公有地の拡大の推進に関する法律等の運用について ……………………………………………272

▽公有地の拡大の推進に関する法律第4条第3項の運用について ………………………………………………………………274

▽公有地の拡大の推進に関する法律の一部を改正する法律の施行について ……………………………………………………275

▽公有地の拡大の推進に関する法律の一部を改正する法律の施行に当たって留意すべき事項について ……………………278

▽公有地の拡大の推進に関する法律及び都市開発資金の貸付けに関する法律の一部を改正する法律並びに公有地の拡大の推進に関する法律施行令の一部を改正する政令の施行について …279

▽公有地の拡大の推進に関する法律及び都市開発資金の貸付けに関する法律の一部を改正する法律並びに公有地の拡大の推進に関する法律施行令の一部を改正する政令の施行に当たって留意すべき事項について ………………………………281

▽公有地の拡大の推進に関する法律施行令の一部を改正する政令の施行及び公有地の拡大の推進に関する法律附則第4条に規定する主務大臣が指定する地方公共団体を定める件の改正について ……………………………………………………283

▽公有地の拡大の推進に関する法律施行令の一部を改正する政令の施行及び公有地の拡大の推進に関する法律附則第4条に規定する主務大臣が指定する地方公共団体を定める件の改正に当たって留意すべき事項について ……………………286

▽地方自治法の一部を改正する法律による中核市制度の創設に伴う公有地の拡大の推進に関する法律第2章の土地の先買い制度の運用について ……………………………………………287

▽密集市街地における防災街区の整備の促進に関する法律第3条第1項に規定する防災再開発促進地区の区域内における公有地の拡大の推進に関する法律における土地の先買い制度に係る面積の下限を定める規則の制定範囲の拡大について ………289

▽標準事務処理要領の改正について ………………………………290

▽公有地の拡大の推進に関する法律の運用について（土地の先買い制度関係） ……………………………………………………302

▽企業の再編に伴う土地譲渡等に関する届出の取扱いについて（技術的助言） ……………………………………………………303

xi

▽地域の自主性及び自立性を高めるための改革の推進を図るための関係法律の整備に関する法律の施行に伴う公有地の拡大の推進に関する法律第2章の土地の先買い制度の運用について（技術的助言） ……………………304

▽土地開発公社経営健全化対策について ……………………306

▽「平成29年の地方からの提案等に関する対応方針」を受けた先買い土地の有効活用の促進について ……………………309

▽公有地の拡大の推進に関する法律施行規則の一部改正について ……………………311

▽公有地の拡大の推進に関する法律の先買い制度に係る手続きのオンライン化について（ご協力のお願い） ……………………311

▽地域の自主性及び自立性を高めるための改革の推進を図るための関係法律の整備に関する法律による公有地の拡大の推進に関する法律の一部改正の施行について ……………………313

▽土地開発公社が自ら行う公共事業用地の先行取得について ……315

▽土地開発公社が自ら行う先行取得に係る標準的な協定例（案）の運用について ……………………320

▽「公有地の拡大の推進に関する法律」に関する疑義について …321

索引 ……………………322

第 1 編

総論

1

第1編　総論

公拡法の概要

Q1　■公拡法の概要

公有地の拡大の推進に関する法律は、どのような法律ですか。

A　公有地の拡大の推進に関する法律（公拡法）は、都市の健全な発展と秩序ある整備を促進するため必要な土地の先買いに関する制度の整備、地方公共団体に代わって土地の先行取得を行うこと等を目的とする土地開発公社の創設その他の措置を講じることにより、公有地の拡大の計画的な推進を図り、もって地域の秩序ある整備と公共の福祉の増進に資することを目的とした法律です。

また、公拡法は、総務省と国土交通省の共管の法律です。第2章では「都市計画区域内の土地等の先買い」について規定しており、国土交通省が所管しています。第3章では「土地開発公社」について規定しており、総務省が所管しています。

Q2　■土地の先買い制度

「土地の先買い制度」とはどのようなものですか。

A　公拡法に基づく「土地の先買い制度」は、地方公共団体等による都市の健全な発展と秩序ある整備を促進するために必要となる土地の計画的な取得を推進する制度です。

一定の要件を満たす土地を所有する者が土地を有償で譲渡しようとする場合において、当該土地が所在する都道府県知事又は市長に対し

て「届出」を行う義務を課すとともに、当該土地を所有する者が地方
公共団体等による土地の買取りを希望する場合において、当該土地が
所在する都道府県知事又は市長に対して「申出」を行うことを可能と
することにより、公共施設等の整備のために必要となる土地の計画的
な取得が可能となるよう地方公共団体等に当該土地の買取りの協議を
行う機会を優先的に付与しています。

　土地の所有者による届出又は申出があった場合において、当該土地
の買取りを希望する地方公共団体等があるときは、届出等をした者に
対して、土地の買取りの協議を行う地方公共団体等が通知され、当該
地方公共団体等による買取りの協議が行われます。届出等をした者と
当該地方公共団体等との間で土地の買取りの協議が成立したときは、
当該地方公共団体等が届出等に係る土地を買い取ることができます。

　なお、公拡法に基づく土地の買取りの協議により地方公共団体等が
取得した土地のことを「先買い土地」といいます。

■公拡法の土地の先買い制度と都市計画法の土地の先買い制度

Q3 公拡法に基づく「土地の先買い制度」と都市計画法に基づく「土地の先買い制度」は、どのように違うのですか。

A 　公拡法に基づく「土地の先買い制度」は、都市計画区域内等に所在する一定規模以上の土地について、当該土地を所有する者が土地を有償で譲渡しようとする場合に「届出」の義務を課し、又は当該土地を所有する者が地方公共団体等による土地の買取りを希望する場合に「申出」を可能とすることにより、届出又は申出に係る土地の買取りを希望する地方公共団体等に当該土地の買取りの協議を行う機会を優先的に付与するとともに、届出等をした者と

3

第1編　総論

当該地方公共団体等との間で土地の買取りの協議が成立したときに、地方公共団体等が届出等に係る土地を取得する制度です。

　一方、都市計画法に基づく「土地の先買い制度」は、都市計画施設の区域内等に所在する土地について、当該土地を所有する者が土地を有償で譲渡しようとする場合に「届出」の義務を課し、都道府県知事等が届出をした者に対して、届出に係る土地を買い取るべき旨の通知をしたときに、都道府県知事等が届出等に係る土地を取得することができる制度です。

　公拡法に基づく土地の先買い制度と都市計画法に基づく土地の先買い制度の詳細は、次表のとおりです。

　なお、都市計画法に基づく土地の先買い制度は、次表に掲載するものの他にも同法第52条の3や第57条の4の規定によるものもあります。

事項		公拡法	都市計画法第57条	都市計画法第67条
届出の相手方		市長（市の区域内に存する土地の場合） 都道府県知事（町村の区域内に存する土地の場合。当該町村長を経由）	都道府県知事等（土地の買取りの届出の相手方として公告された者があるときは、その者）	都市計画事業の施行者
対象		土地	土地（土地及びこれに定着する建築物その他の工作物を譲り渡そうとする場合を除く。）	土地又は土地及びこれに定着する建築物その他の工作物
	土地	1．都市計画施設の区域内に所在する土地 2．都市計画区域内に所在する土地で次に掲げるもの (1)　道路法第18条第1項の規定により道路の区域として決定された区域内に所在す	都市計画施設の区域内の土地で都道府県知事等が指定したものの区域内又は市街地開発事業（土地区画整理事業及び新都市基盤整備事業を除く。）の施行区域	都市計画事業（土地区画整理事業及び市街地再開発事業を除く。）の認可又は承認を受けた事業地内の土地（新都市基盤整備事業に係る建築物の敷地に供されて

4

		る土地	内の土地	いる土地、他人の
		(2) 都市公園法第33条第1項又は第2項の規定により都市公園を設置すべき区域として決定された区域内に所在する土地		権利の目的となっている土地等を除く。)
		(3) 河川法第56条第1項の規定により河川予定地として指定された土地		
		(4) (1)から(3)までに掲げるもののほか、これらに準ずる土地として政令で定められる土地		
		3．都市計画法第10条の2第1項第2号に掲げる土地区画整理促進区域内の土地についての土地区画整理事業で、都道府県知事が指定し、主務省令で定めるところにより告示したものを施行する土地の区域内に所在する土地		
		4．都市計画法第12条第2項の規定により住宅街区整備事業の施行区域として定められた土地の区域内に所在する土地		
		5．都市計画法第8条第1項第14号に掲げる生産緑地地区の区域内に所在する土地		
		※1から5までに掲げるものについては、原則200㎡以上の土地に限る。		
		6．都市計画区域内に所在する土地でその面積		

5

		が2,000㎡を下回らない範囲内で以下に定める規模以上のもの (1) 市街化区域又は大都市地域における宅地開発及び鉄道整備の一体的推進に関する特別措置法に定める重点地域の区域にあっては5,000㎡以上の土地 (2) (1)以外の都市計画区域（市街化区域及び市街化調整区域を除く。）にあっては10,000㎡以上の土地 7．都市計画区域内に所在する土地でその面積が以下に定める規模以上のもの ・原則200㎡以上の土地 ※7については、土地の買取り希望の申出に限る。		
	時期	土地を有償で譲り渡そうとするとき 土地の買取りを希望するとき	第57条第1項の規定による公告の日の翌日から起算して10日を経過した日以降に土地を有償で譲り渡そうとするとき	第66条の規定による公告の日の翌日から起算して10日を経過した日以降に土地を有償で譲り渡そうとするとき
買取主体		地方公共団体、土地開発公社、港務局、地方住宅供給公社、地方道路公社及び独立行政法人都市再生機構	都道府県知事又は届出の相手方として公告された者	都市計画事業の施行者
売買（買取り）の成立時期		届出又は申出をした者と買取りを希望する地方公共団体等との協議が成立したとき	都道府県知事等が届出をした者に対し土地を買い取るべき旨の通知をしたとき	施行者が届出をした者に対し土地建物等を買い取るべき旨の通知をしたとき

公拡法の概要

買取価格	土地の買取りの協議により決定した価格	有償譲渡の届出書に記載された予定対価	有償譲渡の届出書に記載された予定対価
譲渡制限期間	1．土地の買取りの協議の通知があった日から起算して3週間を経過する日（その期間内に土地の買取りの協議が成立しないことが明らかになったときは、その時）までの期間 2．土地の買取りを希望する地方公共団体等がない旨の通知があった時までの期間 3．届出等をした日から起算して3週間を経過する日までの期間	届出があった後30日（その期間内に都道府県知事等が届出に係る土地を買い取らない旨の通知をしたときは、その時）までの期間	届出があった後30日（その期間内に施行者が届出に係る土地建物等を買い取らない旨の通知をしたときは、その時）までの期間
土地の管理（用途）	1．次に掲げる事業又はこれらの事業に係る代替地の用に供さなければならない。 (1) 都市計画法第4条第5項に規定する都市施設に関する事業 (2) 土地収用法第3条各号に掲げる施設に関する事業 (3) (1)及び(2)に掲げる事業に準ずるものとして政令で定める事業 (4) 都市再生整備計画、認定地域再生計画に記載された一定の事業（買い取られた日から10年を経過し、(1)〜(3)に掲げる事業に供される見込みのないものに限る）	当該土地に係る都市計画に適合するように管理しなければならない。	規定なし

7

| | 2．公拡法の目的に従って適切に管理しなければならない。 | | |

■土地の先買いと土地の先行取得

公拡法に基づく「土地の先買い」と「土地の先行取得」は、どのように違うのですか。

公拡法に基づく「土地の先買い」は、都市計画区域内等に所在する一定規模以上の土地について、当該土地を所有する者が土地を有償で譲渡しようとする場合に「届出」の義務を課し、又は当該土地を所有する者が地方公共団体等による土地の買取りを希望する場合に「申出」を可能とすることにより、届出又は申出に係る土地の買取りを希望する地方公共団体等に当該土地の買取りの協議を行う機会を優先的に付与するとともに、届出等をした者と当該地方公共団体等との間で土地の買取りの協議が成立したときに、地方公共団体等が届出等に係る土地を取得するものです。

一方、「土地の先行取得」は、都市計画等に定める事業や地域における土地の利用計画等のために将来的に必要となる土地について、事業が施行される前に先行して取得することを指します。「土地の先買い」に加え、土地所有者からの届出等によらず、地方公共団体等が土地所有者と交渉を行い、事業の施行前に土地を取得する場合が含まれます。

公拡法の概要

■土地の先買い制度の手続

Q5 土地の先買い制度の手続は、どのように進められるのでしょうか。

A 公拡法に基づく土地の先買い制度の手続の流れは、以下のとおりです。

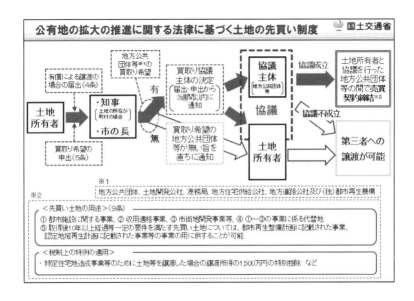

■地方自治法における公拡法第2章の事務の取扱い

地方自治法において、公拡法第2章に定められた事務は自治事務と法定受託事務のどちらに該当しますか。

　地方自治法では、地方公共団体が行う事務を法定受託事務と自治事務の2つに区分し、法定受託事務については更に2つに区分しています。

(1) 第一号法定受託事務	法律又はこれに基づく政令により都道府県、市町村又は特別区が処理することとされる事務のうち、国が本来果たすべき役割に係るものであって、国においてその適正な処理を特に確保する必要があるものとして法律又はこれに基づく政令に特に定めるもの
(2) 第二号法定受託事務	法律又はこれに基づく政令により市町村又は特別区が処理することとされる事務のうち、都道府県が本来果たすべき役割に係るものであって、都道府県においてその適正な処理を特に確保する必要があるものとして法律又はこれに基づく政令に特に定めるもの
(3) 自治事務	地方公共団体が処理する事務のうち、法定受託事務以外のもの

　公拡法第2章に定める土地の先買い制度に係る事務は、一部を除いて自治事務に該当します。自治事務ではない事務には、公拡法第4条第1項及び第5条第1項の規定により町村が処理することとされている事務（土地が町村の区域内に所在する場合の届出及び申出の受理等）があり、これは第二号法定受託事務に該当します。

第２編

公拡法　総則関係Q＆A

第２編　公拡法　総則関係Q＆A

第 1 条 目的　関係

■公拡法の目的

Q7

「都市の健全な発展と地域の秩序ある整備」とは、どのようなことでしょうか。

A 　都市計画に定める公共施設の整備等により、地域が、都市地域と農村地域との健全な調和や生活環境その他地域における環境の保全に配慮しながら、その地域の望ましい形で計画的かつ合理的に整備されることを指します。

■土地開発公社

Q8

「土地開発公社」とは、どのような組織でしょうか。

A 　公拡法に規定する「土地開発公社」は、地方公共団体に代わって地域の秩序ある整備を図るために必要となる公有地となるべき土地等の取得及び造成その他の管理等を行うことができる法人です。地方公共団体がその議会の議決を経て単独で、又は他の地方公共団体と共同して設立することができます。その業務の範囲は、公拡法第17条に規定されていますが、公共事業の用に供する土地の取得、造成その他の管理、処分及び住宅用地等の造成事業のほか、これらの業務の遂行に支障のない範囲において、地方公共団体の委託に基づく公共施設等の整備や国等の公共団体の委託に基づく土地の取得ができることとされています。

　なお、「土地の取得等」には、公拡法第４条第１項又は第５条第１項に規定する土地が含まれていることから、公拡法に基づく土地の先買い制度により土地を取得することができるものとされています。

12

第2条 用語の意義　関係

■公有地の定義

Q9 「公有地」とは何ですか。

A 「公有地」は、公拡法第2条第1号の規定により、地方公共団体の所有する土地とされており、地方自治法第1条の3に規定する普通地方公共団体及び特別地方公共団体が所有する土地のことを指します。

したがって、国や国の出資に係る独立行政法人及び特殊法人など、地方公共団体以外の者が所有する土地は、公拡法に規定する公有地に該当しません。

■土地開発公社が取得した土地

Q10 土地開発公社が取得した土地は、公有地に該当しますか。

A 公有地に該当しません。

公有地は、公拡法第2条第1号の規定により、地方公共団体の所有する土地とされています。

地方自治法第1条の3第1項では、「地方公共団体は、普通地方公共団体及び特別地方公共団体とする。」と規定し、同条第2項では、「普通地方公共団体は、都道府県及び市町村とする。」と規定するとともに、同条第3項では、「特別地方公共団体は、特別区、地方公共団体の組合及び財産区とする。」と規定しています。

したがって、土地開発公社が取得し、所有する土地は、地方公共団

体が所有する土地にあたらないため、公有地に該当しません。
　ただし、土地開発公社が取得した土地であっても、土地開発公社から地方公共団体に譲渡され、地方公共団体が所有することになったときは、公拡法に規定する公有地に該当します。

■土地開発公社が管理する土地

Q11 地方公共団体が所有する土地を土地開発公社が管理していますが、将来的に個人や民間事業者に住宅用地等として譲渡されることとなる土地は、公有地に該当しますか。

A 公有地に該当します。
　公有地は、公拡法第2条第1号の規定により、地方公共団体の所有する土地とされています。
　したがって、地方公共団体が所有する土地は、土地開発公社が管理し、将来的に個人や民間事業者に譲渡されることとなる土地であっても、公拡法に規定する公有地に該当します。

■地方公共団体等の定義

Q12 「地方公共団体等」とは何ですか。

A 「地方公共団体等」は、公拡法第2条第2号の規定により、地方公共団体、土地開発公社及び公拡法施行令で定める法人とされています。ここでいう公拡法施行令で定める法人は、公拡法施行令第1条の規定により、港務局、地方住宅供給公社、地方道路公社及び独立行政法人都市再生機構とされています。

■地方公共団体の種類

「地方公共団体」には、どのようなものが含まれますか。

A 「地方公共団体」は、地方自治法第1条の3第1項の規定により、普通地方公共団体及び特別地方公共団体とされています。

また、普通地方公共団体は、同条第2項の規定により、都道府県及び市町村とされており、特別地方公共団体は、同条第3項の規定により、特別区、地方公共団体の組合及び財産区とされています。

■地方公共団体の組合による土地の先買い

一部事務組合等の地方公共団体の組合は、公拡法に基づく土地の先買い制度により土地を買い取ることができますか。

A 土地の先買い制度により土地を買い取ることができます。
地方公共団体は、地方自治法第1条の3第1項の規定により、普通地方公共団体及び特別地方公共団体とされています。このうち、特別地方公共団体は、同条第3項の規定により、特別区、地方公共団体の組合及び財産区とされています。

地方公共団体の組合は、同法第284条の規定により、一部事務組合及び広域連合とされています。

したがって、一部事務組合等の地方公共団体の組合は、特別地方公共団体であることから、公拡法に基づく土地の先買い制度により土地を取得することができるものとされています。

Q15 ■土地開発公社等による土地の先買い

土地開発公社、港務局、地方住宅供給公社及び地方道路公社が公拡法に基づく土地の先買い制度により土地を買い取ることができるとされているのはなぜですか。

A

土地開発公社、港務局、地方住宅供給公社及び地方道路公社は、地方公共団体の議会の議決を経て定款を定め、地方公共団体の出資により設立された法人であり、地方公共団体に代わって都市の健全な発展と秩序ある整備を促進するため必要な土地等の取得等を行うものであることから、公拡法に基づく土地の先買い制度により土地を取得することができるものとされています。

Q16 ■独立行政法人都市再生機構による土地の先買い

独立行政法人都市再生機構が公拡法に基づく土地の先買い制度により土地を買い取ることができるとされているのはなぜですか。

A

独立行政法人都市再生機構は、政府及び地方公共団体の出資により設立された法人であり、都市機能の高度化及び居住環境の向上を通じて都市の再生を図るとともに、良好な居住環境を備えた賃貸住宅の安定的な確保を図り、都市の健全な発展等と国民生活の安定向上に寄与することを目的としています。当該法人は、市街地の整備改善及び賃貸住宅の供給の支援等のため必要な土地等の取得等を行うものであることから、公拡法に基づく土地の先買い制度により土地を取得することができるものとされています。

第2条　用語の意義　関係

■国・独立行政法人・特殊法人による土地の先買い

国や国の出資に係る独立行政法人及び特殊法人は、公拡法に基づく土地の先買い制度により土地を買い取ることができますか。

A　　公拡法に基づく土地の先買い制度では買い取ることができません。

　公拡法は、公有地の拡大の計画的な推進を図ることを目的としたものであり、公有地とは、公拡法第2条第1号の規定により、地方公共団体の所有する土地とされています。

　したがって、国や国の出資に係る独立行政法人及び特殊法人が所有する土地は、公拡法による公有地にあたらないため、国やこれらの法人は、公拡法に基づく土地の先買い制度により土地を買い取ることはできません。

　国等が公共施設等の整備のために必要となる土地を都市計画等に定める事業等の施行前に先行して取得するときは、地方公共団体や土地開発公社等が公拡法に基づく土地の先買い制度により土地を買い取った後に、当該土地を国等が買い取るなどの方法が考えられます。

　なお、国の出資に係る独立行政法人のうち、独立行政法人都市再生機構については、その業務の性質に鑑み、公拡法に基づく土地の先買い制度により土地を買い取ることができるものとされています。

■都市計画区域の定義

「都市計画区域」とは、どのような区域ですか。

　「都市計画区域」は、公拡法第2条第3号の規定により、都市計画法第4条第2項に規定する都市計画区域とされています。都市計画区域は、都市計画法第5条に基づいて各都道

17

府県が次の区域に指定することとされています。

(1) 市又は人口、就業者数その他の事項が一定の要件[※]に該当する町村の中心の市街地を含み、かつ、自然的及び社会的条件並びに人口、土地利用、交通量等について現況及び推移を勘案して、一体の都市として総合的に整備し、開発し、及び保全する必要がある区域

(2) 首都圏整備法による都市開発区域、近畿圏整備法による都市開発区域、中部圏開発整備法による都市開発区域その他新たに住居都市、工業都市その他の都市として開発し、及び保全する必要がある区域

※一定の要件とは、以下に掲げるもののいずれかを指します（都市計画法施行令第2条）。

① 当該町村の人口が10,000以上であり、かつ、商工業その他の都市的業態に従事する者の数が全就業者数の50パーセント以上であること。

② 当該町村の発展の動向、人口及び産業の将来の見通し等からみて、おおむね10年以内に前号に該当することとなると認められること。

③ 当該町村の中心の市街地を形成している区域内の人口が3,000以上であること。

④ 温泉その他の観光資源があることにより多数人が集中するため、特に、良好な都市環境の形成を図る必要があること。

⑤ 火災、震災その他の災害により当該町村の市街地を形成している区域内の相当数の建築物が滅失した場合において、当該町村の市街地の健全な復興を図る必要があること。

第 2 条　用語の意義　関係

■都市計画施設と都市施設の定義

「都市計画施設」と「都市施設」とは、どのような施設を指しますか。

A　「都市計画施設」は、公拡法第 2 条第 4 号の規定により、都市計画法第 4 条第 6 項に規定する都市計画施設とされており、都市計画において施設の種類、名称、位置及び区域が定められた同法第11条第 1 項各号に掲げる都市施設を指します。

「都市施設」は、公拡法第 9 条第 1 号の規定により、都市計画法第 4 条第 5 項に規定する都市施設とされており、都市計画において定められるべき同法第11条第 1 項各号に掲げる施設を指します。

※都市施設の詳細はＱ175を参照してください。

19

第2編 公拡法 総則関係Q&A

第 3 条 公有地の確保及びその有効利用 関係

Q20 ■公有地の確保

「農林漁業との健全な調和を図りつつ」とは、どのようなことでしょうか。

A 　地方公共団体等は、良好な都市環境の計画的な整備を促進し、都市の健全な発展と秩序ある整備を図ることを目的として、都市計画等に定める事業のために必要となる土地を計画的に取得するものとされており、公有地として取得し、確保した土地は、都市的な利用を図るために供されることが必要とされています。

　地方公共団体等による公有地の取得及び確保にあたっては、公有地の利用が農林漁業の健全な発展を阻害しないように、相互に十分な調整が行われることが必要となることから、周辺の農地等の土地利用や農林漁業との健全な調和等を図り、又は配慮されなければならないことを示したものです。

Q21 ■公有地の有効利用

「公有地の有効かつ適切な利用」とは、どのようなことでしょうか。

A 　地方公共団体は、都市の健全な発展と地域の秩序ある整備を図るために、都市計画等に定める事業等のために必要となる土地を計画的に取得するとともに、公有地として取得した土地は、当該取得の目的に応じて、有効かつ適切に利用するよう努めるものとされています。

第3条　公有地の確保及びその有効利用　関係

　なお、地方公共団体が公有地として取得し、確保した土地は、公共施設等の整備のほか、地域における土地の利用に最も適合するように供することが必要とされることから、地方公共団体の財政事情等により、みだりに公有地を処分することは適当ではないとされています。

【参　考】

　「公有地の拡大の推進に関する法律の施行について」（昭和47年 8 月25日建設省都政発第23号・自治画第92号建設事務次官及び自治事務次官通達）記 1

21

第3編

公拡法　都市計画区域内の土地等
の先買い関係Q&A

第4条 土地を譲渡しようとする場合の届出義務　関係

第4条第1項

Q22 ■土地の有償譲渡の届出義務

「土地を譲渡しようとする場合の届出」とは何ですか。

A 　公拡法第4条第1項では、「次に掲げる土地を所有する者は、当該土地を有償で譲り渡そうとするときは、当該土地の所在及び面積、当該土地の譲渡予定価額、当該土地を譲り渡そうとする相手方その他主務省令で定める事項を、主務省令で定めるところにより、当該土地が町村の区域内に所在する場合にあっては当該町村の長を経由して都道府県知事に、当該土地が市の区域内に所在する場合にあっては当該市の長に届け出なければならない。」と規定しています。

　この規定は、都市計画区域内等に所在する一定規模以上の土地を所有する者が土地を有償で譲渡しようとするときに、都道府県知事又は市長に対して「届出」を行う義務を課すことにより、公共施設等の整備のために必要な土地について買取りの協議を行う機会を地方公共団体等に優先的に付与することを目的としています。

　土地の所有者の届出により、当該土地の買取りを希望する地方公共団体等が土地の買取りの協議を行い、届出をした者と当該地方公共団体等との間で土地の買取りの協議が成立したときは、地方公共団体等が届出に係る土地を取得することができます。

■土地の有償譲渡の届出の対象となる土地

Q23 どのような土地を譲渡しようとする際に、有償譲渡の届出が必要ですか。

　　公拡法第4条第1項の規定による土地の有償譲渡の届出が必要とされる土地は、次のとおりです。

(1)　200㎡以上の土地
　①　都市計画施設の区域内に所在する土地
　　※　都市計画区域外の都市計画施設の区域内に所在する土地を含む。③に掲げる土地区画整理事業以外の土地区画整理事業を施行する土地の区域内に所在する土地を除く。
　②　都市計画区域内に所在する土地で次に掲げるもの
　　※　③に掲げる土地区画整理事業以外の土地区画整理事業を施行する土地の区域内に所在する土地を除く。
　　1)　道路法第18条第1項の規定により道路の区域として決定された区域内に所在する土地
　　2)　都市公園法第33条第1項又は第2項の規定により都市公園を設置すべき区域として決定された区域内に所在する土地
　　3)　河川法第56条第1項の規定により河川予定地として指定された土地
　　4)　文化財保護法第109条第1項の規定により指定された史跡、名勝又は天然記念物に係る地域内に所在する土地で都道府県知事又は市長が指定し、公告したもの
　　5)　港湾法第3条の3第9項又は第10項の規定により公示された港湾計画に定める港湾施設の区域内に所在する土地
　　6)　航空法第40条（同法第43条第2項及び第55条の2第3項において準用する場合を含む。）の規定により空港の用に供する土

地の区域として告示された区域内に所在する土地

7）高速自動車国道法第7条第1項の規定により高速自動車国道の区域として決定された区域内に所在する土地

8）全国新幹線鉄道整備法第10条第1項（同法附則第13項において準用する場合を含む。）の規定により行為制限区域として指定された区域内に所在する土地

③　都市計画法第10条の2第1項第2号に掲げる土地区画整理促進区域内の土地区画整理事業で都府県知事が指定し、公告したものを施行する土地の区域内に所在する土地

④　都市計画法第12条第2項の規定により住宅街区整備事業の施行区域として定められた土地の区域内に所在する土地

⑤　都市計画法第8条第1項第14号に掲げる生産緑地地区の区域内に所在する土地

※　都市の健全な発展と秩序ある整備を促進するため、特に必要があると認められるときは、都道府県又は市の条例で、区域を限り、100㎡（密集市街地における防災街区の整備の促進に関する法律第3条第1項第1号に規定する防災再開発促進地区の区域内にあっては50㎡）まで土地の規模（面積）を引き下げることができるものとされています。

⑵　5,000㎡以上の土地

①　都市計画法第7条第1項の規定による市街化区域内に所在する土地

②　大都市地域における宅地開発及び鉄道整備の一体的推進に関する特別措置法第4条第7項の規定による同意を得た基本計画（同法第5条第1項の規定による変更の同意があったときは変更後のもの）に定める重点地域の区域内に所在する土地

⑶　10,000㎡以上の土地

　⑴⑵以外の都市計画区域内の土地で区域区分が定められていない区域（非線引き区域）内に所在する土地

第4条 土地を譲渡しようとする場合の届出義務 関係

	都市計画区域内			都市計画区域外	(参考)公拡法の記載(第4条第1項)
	市街化区域内	市街化調整区域内	非線引き区域		
① 都市計画施設 　　※土地区画整理事業除く					第1号
② 都市計画区域内に所在する土地で次に掲げるもの 　道路の区域内の土地、 　都市公園を設置すべき区域内の土地 　河川予定地として指定された土地　等 　　※土地区画整理事業除く					第2号
③ 土地区画整理促進区域内の土地区画整理事業					第3号
④ 住宅街区整備事業施行区域内の土地					第4号
⑤ 生産緑地地区の区域内の土地					第5号
	上記以外				
⑥－1 市街化区域					
⑥－2 大都市地域における宅地開発及び鉄道整備の一体的推進に関する特別措置法に定める重点地域					第6号
⑥－3 上記以外の都市計画区域内の土地					

　　　：届出が不要な地域
　　　※申出が可能な地域は、都市計画区域内及び都市計画区域外の①都市計画施設の区域

届出が必要な面積要件（法第4条第2項第9号）
①～⑤　：　200㎡以上 ※都道府県（市の区域内にあっては、当該市）の条例で100㎡以上（防災再開発促進地区の区域内にあっては、50㎡以上）まで引下げ可（公拡法施行令第3条第3項）
⑥－1,2　：　5,000㎡以上（公拡法施行令第2条第2項第1号）
⑥－3　：　10,0000㎡以上（公拡法施行令第2条第2項2号）

申出が可能な面積要件（法第5条第1項）
　　200㎡以上 ※都道府県（市の区域内にあっては、当該市）の規則で100㎡以上（防災再開発促進地区の区域内にあっては、50㎡以上）まで引下げ可（公拡法施行令第4条）

■土地の有償譲渡の届出の方法、届出事項

Q24 土地の有償譲渡の届出は、どのように行えば良いのでしょうか。

A 公拡法第4条第1項に規定する土地を有償で譲り渡そうとするときには、当該土地を所有する者は、同項及び公拡法施行規則第1条第1項各号に規定する有償譲渡の届出事項を記載した土地有償譲渡届出書（様式第1）に同条第3項に規定する土地の位置及び形状を明らかにした図面を添付して、当該土地が町村の区域内に所在する場合は当該町村長（特別区の区域内に存する場合は特別区の区長）を経由して都道府県知事に対して、当該土地が市の区域内に所在する場合は当該市長に対して、正本と写しを1部ずつ提出す

る必要があります。

なお、公拡法第4条第1項及び公拡法施行規則第1条第1項各号に規定する有償譲渡の届出事項は、以下のとおりです。

(1)　土地の所在及び面積

(2)　土地の譲渡予定価額

(3)　土地を譲り渡そうとする相手方

(4)　当該土地の地目

(5)　当該土地に所有権以外の権利があるときは、当該権利の種類及び内容並びに当該権利を有する者の氏名及び住所

(6)　当該土地に建築物その他の工作物があるときは、当該工作物並びに当該工作物につき所有権を有する者の氏名及び住所

(7)　上記(6)の工作物に所有権以外の権利があるときは、当該権利の種類及び内容並びに当該権利を有する者の氏名及び住所

また、公拡法施行規則第1条第3項に規定する土地の位置及び形状を明らかにした図面は、方位、土地の境界、周辺の公共施設等により土地の位置及び形状を明らかにした見取図等とされていますが、届出をする者の過度な負担となるものであってはならないとされています。必ずしも公的機関が発行した図面であることは求められていません。

【参　考】

「公有地の拡大の推進に関する法律の施行について（土地の先買い制度関係）」（昭和47年11月11日付け建設省都政発第26号・自治省自治画第104号建設省都市局長・自治大臣官房長通達）記1(6)

第4条　土地を譲渡しようとする場合の届出義務　関係

■オンラインによる土地の有償譲渡の届出

土地の有償譲渡の届出は、オンライン（メール等）で行うことはできますか。

土地の所在する地方公共団体の定めに応じ、オンライン（メール等）により届出をすることができます。

公拡法第4条第1項に規定する土地について、当該土地を有償で譲り渡そうとするときは、当該土地を所有する者は、当該土地の所在及び面積、当該土地の譲渡予定価額、当該土地を譲り渡そうとする相手方並びに公拡法施行規則第1条第1項に規定する有償譲渡の届出事項を記載した土地有償譲渡届出書（様式第1）に同条第3項に規定する当該土地の位置及び形状を明らかにした図面を添付して、当該土地が町村の区域内に所在する場合は当該町村長（特別区の区域内に存する場合は特別区の区長）を経由して都道府県知事に対して、当該土地が市の区域内に所在する場合は当該市長に対して提出する必要があります。

情報通信技術を活用した行政の推進等に関する法律（以下「デジタル手続法」といいます。）第6条第1項では、「申請等のうち当該申請等に関する他の法令の規定において書面等により行うことその他のその方法が規定されているものについては、当該法令の規定にかかわらず、（中略）電子情報処理組織（行政機関等の使用に係る電子計算機（入出力装置を含む。）とその手続等の相手方の使用に係る電子計算機とを電気通信回線で接続した電子情報処理組織をいう。）を使用する方法により行うことができる。」と規定しています。

したがって、土地の有償譲渡の届出は、デジタル手続法第6条第1項の規定により、土地有償譲渡届出書と当該届出書に添付する図面や書類をオンラインにより提出して行うことができるものとされていることから、オンラインにより届出をすることが可能です。オンライン

により届出をする場合の具体的な方法は土地の所在する地方公共団体において定めることになります。

なお、オンラインにより届出をする場合は、関係行政機関が所管する法令に係る情報通信技術を活用した行政の推進等に関する法律施行規則第5条第4項の規定により、土地有償譲渡届出書の写し（副本）の提出は不要です。

また、公拡法第4条第1項に規定する土地の有償譲渡の届出のほか、公拡法第5条第1項に規定する土地の買取り希望の申出についても、オンラインにより申出をすることが可能とされています。

【参　考】

「公有地の拡大の推進に関する法律の先買い制度に係る手続きのオンライン化について（ご協力のお願い）」（令和3年3月31日付け国土交通省不動産・建設経済局土地政策課公共用地室課長補佐事務連絡）

■土地を所有する者

Q26 「土地を所有する者」には、土地の登記事項証明書に記載されている者のみが該当しますか。

A 土地の登記事項証明書に記載されている者以外にも「土地を所有する者」に該当する場合があります。

公拡法第4条第1項に規定する土地の有償譲渡の届出は、都市計画区域内等に所在する一定規模以上の土地を所有する者が当該土地を有償で譲り渡そうとするときに届出の義務を課すものですが、ここでいう「土地を所有する者」とは、土地の実体法上の真の所有者のことを指し、土地の登記事項証明書に記載されている者に限られません。

なお、届出に係る土地の所有者と土地の登記事項証明書に記載され

第4条　土地を譲渡しようとする場合の届出義務　関係

ている者とが異なる場合には、届出をする者が当該土地の所有者であることを確認できる書類（土地売買契約書の写し等）を添付して届出をすることが適切と考えられます。

■土地を有償で譲り渡そうとするとき

「土地を有償で譲り渡そうとするとき」とは、どのようなものが該当しますか。

A　「土地を有償で譲り渡そうとするとき」とは、土地の所有権を有償で譲渡しようとすることをいい、有償による譲渡は、売買、代物弁済、交換等の契約に基づき有償で譲渡されるものが該当します。ここでいう「譲り渡そうとするとき」には、通常の売買、代物弁済、交換等だけではなく、売買、代物弁済、交換等の予約も含まれます。

したがって、相続等の契約に基づかない譲渡は「土地を有償で譲り渡そうとするとき」に該当しません。また、契約に基づき譲渡されるものであっても、寄附、贈与、所有権の移転の対価を求めない一般的な信託等は、有償ではなく無償による譲渡となることから、「土地を有償で譲り渡そうとするとき」に該当しません。

なお、土地収用法に基づく土地の収用や強制執行に係る競売等の土地所有者の意思に基づかないで土地が譲渡されるような場合についても、「土地を有償で譲り渡そうとするとき」に該当しません。

【参　考】
「公有地の拡大の推進に関する法律の施行について（土地の先買い制度関係）」（昭和47年11月11日付け建設省都政発第26号・自治省自治画第104号建設省都市局長・自治大臣官房長通達）記1(1)

Q28 ■土地の有償譲渡の種類

「土地の有償譲渡」とは、どのようなものが考えられますか。

A 「土地の有償譲渡」としては、以下の3つの場合があると考えられます。

①更地の土地を有償で譲渡しようとするとき

②土地の上に建物その他の工作物がある場合において、土地と併せて工作物を有償で譲渡しようとするとき

③土地の上に建物その他の工作物がある場合において、土地のみを有償で譲渡しようとするとき

なお、いずれの場合であっても、当該土地が公拡法第4条第1項に規定する土地であるときは、土地の有償譲渡の届出が必要となります。

Q29 ■売買・代物弁済の予約

売買や代物弁済の予約をしようとするときは、届出が必要ですか。

A 届出が必要です。

公拡法第4条第1項に規定する土地の有償譲渡の届出は、都市計画区域内等に所在する一定規模以上の土地を所有する者が当該土地を有償で譲り渡そうとするときに届出の義務を課すものです。ここでいう「土地を有償で譲り渡そうとするとき」とは、土地の所有権を有償で譲渡しようとすることを指しますが、通常の売買、代物弁済、交換等だけではなく、売買、代物弁済、交換等の予約も「土地を有償で譲り渡そうとするとき」に含まれることから、届出が必要です。

第4条　土地を譲渡しようとする場合の届出義務　関係

■将来的な土地の譲渡

Q30 現時点では譲渡の相手方が決まっていませんが、将来的に土地を有償で譲渡することを予定しているときは、届出をすることができますか。

A 届出をすることができません。

　公拡法第4条第1項では、「次に掲げる土地を所有する者は、当該土地を有償で譲り渡そうとするときは、当該土地の所在及び面積、当該土地の譲渡予定価額、当該土地を譲り渡そうとする相手方その他主務省令で定める事項を、主務省令で定めるところにより、当該土地が町村の区域内に所在する場合にあっては当該町村の長を経由して都道府県知事に、当該土地が市の区域内に所在する場合にあっては当該市の長に届け出なければならない。」と規定しています。

　土地の有償譲渡の届出は、公拡法第4条第1項に規定する土地を所有する者が当該土地を有償で譲り渡そうとするときに届出の義務を課すものであり、当該土地を有償で譲り渡そうとする者は、同項及び公拡法施行規則第1条第1項各号に規定する有償譲渡の届出事項を記載した土地有償譲渡届出書（様式第1）を町村長若しくは特別区の区長を経由して都道府県知事、又は市長に提出して、届出をする必要があります。

　したがって、将来的に土地を有償で譲渡することを予定していたとしても、土地の譲渡予定価額や譲渡の相手方が決まっていないときは、有償譲渡の届出事項を記載できないため、届出をすることができません。

■入札による土地の譲渡

Q31 土地を有償で譲渡することを予定していますが、入札により譲渡予定価額や相手方が決まるときは、どのように届出をすれば良いでしょうか。

A 　土地の譲渡予定価額や譲渡の相手方が決まるまで届出をすることができません。

　公拡法第4条第1項に規定する土地の有償譲渡の届出は、都市計画区域内等に所在する一定規模以上の土地を所有する者が当該土地を有償で譲り渡そうとするときに届出が必要となるものであり、当該土地の所在及び面積、当該土地の譲渡予定価額、当該土地を譲り渡そうとする相手方その他公拡法施行規則第1条第1項各号に規定する有償譲渡の届出事項を土地有償譲渡届出書（様式第1）に記載して、町村長若しくは特別区の区長を経由して都道府県知事、又は市長に提出する必要があります。

　したがって、土地を有償で譲渡することを予定していたとしても、入札により土地の譲渡予定価額や契約の相手方が決まるときは、譲渡予定価額（落札額）や相手方（落札者）が決まるまで届出をすることができません。

　なお、入札により土地を有償で譲渡するときは、当該土地が公拡法第4条第1項に規定する土地であること、落札者が決定した後に土地の有償譲渡の届出が必要であり、落札者とは別に地方公共団体等が当該土地の買取りの協議を行う場合があることについて、あらかじめ入札説明書や入札条件に記載するなどの措置を講じる必要があると考えられます。

第4条　土地を譲渡しようとする場合の届出義務　関係

■共有地の譲渡

Q32　6人が共有している土地（10,000㎡）を有償で譲渡しようとするときは、届出が必要ですか。

A　共有者が全員で土地を有償で譲渡しようとするときは、共有者全員からの届出が必要です。

　公拡法に基づく土地の先買い制度は、地方公共団体等が公共施設等を整備するために必要となる土地について、当該土地の買取りの協議を行う機会を優先的に付与することを目的とするものです。公拡法第4条第1項に規定する土地の有償譲渡の届出は、都市計画区域内等に所在する一定規模以上の土地を所有する者が当該土地を有償で譲り渡そうとするときに届出が必要となるものですが、「土地を有償で譲り渡そうとするとき」とは、土地の所有権全てを有償で譲渡しようとすることをいいます。

　したがって、共有者の全員が共有地を有償で譲渡しようとするときは、実質的に土地の所有権全てを有償で譲渡しようとするものとみなすことができるため、共有者の全員からの届出が必要です。

　なお、共有者の一部が自己の持分を譲渡しようとするときは、土地を有償で譲渡するものではないことから、届出は不要です。

■共有持分の譲渡

Q33　共有持分を有償で譲渡しようとするときは、届出が必要ですか。

A　共有者の一部が自己の持分を有償で譲渡しようとするときは、届出は必要ありません。

　公拡法第4条第1項に規定する土地の有償譲渡の届出は、

35

第3編　公拡法　都市計画区域内の土地等の先買い関係Q＆A

都市計画区域内等に所在する一定規模以上の土地を所有する者が当該土地を有償で譲り渡そうとするときに届出が必要となるものですが、「土地を有償で譲り渡そうとするとき」とは、土地の所有権全てを有償で譲渡しようとすることをいいます。共有持分の一部を有償で譲渡しようとする場合は、「土地を有償で譲り渡そうとするとき」に該当しないことから、届出は必要ありません。

　また、公拡法に基づく土地の先買い制度は、地方公共団体等に公共施設等の整備のために必要となる土地の買取りの協議を行う機会を優先的に付与することを目的とするものです。仮に地方公共団体等が共有持分を取得したとしても、共有持分だけでは直ちに公共施設等を整備することができないため、届出は必要ありません。

　しかしながら、共有者の全員が自己の持分の全部を有償で譲渡しようとするときは、実質的に土地の所有権全てを有償で譲渡するものとみなすことができるため、届出が必要です。

■相続登記未了の土地の譲渡

Q34　相続登記が完了していない土地を、相続人が有償で譲渡しようとするときは、どのように届出をすれば良いですか。

A　公拡法第4条第1項に規定する土地について、当該土地を有償で譲り渡そうとするときは、当該土地を所有する者は、当該土地の所在及び面積、当該土地の譲渡予定価額、当該土地を譲り渡そうとする相手方並びに公拡法施行規則第1条第1項に規定する有償譲渡の届出事項を記載した土地有償譲渡届出書（様式第1）に同条第3項に規定する土地の位置及び形状を明らかにした図面を添付して、当該土地が町村の区域内に所在する場合は当該町村長（特別区の区域内に所在する場合は特別区の区長）を経由して都道府

県知事に対して、当該土地が市の区域内に所在する場合は当該市長に対して、正本と写しを1部ずつ提出する必要があります。

ここでいう「土地を所有する者」とは、土地の実体法上の真の所有者のことを指しますので、相続登記が未了の土地を有償で譲渡しようとする場合は、当該土地の相続人から届出を行う必要があります。したがって、届出を行う者が当該土地の相続人であることを確認できる書類（遺産分割協議書の写し等）を添付して届出をすることが適切と考えられます。

なお、相続人が複数存在する場合には、相続人の全員又は相続人の全員から委任を受けた代表者が届出を行う必要があります。

Q35 ■相続財産清算人による土地の処分

土地所有者が亡くなり、相続人が不明である土地について、相続財産清算人が家庭裁判所の許可を得て土地を有償で処分しようとするときは、届出が必要ですか。

A 届出が必要です。

公拡法第4条第1項に規定する土地の有償譲渡の届出は、都市計画区域内等に所在する一定規模以上の土地を所有する者が当該土地を有償で譲り渡そうとするときに届出が必要となるものです。「土地を有償で譲り渡そうとするとき」とは、土地の所有権を有償で譲渡しようとすることをいい、有償による譲渡には、売買、代物弁済、交換等の契約に基づき有償で譲渡されるものが該当します。

相続財産清算人は、民法第952条第1項の規定により、利害関係人又は検察官の請求によって家庭裁判所から選任された者で、相続財産の保存行為や管理行為を行うものとされています。相続財産清算人が任意の相手方に相続財産を処分しようとするときは、相続財産の目

第3編　公拡法　都市計画区域内の土地等の先買い関係Q＆A

録、処分の相手方、処分価額等について家庭裁判所の許可を得る必要
があります。この場合は、相続財産清算人は、相続財産を処分しよう
とする相手方と協議して処分予定価額等を定めた後に、家庭裁判所へ
の許可の申立てを行うこととなります。

　このような相続財産清算人による土地の処分は、「土地を有償で譲
り渡そうとするとき」に該当するものと考えられることから、相続財
産清算人が家庭裁判所に相続財産の処分に係る許可の申立てをする前
に届出が必要と考えられます。

　なお、民法第25条第1項の規定により家庭裁判所から選任された不
在者財産管理人や破産法第74条第1項の規定により裁判所から選任さ
れた破産管財人、遺言等によって指定、選任される遺言執行者が公拡
法第4条第1項に規定する土地を有償で処分しようとするときも、届
出が必要になるものと考えられます。

**■被相続人が届出を行った場合における相続人による土地の
譲渡**

Q36
土地の有償譲渡の届出を行った者が死亡した後に
相続人が土地を有償で譲渡するときは、届出が必
要ですか。

A
　被相続人が行った届出の手続の状況に応じ、届出の要否を
判断します。

　公拡法に基づく土地の先買い制度は、都市計画区域内等に
所在する一定規模以上の土地について、地方公共団体等に公共施設等
の整備のために必要となる土地の買取りの協議を行う機会を優先的に
付与することを目的として、当該土地を所有する者が土地を有償で譲
渡しようとする場合に届出の義務を課すものです。

　また、公拡法第4条第1項に規定する土地の有償譲渡の届出は、同

38

項に規定する土地を有償で譲り渡そうとする者が行う必要があります
が、公拡法第4条第2項第7号の規定により、①公拡法第6条第1項
の通知（土地の買取りの協議を行う旨の通知）があったときは、当該
通知があった日から起算して3週間を経過した日又は当該期間内に土
地の買取りの協議が成立しないことが明らかになったときの翌日、②
同条第3項の通知（土地の買取りを希望する地方公共団体等がない旨
の通知）があったときは、当該通知のあったときの翌日、③届出をし
た日から起算して3週間以内に同条第1項又は第3項の通知がなかっ
たときは、当該届出をした日から起算して3週間を経過した日の翌日
から、それぞれ起算して1年を経過する日までの間において、当該届
出をした者により有償で譲り渡されるものは、届出の義務が免除され
ます。

　届出の義務の免除は、届出をした者が当該届出に係る土地を有償で
譲渡しようとする場合に限り適用されるものになりますが、届出をし
た者の死亡により相続が発生した場合においては、民法第896条の規
定により、当該相続人は、被相続人の財産に属した一切の権利義務を
承継することになるため、被相続人が届出をした土地に係る権利義務
についても、当該相続人が承継することとされています。

　したがって、被相続人が存命していた場合に届出の義務が免除され
た期間において、相続人が土地を有償で譲渡するとするときは、届出
が不要になるものと考えられます。

Q37 ■事業譲渡による土地の譲渡

事業譲渡に伴い土地の所有権が移転する場合は、届出が必要ですか。

A 届出が必要です。

公拡法第4条第1項に規定する土地の有償譲渡の届出は、都市計画区域内等に所在する一定規模以上の土地を所有する者が当該土地を有償で譲り渡そうとするときに届出が必要となるものです。「土地を有償で譲り渡そうとするとき」とは、土地の所有権を有償で譲渡しようとすることをいい、有償による譲渡には、売買、代物弁済、交換等の契約に基づき有償で譲渡されるものが該当します。

事業譲渡は、法人の事業の全部又は一部を他の法人に譲渡するものであり、事業譲渡に伴い土地等の不動産や資産も譲渡される場合があります。事業譲渡に伴って土地の所有権が移転する場合は、「土地を有償で譲り渡そうとするとき」に該当することから、届出が必要です。

また、事業譲渡だけでなく、現物出資等に伴い土地の所有権が移転する場合も届出が必要です。

【参　考】

「企業の再編に伴う土地譲渡等に関する届出の取扱いについて（技術的助言）」（平成22年3月30日付け国土用第82号国土交通省土地・水資源局総務課長通知）

■法人の合併・分割等による土地の継承

Q38 法人の合併や分割等に伴い土地の所有権が移転するときは、届出が必要ですか。

A 届出は不要です。

公拡法第4条第1項に規定する土地の有償譲渡の届出は、都市計画区域内等に所在する一定規模以上の土地を所有する者が当該土地を有償で譲り渡そうとするときに届出が必要となるものです。「土地を有償で譲り渡そうとするとき」とは、土地の所有権を有償で譲渡しようとすることをいい、有償による譲渡には、売買、代物弁済、交換等の契約に基づき有償で譲渡されるものが該当します。

法人の合併や分割等に伴い土地の所有権が移転する場合は、一般的に合併や分割等により消滅等する法人の権利義務の全部又は一部が存続等する法人に包括的に承継されることとなります。

したがって、法人の合併や分割等に伴い土地の所有権が移転する場合は、「土地を有償で譲り渡そうとするとき」に該当しないことから、届出は不要です。

【参　考】
「企業の再編に伴う土地譲渡等に関する届出の取扱いについて（技術的助言）」（平成22年3月30日付け国土用第82号国土交通省土地・水資源局総務課長通知）

Q39 ■現物出資による土地の譲渡

親会社が子会社に土地を現物出資し、子会社が当該土地の対価として新たに株式を発行して親会社に割り当てるときは、届出が必要ですか。

A 届出が必要です。

公拡法第4条第1項に規定する土地の有償譲渡の届出は、都市計画区域内等に所在する一定規模以上の土地を所有する者が当該土地を有償で譲り渡そうとするときに届出が必要となるものです。「土地を有償で譲り渡そうとするとき」とは、土地の所有権を有償で譲渡しようとすることをいい、有償による譲渡には、売買、代物弁済、交換等の契約に基づき有償で譲渡されるものが該当します。

土地の現物出資に伴い当該土地の対価として株式を取得する場合は、土地と株式の交換とみなすことができるため、「土地を有償で譲り渡そうとするとき」に該当するものと考えられます。

したがって、親会社が子会社に土地を現物出資し、子会社が当該土地の対価として新たに株式を発行して親会社に割り当てるときは、届出が必要です。

なお、この場合に土地有償譲渡届出書に記載する土地の譲渡予定価額は、土地を現物出資する者が取得する株式の発行価額となると考えられます。

■工場財団に含まれる土地の譲渡

Q40 工場財団に含まれる土地を有償で譲渡しようとする場合は、届出が必要ですか。

A 届出は不要です。

公拡法第4条第1項に規定する土地の有償譲渡の届出は、都市計画区域内等に所在する一定規模以上の土地を所有する者が当該土地を有償で譲り渡そうとするときに届出が必要となるものです。「土地を有償で譲り渡そうとするとき」とは、土地の所有権を有償で譲渡しようとすることをいい、有償による譲渡には、売買、代物弁済、交換等の契約に基づき有償で譲渡されるものが該当します。

工場財団は、個々の資産（土地、工場、機械等）から構成されるものですが、工場抵当法第14条第1項の規定により、これらの資産が一つの不動産とみなされることから、工場財団は、個々の資産に分割して処分することができない固有の独立した不動産として扱われています。

公拡法は、公共施設等の整備のために必要となる土地の先買いを目的として、土地の有償譲渡の際に届出の義務を課していますが、工場財団に含まれる土地が有償で譲渡される場合において、当該工場財団の一部に土地が含まれているという理由により届出の義務を課すことは、土地以外の工場、機械等の譲渡に対しても届出の義務を課すこととなり、過度に私法上の土地の取引を規制することとなります。

また、工場財団の有償譲渡に際して、地方公共団体等が土地の買取りを希望したとしても、工場財団を個々の資産に分割して処分することができないことから、土地以外の財産をも買い取らざるを得ず、公拡法の趣旨である土地の先買いの目的を達成することができません。

したがって、工場財団に含まれる土地を有償で譲渡しようとするときは、届出は不要です。

Q41 ■裁判所の命令による土地の処分

強制執行に係る競売や滞納処分による土地の譲渡は、届出が必要ですか。

A 届出は不要です。

公拡法第4条第1項に規定する土地の有償譲渡の届出は、都市計画区域内等に所在する一定規模以上の土地を所有する者が当該土地を有償で譲り渡そうとするときに届出が必要となるものです。「土地を有償で譲り渡そうとするとき」とは、土地の所有権を有償で譲渡しようとすることをいい、有償による譲渡には、売買、代物弁済、交換等の契約に基づき有償で譲渡されるものが該当します。

強制執行に係る競売(裁判所の命令による処分を含む。)や滞納処分により土地を処分する場合は、通常の私法上の取引とは異なり、司法の判断に基づき土地を有償で譲渡することになります。このような裁判所の命令等により行われる土地の譲渡は、土地所有者の自由な意思に基づく譲渡にあたらないことから、届出の対象となりません。

また、公共事業等の施行に伴う土地の収用により土地を有償で譲渡する場合も、裁判所の命令等と同様に土地所有者の任意による意思に基づかない譲渡となるため、届出の対象となりません。

【参　考】

「公有地の拡大の推進に関する法律の施行について(土地の先買い制度関係)」(昭和47年11月11日付け建設省都政発第26号・自治省自治画第104号建設省都市局長・自治大臣官房長通達)記1(1)

第 4 条　土地を譲渡しようとする場合の届出義務　関係

■届出前の売買契約の締結

土地の有償譲渡の届出前に、売買契約を締結することはできますか。

原則として、土地の有償譲渡の届出前に売買契約を締結することはできませんが、一定の停止条件を付した売買契約であれば、締結することができます。

具体的には、公拡法第 6 条に規定する土地の買取りの協議が不成立となった場合や土地の買取りを希望する地方公共団体等がなく、土地の買取りの協議が実施されない場合に土地の有償譲渡が有効となる旨の停止条件を付した契約は、停止条件（土地の買取りの協議の不成立等）が成就したときから当該契約の効力が生じるものであるため、届出をする前に契約を締結することが可能であると考えられます。

ただし、公拡法第 4 条第 1 項に規定する土地の有償譲渡の届出は、都市計画区域内等に所在する一定規模以上の土地を所有する者が当該土地を有償で譲り渡そうとするときに届出の義務を課すものであり、「土地を有償で譲り渡そうとするとき」には、通常の売買、代物弁済、交換等だけではなく、売買、代物弁済、交換等の予約も含まれることから、停止条件を付した土地の売買についても届出が必要です。したがって、このような売買契約を締結した場合は、締結後速やかに届出を行う必要があります。

一方、土地の買取りの協議が成立した場合は土地の有償譲渡を無効とする旨の解除条件を付した契約は、解除条件（土地の買取りの協議の成立）が成就するまでの間は、土地の有償譲渡が有効であるため、公拡法第 4 条に規定する土地を譲渡しようとする場合の届出義務や公拡法第 8 条に規定する土地の譲渡の制限に違反する契約となりますので、このような契約を締結することはできません。

45

Q43 ■同時期になされる土地の譲渡

同一の土地をAからB、BからCに同時期に連続して有償で譲渡しようとするときは、AとBの届出が必要ですか。

A 原則として、AとBのそれぞれから届出が必要です。

公拡法第4条第1項に規定する土地の有償譲渡の届出は、都市計画区域内等に所在する一定規模以上の土地を所有する者が当該土地を有償で譲り渡そうとするときに届出の義務を課すものですが、ここでいう「土地を所有する者」とは、土地の実体法上の真の所有者のことを指し、土地の登記事項証明書に記載されている者に限られません。

同一の土地をAからB、BからCに同時期に連続して有償で譲渡しようとする場合は、まずはAがBに対して土地を譲渡しようとするときに、Aが届出をする必要があります。Bが当該土地の所有権を取得した後に、BがCに対して土地を譲渡しようとするときに、Bが届出をする必要があります。土地の有償譲渡の届出は、土地の実体法上の真の所有者が行うものであることから、Bによる届出は、Bへの所有権移転登記が完了していない場合でも必要です。

ただし、ABC間の土地の譲渡が一体的な取引により行われるものであり、実質的にAからCに土地が譲渡されるような内容であると認められるときや、Bが土地の所有権を得る前にCへ土地を有償で譲渡する契約を締結していると考えられるときには、Aのみが届出をすれば足りるものと考えられます。

■同時期になされる土地の譲渡

Q44 同一の土地をAからB、BからCに同時期に連続して有償で譲渡しようとするときに、Bは事前に届出をすることができますか。

A 事前に届出をすることができません。
公拡法第4条第1項に規定する土地の有償譲渡の届出は、都市計画区域内等に所在する一定規模以上の土地を所有する者が当該土地を有償で譲り渡そうとするときに届出の義務を課すものです。

同一の土地をAからB、BからCに同時期に連続して有償で譲渡するときは、Aが当該土地の所有権を有することから、AはBに対する土地の有償譲渡について届出をすることになりますが、Bは当該土地の所有権を取得するまでは、「土地を所有する者」にあたらないため、BはCに対する土地の有償譲渡について事前に届出をすることができません。したがって、BはAから土地の所有権を得た後に届出を行うこととなります。

なお、ABC間の土地の譲渡が一体的な取引により行われるものであり、実質的にAからCに土地が譲渡されるような内容であると認められるときや、Bが土地の所有権を得る前にCへ土地を有償で譲渡する契約を締結していると考えられるときには、Aのみが届出をすれば足りるものと考えられます。

47

■契約上の地位の譲渡による土地の譲渡

Q45　Aの所有する土地について、AとBとが土地売買契約を締結した後に、BがCに対して譲受人の地位を譲渡し、CがAに土地の対価を支払うような契約を締結しようとするときには、誰が届出をする必要がありますか。

A　Aの届出は必要ですが、Bの届出は不要です。

　公拡法第4条第1項に規定する土地の有償譲渡の届出は、都市計画区域内等に所在する一定規模以上の土地を所有する者が当該土地を有償で譲り渡そうとするときに届出の義務を課すものです。

　Aと土地売買契約を締結したBが土地の所有権を取得する前に、Cに対して譲受人の契約上の地位を譲渡する場合は、当該譲渡は土地の所有権の譲渡ではなく債権の譲渡であることから、「土地を有償で譲り渡そうとするとき」に該当しません。そのため、Bが契約上の地位をCに譲渡しようとするときには、Bは届出をする必要がありません。

　したがって、AとBが土地の売買契約を締結した後に、BがCに対して譲受人の地位を譲渡し、CがAに土地の対価を支払うような契約を締結しようとするときは、Aの届出のみが必要となり、Bの届出は不要になるものと考えられます。

第4条　土地を譲渡しようとする場合の届出義務　関係

■第三者のためにする契約による土地の譲渡

Aの所有する土地について、Aと土地売買契約を締結するBが土地の所有権の移転先を任意のCに指定する旨の特約を付した第三者のためにする契約を締結しようとするときには、誰が届出をする必要がありますか。

A 　Aの届出は必要ですが、Bの届出は不要です。
　公拡法第4条第1項に規定する土地の有償譲渡の届出は、都市計画区域内等に所在する一定規模以上の土地を所有する者が当該土地を有償で譲り渡そうとするときに届出の義務を課すものです。

　Aと土地売買契約を締結したBが、当該土地の所有権の移転先としてCを指定する、いわゆる第三者のためにする契約の場合は、Bは土地の所有権を取得しないため、「土地を所有する者」に該当しません。そのため、Bは届出をする必要がありません。

　したがって、第三者のためにする契約を締結しようとするときは、Aの届出のみが必要となり、Bの届出は不要になるものと考えられます。

Q47 ■建物の譲渡

土地に賃借権を設定し、建物を所有していますが、この建物を有償で譲渡する場合は、届出が必要ですか。

A

届出は不要です。

公拡法第4条第1項に規定する土地の有償譲渡の届出は、都市計画区域内等に所在する一定規模以上の土地を所有する者が当該土地を有償で譲り渡そうとするときに届出の義務を課すものです。

そのため、建物の所有者が建物を有償で譲渡する場合は、「土地を有償で譲り渡そうとするとき」に該当しないことから、届出は不要です。

ただし、土地と建物とを所有する者が土地と建物とを一体的に有償で譲渡しようとする場合は、「土地を有償で譲渡しようとするとき」に該当するため、届出が必要です。

Q48 ■区分所有権の譲渡

マンションの1室（区分所有権）を有償で譲渡しようとするときは、届出が必要ですか。

A

届出は不要です。

公拡法第4条第1項に規定する土地の有償譲渡の届出は、都市計画区域内等に所在する一定規模以上の土地を所有する者が当該土地を有償で譲り渡そうとするときに届出の義務を課すものであり、土地の所有権を有償で譲渡しようとするときに届出が必要となるものです。

第4条　土地を譲渡しようとする場合の届出義務　関係

　そのため、マンションの1室（区分所有権）を有償で譲渡するときは、「土地を有償で譲り渡そうとするとき」に該当しないことから、届出は不要です。

■抵当権等の所有権以外の権利の設定

Q49　土地に抵当権等の所有権以外の権利を設定しようとするときは、届出が必要ですか。

A　原則として、届出は不要です。
　公拡法第4条第1項に規定する土地の有償譲渡の届出は、都市計画区域内等に所在する一定規模以上の土地を所有する者が当該土地を有償で譲り渡そうとするときに届出の義務を課すものです。
　そのため、土地に担保物権である抵当権や用益物権である地上権等の権利を設定しようとすることは、「土地を有償で譲り渡そうとするとき」に該当しませんので、届出は不要です。
　ただし、債務者が債務を履行しなかった場合に、抵当権者が抵当物の所有権を取得し、又はこれを任意に売却して弁済に充てる特約（いわゆる抵当直流）や売渡担保を設定しようとする場合は、将来的に土地の所有権が移転する可能性があることから、「土地を有償で譲り渡そうとするとき」に該当しますので、土地所有者による届出が必要です。

51

■抵当権等の所有権以外の権利が設定された土地の譲渡

Q50 賃借権等の所有権以外の権利が設定された土地を有償で譲渡しようとするときは、届出が必要ですか。

A 届出が必要です。

公拡法第4条第1項に規定する土地の有償譲渡の届出は、都市計画区域内等に所在する一定規模以上の土地を所有する者が当該土地を有償で譲り渡そうとするときに届出の義務を課すものです。

そのため、賃借権、地上権、地役権、質権、抵当権等の所有権以外の権利が設定されている土地の所有権を有償で譲渡する場合であっても、「土地を有償で譲り渡そうとするとき」に該当しますので、当該権利が存続するかどうかにかかわらず、届出が必要です。

■賃借権等の所有権以外の権利の譲渡

Q51 土地に設定された賃借権等の所有権以外の権利を有償で譲渡しようとするときは、届出が必要ですか。

A 届出は不要です。

公拡法第4条第1項に規定する土地の有償譲渡の届出は、都市計画区域内等に所在する一定規模以上の土地を所有する者が当該土地を有償で譲り渡そうとするときに届出の義務を課すものです。ここでいう「土地を有償で譲り渡そうとするとき」とは、土地の所有権を有償で譲渡しようとすることを指しますが、土地の賃借権等の所有権以外の権利を有償で譲渡することは、「土地を有償で譲り渡そうとするとき」に該当しないことから、届出は不要です。

第4条　土地を譲渡しようとする場合の届出義務　関係

■信託受益権の設定

Q52

土地を信託財産とする信託受益権を新たに設定するときは、届出が必要ですか。

A

　届出は不要です。

　公拡法第4条第1項に規定する土地の有償譲渡の届出は、都市計画区域内等に所在する一定規模以上の土地を所有する者が当該土地を有償で譲り渡そうとするときに届出が必要となるものであり、「土地を有償で譲り渡そうとするとき」とは、土地の所有権を有償で譲渡しようとすることをいいます。

　信託受益権は、信託財産となる資産（土地）の有効的な活用によって利益を得る権利であり、土地を信託財産とする信託受益権を新たに設定することは、「土地を有償で譲り渡そうとするとき」に該当しないことから、届出は不要です。

■信託受益権の譲渡

Q53

土地を信託財産とする信託受益権を有償で譲渡しようとする場合は、届出が必要ですか。

A

　譲渡される信託受益権の内容により届出の要否を判断します。

　公拡法第4条第1項に規定する土地の有償譲渡の届出は、都市計画区域内等に所在する一定規模以上の土地を所有する者が当該土地を有償で譲り渡そうとするときに届出の義務を課すものです。

　土地を信託財産とする信託受益権を有償で譲渡しようとする場合は、信託財産である土地を有効的に活用することによって利益を受ける権利を譲渡するものであり、直接的には土地の譲渡にあたらず、土

53

地の所有権の移転を伴わない債権の譲渡であることから、届出は不要であると考えられます。

しかしながら、信託受益権の内容によっては、その譲渡により実質的な土地の所有権の移転とみなすことができる場合もあることから、譲渡される信託受益権の内容により有償譲渡の届出の要否を判断することになります。

例えば、信託契約において、信託財産となる土地の信託期間中又は信託期間が終了したときに、信託受益権の受益者が土地の所有権を享受する権利が設定されているような場合は、実質的に土地の譲渡と同視されるものであることから、このような信託受益権を有償で譲渡しようとする場合は、「土地を有償で譲り渡そうとするとき」に該当することとなり、届出が必要となります。

また、信託受益権の受託者が信託財産である土地を売却して処分しようとするときは、土地を有償で譲渡することになるため、受託者からの届出が必要となります。

主な信託受益権の譲渡による土地の有償譲渡の届出は図のとおりです。

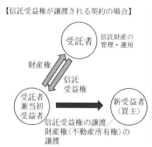

	【契約内容】 信託受益権の譲渡時に、実質的に※ 財産権(不動産所有権)が新受益者(買主)に移転するか	
	財産権(不動産所有権)が 新受益者(買主)に 移転する	財産権(不動産所有権)が 新受益者(買主)に 移転しない
有償譲渡	旧受益者(委託者兼 当初受益者、売主)から 届出が必要	届出は不要
無償譲渡	届出は不要	

※「実質的に」とは、信託受益権売買契約等において、信託契約を解除して財産権(不動産所有権)を新受益者(買主)に移転する旨の定めがある場合や、信託契約終了時に財産権(不動産所有権)が、(信託契約終了時の)受益者に移転する場合などをいいます。

【受託者が信託財産(不動産)を処分可能な契約の場合】

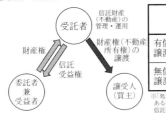

	【契約内容】 受託者が信託財産(不動産)を処分可能な場合※
有償譲渡	(売却(処分)時に)受託者からの届出が必要
無償譲渡	届出は不要

※「処分可能な場合」とは、受託者が信託財産(不動産)を処分する目的の信託契約である場合のほか、受託者が信託財産(不動産)を処分することが可能である内容の信託契約である場合が含まれます。後者については、信託費用不足時に強制換価する場合、管理運用が主目的ではあるものの、例外的に受益者指図で不動産を換価処分する場合等があります。

Q54 ■信託受益権の譲渡による届出者

実質的に土地の有償譲渡に該当するような信託受益権の譲渡の場合は、委託者(受益者)と受託者のどちらが届出をすることになりますか。

A

委託者(受益者)が届出をすることとなります。

公拡法第4条第1項に規定する土地の有償譲渡の届出は、都市計画区域内等に所在する一定規模以上の土地を所有する者が当該土地を有償で譲り渡そうとするときに届出の義務を課すものです。

委託者(受益者)が信託受益権を譲渡しようとする場合で、信託受益権の譲渡に伴い土地の所有権が移転すると同視される場合は、「土地を有償で譲り渡そうとするとき」に該当し、届出が必要です。この場合の実質的な土地の所有者は、委託者(受益者)であると考えられるため、委託者(受益者)が届出をする必要があります。

Q55 ■信託受益権の解除

信託銀行に信託財産である土地の管理と運用を委託していましたが、信託契約を解除する場合は、届出が必要ですか。

A 信託契約の内容により届出の要否を判断します。

公拡法第4条第1項に規定する土地の有償譲渡の届出は、都市計画区域内等に所在する一定規模以上の土地を所有する者が当該土地を有償で譲り渡そうとするときに届出の義務を課すものです。

信託財産である土地の管理と運用を委託する信託契約が解除される際に、信託契約の委託者である受益者に信託財産であった土地が返還される場合（管理型）は、「土地を有償で譲り渡そうとするとき」に該当しないため、届出は不要です。

しかしながら、信託契約が解除される際に、信託契約の委託者である受益者に信託財産であった土地が返還されず、信託銀行が第三者に土地を売却して処分する場合（管理処分型）は、「土地を有償で譲り渡そうとするとき」に該当するため、土地を処分する際に信託銀行による届出が必要です。

第4条　土地を譲渡しようとする場合の届出義務　関係

Q56 ■信託契約の手数料

信託銀行と締結していた信託契約を解除する際の手続に要する手数料は、土地の有償譲渡の「有償」に該当しますか。

A　信託契約の手続に要する手数料は、土地の有償譲渡の「有償」に該当しません。

公拡法第4条第1項に規定する土地の有償譲渡の届出は、都市計画区域内等に所在する一定規模以上の土地を所有する者が当該土地を有償で譲り渡そうとするときに届出が必要となるものですが、「有償」とは、土地の所有権の対価のことをいいます。

信託契約の手続に要する手数料は、土地の所有権の対価である譲渡価額ではないため、公拡法第4条に規定する「有償」に該当しません。

Q57 ■届出に関する土地の面積要件の考え方

届出に関する土地の面積要件は、どのように判断するのでしょうか。

A　公拡法第4条第1項に規定する土地の有償譲渡の届出が必要となる土地の面積要件は、①土地の譲渡に関する契約の単位、②土地の一団性、③実測面積（ただし、実測面積が不明であるときは、土地の登記記録に登記されている面積によることができます。）の要素を総合的に勘案して、当該土地が届出の対象となるか否かを土地所有者ごとに判断します。

「土地の譲渡に関する契約の単位」については、1件の契約で複数筆の土地が譲渡されるときは、1筆毎の面積ではなく、当該契約の対

57

象となる土地の合計面積により判断します。

　また、「土地の一団性」については、同一の用途又は同一の利用目的に供されている土地であるかにより判断します。複数筆にわたる土地が一体的に利用されており、かつ、当該土地が一団性を有した土地であると認められるときは、当該一団の土地の全体面積により判断します。

　土地の面積は、原則として、実測面積により判断することになりますが、土地の実測面積が不明であるときは、届出をする者に対して、届出のために土地を測量させるなどの負担を課さないように、当該土地の実測面積ではなく、土地の登記事項証明書に記載されている面積によることが可能であるとされています。

　なお、1件の契約により複数筆にわたる土地を譲渡しようとする場合で、土地が物理的に離れていて一体的な利用が困難であるときには、地方公共団体等が当該土地を取得したとしても、公共施設等の整備を目的とする公有地として一体的に利用することができません。このような場合には、公拡法の趣旨である土地の先買いの目的を達成することができないことから、届出の要否は一団性を有すると認められる土地ごとに判断します。

　また、公拡法に基づく土地の先買い制度は、都市計画区域内等に所在する一定規模以上の土地について、地方公共団体等に公共施設等の整備のために必要となる土地の買取りの協議を行う機会を優先的に付与することを目的として、当該土地を所有する者が土地を有償で譲渡しようとする場合に届出の義務を課すものです。そのため、取引によって土地が一の買主に集約される場合（いわゆる買いの一団）については考慮せず、届出の時点における土地所有者ごとに届出の要否を判断します。

【参　考】

「公有地の拡大の推進に関する法律の施行について（土地の先買い制度関係）」（昭

第4条　土地を譲渡しようとする場合の届出義務　関係

和47年11月11日付け建設省都政発第26号・自治省自治画第104号建設省都市局長・自治大臣官房長通達）記1⑷

■複数の土地の譲渡

Q58 複数筆にわたる土地を一体的に使用していますが、当該土地の全部を有償で譲渡しようとする場合は、１筆ごとに届出をする必要がありますか。

A 複数筆にわたる土地が一体的に利用することができるなど、当該土地が一団性を有した土地であると認められ、かつ、当該土地の所有者が同一人である場合は、複数筆の土地をまとめて届出をすることができます。

ただし、土地の所有者が複数人にわたるときは、仮に親族等の特別な関係にあるものであっても、法律上は、個々の別人格を有した者であり、同一の土地所有者であると判断することができないことから、個々の土地所有者又は各土地所有者から委任を受けた代表者によって届出をする必要があります。

なお、届出の要否は、①土地の譲渡に関する契約の単位、②土地の一団性、③実測面積の要素を総合的に勘案しますので、同一の所有者に係る一団の土地毎に面積が届出に係る面積要件を満たすか否かにより判断します。

59

■所有者が異なる隣接する土地の譲渡

Q59 隣接する土地を所有するＡとＢが一つの契約でＣへ土地を有償で譲渡しようとするときは、どのような場合に届出が必要ですか。

A 原則として、土地所有者ごとに譲り渡そうとする土地が届出の要件を満たしているかどうかで判断します。

届出の要否は、①土地の譲渡に関する契約の単位、②土地の一団性、③実測面積の要素を総合的に勘案する必要があります。一つの契約で譲渡される土地で、物理的かつ機能的に一体性を有しているものであっても、土地所有者が異なる場合は、土地所有者ごとに各人が所有する土地の面積により届出の要否を判断します。届出が必要と判断されるときには、個々の土地所有者又は各土地所有者から委任を受けた代表者によって届出をする必要があります。

■土地区画整理事業の施行区域内の土地

Q60 公拡法第４条第１項第１号及び第２号において、土地区画整理事業の施行区域内の土地が除かれているのはなぜですか。

A 公拡法第４条第１項第１号及び第２号においては、同項第３号に規定する土地区画整理事業以外の土地区画整理事業の施行区域内の土地を除く趣旨の規定があります。

公拡法に基づく土地の先買い制度は、公共施設等の計画的な整備のために必要となる土地について、地方公共団体等に当該土地の買取りの協議を行う機会を優先的に付与し、土地所有者と地方公共団体等との協議を経て、地方公共団体等が当該土地を買い取ることができるも

第4条 土地を譲渡しようとする場合の届出義務 関係

のです。

　土地区画整理事業は、道路、公園、河川等の公共施設を整備し、土地の区画を整理して宅地の利用の増進を図ることを目的とした事業であり、土地区画整理事業の施行区域内の道路、公園、河川等の公共施設の整備等のために必要となる土地は、当該事業の施行者の買取りではなく、土地所有者の権利に応じた土地の減歩又は換地によって確保されます。

　したがって、都市計画施設の区域内の土地区画整理事業の施行区域内に所在する土地は、公拡法に基づく土地の先買い制度を活用して土地を買い取る必要がないことから、届出が必要となる土地から除かれています。

■都市計画施設の区域に接する土地の譲渡

Q61 都市計画道路の計画線に接する土地を有償で譲渡しようとするときは、届出が必要ですか。

A 届出は不要です。

　公拡法第4条第1項に規定する土地の有償譲渡の届出は、都市計画区域内等に所在する一定規模以上の土地を所有する者が当該土地を有償で譲り渡そうとするときに届出の義務を課すものです。同項第1号において、都市計画施設の区域内に所在する土地を有償で譲渡しようとするときに、届出の義務を課しています。

　都市計画道路の計画線に接している土地は、都市計画施設の区域内に所在する土地ではないことから、届出は不要です。

61

第3編　公拡法　都市計画区域内の土地等の先買い関係Q＆A

■公衆用道路を含む土地の譲渡

公衆用道路を含む土地（200㎡）を有償で譲渡しようとするときは、届出が必要ですか。

　　　公衆用道路の法的位置付けによって届出の要否を判断します。

　　　公拡法に基づく土地の先買い制度は、公共施設等の計画的な整備のために必要となる土地について、地方公共団体等に当該土地の買取りの協議を行う機会を優先的に付与し、土地所有者と地方公共団体等との協議を経て、地方公共団体等が当該土地を買い取ることができるものです。公拡法第4条第1項第2号イでは、道路法第18条第1項の規定により道路の区域として決定された区域内に所在する土地については、届出が必要であることを規定しています。このような土地については、土地の先買い制度によって道路管理者（地方公共団体）等に当該土地の買取りの協議を行う機会を優先的に付与する必要があることから、届出が必要とされています。

　したがって、公衆用道路として供されている土地のうち、道路法第18条第1項の規定により道路の区域として決定された区域内に所在する土地（いわゆる道路法上の道路として供されている土地）を有償で譲渡しようとするときは、公拡法第4条第1項第2号イに該当することから、届出が必要です。

　一方、公衆用道路であっても、個人や法人等が管理するいわゆる私道として供されている土地を有償で譲渡しようとするときについては、道路の区域が決定されていないため、必ずしも地方公共団体に当該土地の買取りの協議を行う機会を優先的に付与する必要がないことから、届出は不要です。

　なお、建築基準法第42条においても道路の種別が定められていますが、これらは建築物の建築に係る基準を示すこと等を目的に定められ

第4条　土地を譲渡しようとする場合の届出義務　関係

たものと考えられます。そのため、公拡法第4条第1項の規定による土地の有償譲渡の届出の要否を判断するにあたっては、建築基準法における道路の種別にかかわらず、公拡法第4条第1項に掲げる届出の要件を踏まえて個別に検討する必要があります。また、その他の法律に基づく道路についても同様に個別に検討する必要があります。

Q63 ■土地区画整理促進区域内の土地の譲渡

土地区画整理促進区域内の土地についての土地区画整理事業とは、どのような事業ですか。また、なぜ届出の対象としているのですか。

A 　公拡法第4条第1項第3号に規定する土地区画整理促進区域内の土地についての土地区画整理事業とは、大都市地域における住宅及び住宅地の供給の促進に関する特別措置法に基づき、大量の住宅及び住宅地の供給と良好な住宅街区の整備を図ることを目的として施行される特定土地区画整理事業のことをいい、あらかじめ地方公共団体等が土地区画整理事業の施行区域内に所在する土地を相当程度取得して施行する事業です。

　公拡法に基づく土地の先買い制度は、地方公共団体等が公共施設等を整備するために必要となる土地について、当該土地の買取りの協議を行う機会を優先的に付与することを目的とするものであり、公拡法第4条第1項に規定する土地の有償譲渡の届出は、都市計画区域内等に所在する一定規模以上の土地を所有する者が当該土地を有償で譲渡しようとするときに届出の義務を課すものです。

　特定土地区画整理事業の施行のために必要となる土地のうち、都府県知事が指定し、かつ公告したものを施行する土地の区域内に所在する土地については、地方公共団体等に当該土地の買取りの協議を行う機会を優先的に付与し、地方公共団体等が計画的に当該土地を取得することが求められることから、届出の対象とされています。

63

Q64 ■土地区画整理事業の施行区域内の土地（5,000㎡）の譲渡

市街化区域内において施行する土地区画整理事業の区域内にある土地（5,000㎡）を有償で譲渡するときは、届出が必要ですか。

A

原則として、届出が必要です。

公拡法第4条第1項第1号及び第2号においては、同項第3号に規定する土地区画整理事業以外の土地区画整理事業の施行区域内の土地を除く趣旨の規定があります。一方、同項第6号では、市街化調整区域を除く都市計画区域内に所在する土地で、政令で定める規模以上のものについて、届出が必要であることを規定しており、同項第1号及び第2号のような同項第3号に規定する土地区画整理事業以外の土地区画整理事業の施行区域内の土地を除く趣旨の規定は設けられていません。

したがって、公拡法第4条第1項第6号に規定する土地は、土地区画整理事業を施行する土地の区域内に所在する土地であっても、届出の対象となります。すなわち、土地区画整理事業の施行区域内に所在する土地であっても、公拡法施行令第2条第2項各号に規定する土地（①土地の面積が市街化区域内では5,000㎡以上のもの、②区域区分が定められていない都市計画区域（非線引き区域）内では10,000㎡以上のもの）を有償で譲渡するときは、届出が必要です。

ただし、土地の譲渡における当事者の一方が土地区画整理組合である場合は、公拡法第4条第2項第1号に規定する法人（公拡法施行令第3条第1項に規定する公共法人）に譲り渡されるものであるとき、又は当該法人が譲り渡すものであるときに該当することから、届出は不要です。

第4条　土地を譲渡しようとする場合の届出義務　関係

■生産緑地の譲渡

Q65　生産緑地に指定されている土地について、生産緑地法の買取りの申出をしましたが、当該土地を有償で譲渡するときは、届出が必要ですか。

A　原則として、届出が必要です。
　公拡法第4条第1項第5号において、生産緑地地区の区域内に所在する土地については、届出が必要であることを規定しています。これは、生産緑地地区は、農林漁業と調和した都市環境の保全等良好な生活環境の確保に相当の効用があり、かつ、公共施設等の敷地の用に供する土地として適している市街化区域農地について指定されるものであることから、都市の計画的な整備のため、転用を目的とした権利移動が生じた機会を捉え、公有地として積極的に確保することを目的としています。

　一方、同条第2項第6号において、生産緑地法第10条の規定による買取りの申出に係るものであって、同法第12条第1項の規定による買い取らない旨の通知があった日の翌日から起算して1年を経過する日までの間において当該申出をした者により譲り渡されるものであるときは、既に生産緑地法の公拡法第4条第1項の規定を適用しないと規定されています。これは、買取りの申出が行われた生産緑地については、既に生産緑地法に基づいて、公拡法と同様に土地の買取りの調整がされていることから、重ねて公拡法による届出を不要としたものです。

　そのため、生産緑地法に基づく買取りの申出をした場合には、買い取らない旨の通知があった日の翌日から1年が経過する日までの間、届出は不要です。1年が経過した後に土地を譲り渡そうとするときは、届出が必要です。

　ただし、この適用除外規定は、生産緑地法に基づく買取りの申出を

65

第3編　公拡法　都市計画区域内の土地等の先買い関係Q&A

した者にのみ適用されるものであることから、当該申出をした者から
土地を譲り受けた者が当該土地を有償で譲渡しようとするときは、届
出が必要です。

Q66

■都市計画施設の区域の部分が200㎡未満である土地の譲渡

有償で譲渡しようとする土地の全体面積は300㎡
ですが、都市計画施設の区域内に所在する部分の
面積が200㎡未満となるときは、届出が必要です
か。

A

届出が必要です。

公拡法第4条第1項に規定する土地の有償譲渡の届出は、
都市計画区域内等に所在する一定規模以上の土地を所有する
者が当該土地を有償で譲り渡そうとするときに届出の義務を課すもの
であり、同項第1号に規定する都市計画施設の区域内に所在する土地
を有償で譲渡しようとするときは、届出が必要となりますが、公拡法
施行令第3条第3号に規定する土地（土地の面積が200㎡未満のも
の）を有償で譲渡しようとするときは、公拡法第4条第2項第10号の
規定により、届出が不要とされています。

しかしながら、届出が不要となる土地の面積は、都市計画施設の区
域内に所在する部分が200㎡未満であることを規定しているものでは
ありませんので、有償で譲渡しようとする土地の一部が都市計画施設
の区域内に含まれる場合において、当該土地の全体面積が200㎡以上
となるときは、都市計画施設の区域内に係る部分の面積が200㎡未満
であっても、届出が必要です。

なお、公拡法に基づく土地の先買い制度は、地方公共団体等が公共
施設等を整備するために必要となる土地について、地方公共団体等に
当該土地の買取りの協議を行う機会を優先的に付与することを目的と

66

第4条　土地を譲渡しようとする場合の届出義務　関係

するものであり、全体面積が200㎡以上となる土地であれば、都市計
画施設の区域に係る部分の面積が200㎡未満となる場合であっても、
地方公共団体等が当該土地を取得して、公共施設等の整備や地域にお
ける土地利用に適合させて利用することができるため、当該土地につ
いても届出の対象とされています。

Q67 ■都市計画区域内と都市計画区域外にまたがる土地の譲渡

都市計画施設等の区域外で、都市計画区域内と都
市計画区域外とにまたがる土地を有償で譲渡しよ
うとするときは、どのような場合に届出が必要で
すか。

A 　都市計画区域内に所在する部分の面積によって、届出の要
否を判断します。

　　公拡法に基づく土地の先買い制度は、都市計画区域内等に
所在する一定規模以上の土地について、当該土地を所有する者が土地
を有償で譲渡しようとする場合に届出の義務を課すことにより、地方
公共団体等が公共施設等の整備のために必要となる土地の買取りの協
議を行う機会を優先的に付与することを目的とするものです。そのた
め、都市計画区域外に所在する土地は、原則として公拡法に基づく土
地の先買い制度の対象ではありません。

　したがって、届出の要否は都市計画区域内に所在する部分の面積の
みにより判断します。公拡法第4条第2項第6号では、市街化区域内
に所在する土地は5,000㎡以上、区域区分が定められていない区域
（非線引き区域）内に所在する土地は10,000㎡以上のものについて、
届出の対象としています。

　すなわち、有償で譲渡しようとする土地が市街化区域と都市計画区
域外にまたがる場合は、市街化区域内に所在する部分の面積が5,000

67

m²以上のときに、非線引き区域と都市計画区域外にまたがる土地の場合は、非線引き区域内に所在する部分の面積が10,000m²以上のときに届出が必要です。

■市街化調整区域内の土地の譲渡

市街化調整区域内にある土地を有償で譲渡するときは、どのような場合に届出が必要ですか。

都市計画施設等の区域内に所在する土地であれば、届出が必要です。それ以外の土地であれば、届出は不要です。

市街化調整区域は、都市計画法第7条第3項の規定により、市街化を抑制すべき区域とされていることから、当該区域内での大規模な開発や大型の公共施設等の整備を目的とする土地の確保は抑制すべきものとされています。そのため、公拡法第4条第1項第6号では、「前各号に掲げる土地のほか、都市計画区域（都市計画法第7条第1項に規定する市街化調整区域を除く。）内に所在する土地でその面積が2,000平方メートルを下回らない範囲内で政令で定める規模以上のもの」と規定し、市街化調整区域内に所在する土地を届出の対象から除外しています。

しかしながら、市街化調整区域内に所在する土地であっても、公拡法第4条第1項第1号に掲げる都市計画施設の区域内に所在する土地や同項第2号に掲げる道路法の規定により道路の区域として決定された区域内に所在する土地等については、公共施設等の整備のために必要となる土地であることから、このような土地を有償で譲渡しようとするときは、届出が必要です。

■市街化区域と市街化調整区域にまたがる土地の譲渡

Q69 都市計画施設等の区域外で、市街化区域と市街化調整区域にまたがる土地を有償で譲渡しようとするときは、どのような場合に届出が必要ですか。

A 市街化区域内に係る部分の面積によって届出の要否を判断します。

市街化調整区域は、都市計画法第7条第3項の規定により、市街化を抑制すべき区域とされていることから、当該区域内での大規模な開発や大型の公共施設等の整備を目的とする土地の確保は抑制すべきものとされています。そのため、市街化調整区域に所在する土地は、原則として公拡法に基づく土地の先買い制度の対象ではありません。

公拡法第4条第1項第6号では、「前各号に掲げる土地のほか、都市計画区域（都市計画法第7条第1項に規定する市街化調整区域を除く。）内に所在する土地でその面積が2,000平方メートルを下回らない範囲内で政令で定める規模以上のもの」と規定していることから、都市計画施設等の区域外に所在する土地の場合、届出の要否は都市計画区域内に所在する部分の面積のみにより判断します。

同項第6号及び公拡法施行令第2条第2項第1号の規定では、市街化区域内に所在する土地は5,000㎡以上のものについて、届出の対象としています。したがって、有償で譲渡しようとする土地が都市計画施設等の区域外で市街化区域と市街化調整区域にまたがる場合は、市街化区域内に係る部分の面積が5,000㎡以上となるときに届出が必要です。

Q70 ■市街化区域と非線引き区域にまたがる土地の譲渡

都市計画施設等の区域外で、市街化区域と非線引き区域にまたがる土地を有償で譲渡しようとするときは、どのような場合に届出が必要ですか。

　　市街化区域の区域内に所在する部分の面積、非線引き区域の区域内に所在する部分の面積及び譲渡しようとする土地の全体の面積によって届出の要否を判断します。

　非線引き区域は、市街化を図るべき区域と市街化を抑制すべき区域が区分されておらず、市街化調整区域のように市街化を抑制すべき区域であると明確に定められていません。そのため、非線引き区域内に所在する土地については、公共施設等の整備のほか、都市の健全な発展と秩序ある整備のために土地の買取りが必要となる場合があることから、届出の対象とされています。

　公拡法第4条第2項第6号及び公拡法施行令第2条第2項では、市街化区域内に所在する土地は5,000㎡以上、非線引き区域内に所在する土地は10,000㎡以上のものについて、届出の対象としています。そのため、それぞれの区域内に所在する部分の面積がこれらの面積を上回る場合は、有償で譲渡しようとする土地全体についての届出が必要です。

　さらに、公拡法に基づく土地の先買い制度は、都市計画区域内に所在する土地を対象としていることから、市街化区域内に所在する部分の面積が5,000㎡を下回りかつ非線引き区域内に所在する部分の面積が10,000㎡を下回る場合であっても、有償で譲渡しようとする土地の全体の面積が10,000㎡以上である場合にも届出が必要であると考えられます。

■複数の市にまたがる土地の譲渡

Q71 複数の市にまたがる土地を有償で譲渡する場合は、どのように届出をすれば良いのでしょうか。

A 土地が所在する全ての市の市長への届出が必要です。

公拡法第4条第1項に規定する土地を有償で譲り渡そうとするときには、当該土地を所有する者は、同項及び公拡法施行規則第1条第1項各号に規定する有償譲渡の届出事項を記載した土地有償譲渡届出書（様式第1）に同条第3項に規定する土地の位置及び形状を明らかにした図面を添付して、当該土地が町村の区域内に所在する場合は当該町村長（特別区の区域内に所在する場合は特別区の区長）を経由して都道府県知事に対して、当該土地が市の区域内に所在する場合は当該市長に対して、正本と写しを1部ずつ提出する必要があります。

したがって、有償で譲渡しようとする土地が複数の市にまたがる場合は、当該土地が所在する全ての市の市長に届出をする必要があります。この場合、土地有償譲渡届出書には、有償で譲渡しようとする土地の全体の面積に加えて、それぞれの市の区域内に所在する土地の面積も記載する必要があると考えられます。

なお、このような届出を受理した場合は、公拡法第6条に規定する買取りの協議を行う地方公共団体等を定めるときや、届出をした者へ通知を行うときには、これらが適切に行われるよう事前に関係する市の間で連絡調整を図ることが好ましいと考えられます。

■複数の市町村にまたがる土地の譲渡

Q72 複数の市町村にまたがる土地を有償で譲渡する場合は、どのように届出をすれば良いのでしょうか。

届出の対象となる土地が市と町村にまたがる場合は、当該土地が所在する区域の市長に届出をするとともに、当該土地が所在する区域の町村長を経由して都道府県知事に届出をする必要があります。

ただし、届出の対象となる土地が同一の都道府県内の複数の町村にまたがる場合は、届出の相手方である都道府県知事が同一となるとともに、同一の都道府県知事に対して、複数の異なる町村長を経由して同じ内容の届出をさせる必要がないため、当該土地の過半が存する町村の区域内の町村長を経由して都道府県知事に届出をすれば足りるものと考えられます。

この場合、土地有償譲渡届出書には、有償で譲渡しようとする土地の全体の面積に加えて、それぞれの行政区域の区域内に所在する土地の面積も記載する必要があると考えられます。

なお、このような届出を受理した場合は、公拡法第6条に規定する買取りの協議を行う地方公共団体等を定めるときや、届出をした者へ通知を行うときには、これらが適切に行われるよう事前に関係する地方公共団体の間で連絡調整を図ることが好ましいと考えられます。

第4条　土地を譲渡しようとする場合の届出義務　関係

■届出の取下げ

土地の有償譲渡の届出後に譲渡人の都合により土地の譲渡を取りやめることになりましたが、届出を取り下げることはできますか。

　　土地の有償譲渡の届出をした後に、土地の譲渡が取りやめになるなど、届出をした者の事情により届出の要件を満たさなくなったときには、届出をした者は届出を取り下げることができます。

　公拡法第4条第1項に規定する土地の有償譲渡の届出は、都市計画区域内等に所在する一定規模以上の土地を所有する者が当該土地を有償で譲り渡そうとするときに届出の義務を課すものです。届出をした場合、公拡法第8条の規定により、①公拡法第6条第1項に規定する買取りの協議を行う旨の通知があったときは、当該通知があった日から起算して3週間を経過する日又は当該期間内に土地の買取りの協議が成立しないことが明らかになったとき、②同条第3項の買取りを希望する地方公共団体等がない旨の通知があったときは、当該通知があった日まで、土地の譲渡の制限を受けることとなります。

　届出をした者が当該届出を取り下げようとする場合において、公拡法第6条第1項に規定する通知があったときは、届出をした者は、当該届出を取り下げることなく、買取りの協議において地方公共団体等に対して当該土地を譲り渡さないことができます。また、同条第3項に規定する土地の買取りを希望する地方公共団体等がない旨の通知があったときは、地方公共団体等によって当該土地が買い取られないことが明らかにされています。したがって、これらの通知があったときは、届出をした者によって届出を取り下げる実質的な意味はないものと考えられます。

　さらに、地方公共団体等との土地の買取りの協議が成立しなかっ

ときや土地の買取りを希望する地方公共団体等がない旨の通知があったときには、土地の譲渡の制限が解除されます。これらの場合には、公拡法第4条第2項第7号の規定により、譲渡制限期間が経過した日の翌日から1年を経過するまでの間、届出をすることなく土地を有償で譲渡することができます。

そのため、公拡法第6条第1項の通知又は同条第3項の通知があったときには、届出をした者にとって届出を取り下げる利益がないことから、届出を取り下げないことが好ましいと考えられます。

Q74 ■土地有償譲渡届出書に記載した内容に変更が生じたとき

買取りを希望する地方公共団体等がない旨の通知があった後に、買主との協議の結果、土地有償譲渡届出書に記載した内容に変更が生じました。改めて届出が必要ですか。

A

変更が生じた事項によって届出の要否を判断します。

公拡法に基づく土地の先買い制度は、地方公共団体等が公共施設等を整備するために必要となる土地について、地方公共団体等に当該土地の買取りの協議を行う機会を優先的に付与することを目的として、当該土地を所有する者が土地を有償で譲渡しようとする場合に届出の義務を課すものです。一方で、公拡法第4条第2項第7号の規定により、買取りを希望する地方公共団体等がない旨の通知があった日の翌日から1年を経過するまでの間、届出をすることなく土地を有償で譲渡することができるものとされています。

したがって、買取りを希望する地方公共団体等がない旨の通知があった後に、土地の譲渡予定価額や譲り渡す相手方等を変更する場合には、買取りを希望する地方公共団体等がない旨の通知を受けてから1年以内に土地が譲渡されるときにあたるため、改めて届出する必要

第4条　土地を譲渡しようとする場合の届出義務　関係

はありません。

　一方、譲り渡す土地の区域に土地有償譲渡届出書に記載していな
かった土地を加えるような場合には、当該土地については地方公共団
体等が土地の買取りの協議を行う機会が与えられていないことから、
改めて届出する必要があるものと考えられます。

■無届出による土地の譲渡

Q75

土地の有償譲渡の届出をしないで土地を有償で譲
渡しましたが、土地の譲渡は無効となるのでしょ
うか。

A

　土地の譲渡は有効です。

　公拡法第4条第1項では、「次に掲げる土地を所有する者
は、当該土地を有償で譲り渡そうとするときは、（中略）当
該土地が町村の区域内に所在する場合にあっては当該町村の長を経由
して都道府県知事に、当該土地が市の区域内に所在する場合にあって
は当該市の長に届け出なければならない。」と規定するのみで、私法
上の取引に対する効力に関しては規定していません。

　そのため、公拡法第4条第1項の規定に違反して、届出をしないで
土地を有償で譲渡した場合であっても、その譲渡は有効であると考え
られます。

　ただし、公拡法第32条第1号において「第4条第1項の規定に違反
して、届出をしないで土地を有償で譲り渡した者」は「50万円以下の
過料に処する」ことが規定されています。そのため、仮に届出をしな
いで土地を有償で譲渡した場合には、公拡法第32条に規定する過料
（行政罰）に処されることがあります。

75

第3編　公拡法　都市計画区域内の土地等の先買い関係Q＆A

第4条第2項

Q76 ■国又は地方公共団体等に対する土地の譲渡

国や地方公共団体等に対して土地を有償で譲渡する場合は、届出は不要ですか。

A 届出は不要です。

公拡法第4条第1項では、「次に掲げる土地を所有する者は、当該土地を有償で譲り渡そうとするときは、（中略）当該土地が町村の区域内に所在する場合にあっては当該町村の長を経由して都道府県知事に、当該土地が市の区域内に所在する場合にあっては当該市の長に届け出なければならない。」と規定しています。一方、「国、地方公共団体等若しくは政令で定める法人に譲り渡されるものであるとき、又はこれらの者が譲り渡すものであるとき」については、当該規定は適用しないという趣旨の規定が同条第2項第1号に設けられています。

公拡法に基づく土地の先買い制度は、地方公共団体等が公共施設等を整備するために必要となる土地について、地方公共団体等に当該土地の買取りの協議を行う機会を優先的に付与することを目的として、当該土地を所有する者が土地を有償で譲渡しようとする場合に届出の義務を課すものです。

したがって、国、地方公共団体等又は公拡法施行令で定める法人に対して土地を譲渡するとき、又はこれらの者が土地を譲渡するときは、国や地方公共団体等が公共施設等の整備のために必要となる土地を取得する、又は公共施設等の廃止等により不要となった土地を処分するものであり、土地の有償譲渡の届出の義務を課す必要がないことから、届出は不要とされています。

第４条　土地を譲渡しようとする場合の届出義務　関係

Q77

■公拡法施行令第３条第１項で定める法人

土地を有償で譲渡しようとする場合に届出が不要となる法人には、国や地方公共団体等の他にどのようなものがありますか。

A

公拡法第４条第２項第１号における公拡法施行令で定める法人には、公拡法施行令第３条第１項の規定により、法人税法別表第１に掲げる公共法人（公拡法第２条第２号に規定する地方公共団体等を除く。）及び公拡法施行規則第４条に規定する法人※があります。

これらの法人に対して土地を譲渡するとき又はこれらの法人が土地を譲渡するときは、届出は不要です。

※公拡法施行規則第４条に規定する法人

・日本勤労者住宅協会

・市街地再開発組合

・港湾法第55条の７第１項の特定用途港湾施設の建設を主たる目的とし、かつ、基本財産の全額が地方公共団体の出資に係る法人で、主務大臣の指定するもの

Q78

■財産区による土地の譲渡

財産区が土地を有償で譲渡するときは、届出は不要ですか。

A

届出は不要です。

公拡法に基づく土地の先買い制度は、地方公共団体等が公共施設等を整備するために必要となる土地について、地方公共団体等に当該土地の買取りの協議を行う機会を優先的に付与するこ

77

とを目的として、当該土地を所有する者が土地を有償で譲渡しようとする場合に届出の義務を課すものです。

また、公拡法第4条第1項に規定する土地の有償譲渡の届出は、当該土地を有償で譲り渡そうとする者が行う必要がありますが、同条第2項第1号の規定により、国、地方公共団体等若しくは公拡法施行令で定める公共法人等に譲渡するもの、又はこれらの者が譲渡するものについては、届出の義務が免除されています。

地方自治法第1条の3第1項では、「地方公共団体は、普通地方公共団体及び特別地方公共団体とする。」と規定し、同条第3項では、「特別地方公共団体は、特別区、地方公共団体の組合及び財産区とする。」と規定しています。

財産区は、地方自治法第1条の3第3項に規定する特別地方公共団体にあたることから、公拡法第2条第2号に規定する地方公共団体等に含まれることとなります。

したがって、財産区が土地を有償で譲渡するときは、公拡法第4条第2項第1号に規定する地方公共団体等が土地を有償で譲り渡すものであるときに該当し、届出の義務が免除されることから、届出は不要です。

Q79 ■重要文化財に指定されている土地の譲渡

重要文化財に指定されている建物が存する土地を有償で譲渡しようとする場合は、届出は不要ですか。

A 届出は不要です。

公拡法第4条第1項では、「次に掲げる土地を所有する者は、当該土地を有償で譲り渡そうとするときは、(中略)当該土地が町村の区域内に所在する場合にあっては当該町村の長を経由

して都道府県知事に、当該土地が市の区域内に所在する場合にあっては当該市の長に届け出なければならない。」と規定しています。一方、「文化財保護法第46条（同法第83条において準用する場合を含む。）（中略）の規定の適用を受けるものであるとき」については、当該規定は適用しないという趣旨の規定が公拡法第4条第2項第2号に設けられています。

　文化財保護法第46条第1項では、「重要文化財を有償で譲り渡そうとする者は、譲渡の相手方、予定対価の額（予定対価が金銭以外のものであるときは、これを時価を基準として金銭に見積った額）その他文部科学省令で定める事項を記載した書面をもって、まず文化庁長官に国に対する売渡しの申出をしなければならない。」と規定し、同条第3項では、「文化庁長官は、前項の規定により記載された事情を相当と認めるときは、当該申出のあった後30日以内に当該重要文化財を買い取らない旨の通知をするものとする。」と規定するとともに、同条第4項では、「第1項の規定による売渡しの申出のあった後30日以内に文化庁長官が当該重要文化財を国において買い取るべき旨の通知をしたときは、第1項の規定による申出書に記載された予定対価の額に相当する代金で、売買が成立したものとみなす。」と規定しています。

　重要文化財に指定されている建物が存する土地については、建物と併せて重要文化財に指定される場合があります。こういった重要文化財に指定された土地を有償で譲渡するときは、文化財保護法第46条第1項の規定により、まず国に対する売渡しの申出をすることが必要となり、同条第3項及び第4項の規定により、文化庁長官が国による当該土地の買取りを決定することになります。

　したがって、文化財保護法の規制を受ける土地については、同法に基づく申出によって土地の買取りが調整されることとなるため、重ねて公拡法による届出は不要とされています。

Q80 ■住宅街区整備事業による施設住宅の敷地の譲渡

住宅街区整備事業の施行者が当該事業の施行により取得した土地（施設住宅の敷地）を有償で譲渡する場合は、届出は不要ですか。

A 届出は不要です。

公拡法第4条第1項では、「次に掲げる土地を所有する者は、当該土地を有償で譲り渡そうとするときは、（中略）当該土地が町村の区域内に所在する場合にあっては当該町村の長を経由して都道府県知事に、当該土地が市の区域内に所在する場合にあっては当該市の長に届け出なければならない。」と規定しています。一方、「大都市地域における住宅及び住宅地の供給の促進に関する特別措置法第87条の規定の適用を受けるものであるとき」については、当該規定は適用しないという趣旨の規定が公拡法第4条第2項第2号に設けられています。

大都市地域における住宅及び住宅地の供給の促進に関する特別措置法（以下「大都市法」といいます。）第87条第1項では、「第29条第1項又は第2項の規定による施行者は、住宅街区整備事業の施行により取得した施設住宅の一部等を譲渡しようとするときは、（中略）都府県知事に届け出なければならない。」と規定し、同条第2項では、「都府県知事は、前項の規定による届出があったときは、当該届出に係る施設住宅の一部等の買取りを希望する地方公共団体等のうちから買取りの協議を行う者を定め、その者が買取りの協議を行う旨を当該届出をした者に通知するものとする。」と規定するとともに、同条第4項では、「都府県知事は、第2項の場合において、当該届出に係る施設住宅の一部等の買取りを希望する地方公共団体等がないときは、当該届出をした者及び市町村長に対し、直ちにその旨を通知しなければならない。」と規定しています。

第4条　土地を譲渡しようとする場合の届出義務　関係

　住宅街区整備事業の施行者は、当該事業の施行により取得した施設住宅（当該事業によって建設される共同住宅で施行者が処分する権限を有するもの及び附帯施設）の一部及び当該施設住宅の存する施設住宅の敷地の共有持分を譲渡することができますが、その際には、大都市法第87条第1項の規定により、都府県知事に対して届出をすることが必要であり、当該施設住宅の一部等の買取りを希望する地方公共団体等があるときは、同条第2項の規定により、当該地方公共団体等が土地の買取りの協議を行うこととなります。

　したがって、住宅街区整備事業の施行者が当該事業の施行により取得した土地（施設住宅の敷地）を有償で譲渡するときは、大都市法によって施設住宅の敷地となる土地の譲渡の届出の義務が課され、同法に基づく届出によって土地の買取りが調整されることとなるため、重ねて公拡法による届出は不要とされています。

■都市計画施設又は土地収用法第3条各号に掲げる施設に関する事業のための土地の譲渡

Q81　社会教育法による博物館の整備事業のために土地を有償で譲渡するときは、届出は不要ですか。

A　届出は不要です。

　公拡法第4条第1項では、「次に掲げる土地を所有する者は、当該土地を有償で譲り渡そうとするときは、（中略）当該土地が町村の区域内に所在する場合にあっては当該町村の長を経由して都道府県知事に、当該土地が市の区域内に所在する場合にあっては当該市の長に届け出なければならない。」と規定しています。一方、「都市計画施設又は土地収用法第3条各号に掲げる施設に関する事業その他これらに準ずるものとして政令で定める事業の用に供するために譲り渡されるものであるとき」については、当該規定は適用し

81

ないという趣旨の規定が公拡法第4条第2項第3号に設けられています。

都市計画施設又は土地収用法第3条各号に掲げる施設に関する事業その他公拡法施行令で定める事業の用に供するために譲渡される土地は、都市の健全な発展と秩序ある整備を図るための事業や公共の利益となる事業の用に供される土地であることから、当該土地の所有者に届出の義務を課し、地方公共団体等に土地の買取りの協議を行う機会を優先的に付与する必要がありません。

社会教育法による博物館は、土地収用法第3条第22号の規定により、土地を収用し、又は使用することができる公共の利益となる事業とされていることから、社会教育法による博物館の整備事業のために土地を有償で譲渡するときは、届出は不要です。

Q82 ■開発許可区域内の土地の譲渡

都市計画法の開発行為の許可を受けた区域に含まれる土地を有償で譲渡するときは、届出は不要ですか。

工事完了の公告があるまでは、届出は不要です。

公拡法第4条第1項では、「次に掲げる土地を所有する者は、当該土地を有償で譲り渡そうとするときは、(中略)当該土地が町村の区域内に所在する場合にあっては当該町村の長を経由して都道府県知事に、当該土地が市の区域内に所在する場合にあっては当該市の長に届け出なければならない。」と規定しています。一方、「都市計画法第29条第1項又は第2項の許可を受けた開発行為に係る開発区域に含まれるものであるとき」については、当該規定は適用しないという趣旨の規定が公拡法第4条第2項第4号に設けられています。

都市計画法に基づく開発行為の許可は、都市計画区域内において、主として建築物の建築又は特定工作物の建設の用に供する目的で行われる土地の区画形質の変更に対して、都道府県知事等が当該行為を許可するものであり、良好かつ安全な市街地の形成と無秩序な市街化の防止を図ることを目的とした制度です。

　都市計画法第29条第1項又は第2項の規定による開発行為の許可を受けた開発区域に含まれる土地は、都道府県知事等の許可に基づき開発行為が行われるものであることから、仮に土地の先買い制度によって買い取られることとなれば、開発行為に支障が生じる場合があります。

　したがって、都市計画法の開発行為の許可を受けた区域に含まれる土地を有償で譲渡するときは、届出は不要です。

　ただし、都市計画法の開発行為の許可を受けた区域に含まれる土地であっても、同法第36条第3項に規定する工事完了の公告があったときは、既に都道府県知事等が許可した開発行為に関する工事が完了し、当該開発行為の支障となるような事象が発生することはないことから、当該土地を有償で譲渡しようとする場合は、届出が必要です。

Q83　■都市計画法に基づく事業予定地の譲渡

都市計画法に基づく事業予定地を有償で譲渡しようとする場合は、届出は不要ですか。

　届出は不要です。
　公拡法第4条第1項に規定する土地の有償譲渡の届出は、都市計画区域内等に所在する一定規模以上の土地について、当該土地を所有する者が土地を有償で譲渡しようとするときに届出の義務を課すものです。

　都市計画法第55条第1項に規定する都市計画施設の区域内の土地で

都道府県知事等が指定したものの区域内に所在する土地（事業予定地）については、建築物の建築に制限が課されますが、都道府県知事等が区域を指定するときには、同条第4項の規定により、その旨を公告しなければならないとされています。当該公告があったときは、同法第57条第1項の規定により、土地の有償譲渡について制限があることを周知させるため必要な措置が講じられ、同条第2項の規定により、土地の有償譲渡の届出の義務が課されるとともに、同条第3項の規定により、都道府県知事等が届出をした者に対して、届出に係る土地を買い取るべき旨の通知をしたときは、都道府県知事等が当該土地を買い取るものとされています。

したがって、都市計画法に基づく事業予定地を有償で譲渡するときは、同法に基づく土地の有償譲渡の届出によって土地の買取りが調整されることとなるため、重ねて公拡法による届出は不要とされています。

なお、都市計画法第52条の3第1項の規定による市街地開発事業等予定区域内の土地の区域に含まれる土地、同法第57条の2の規定による施行予定者が定められている都市計画施設の区域等内の土地の区域に含まれる土地、同法第66条の規定による都市計画事業を施行する土地の区域に含まれる土地についても、都市計画法に基づく土地の有償譲渡の届出の義務が課されることとなるため、これらの土地を有償で譲渡しようとする場合は、公拡法に基づく届出は不要となります。

Q84 ■生産緑地法に基づく買い取らない旨の通知後の譲渡

生産緑地法第12条に基づく買い取らない旨の通知を受けてから1年以内に当該土地を有償で譲渡しようとするときは、届出は不要ですか。

A 届出は不要です。

公拡法第4条第1項第5号において、生産緑地地区の区域内に所在する土地については、届出が必要であることを規定しています。一方、公拡法第4条第2項第6号は、生産緑地法第12条第1項の規定による買い取らない旨の通知があった日の翌日から起算して1年を経過する日までの間において当該申出をした者により譲り渡されるときについては、当該規定は適用しないこととされています。

生産緑地法第10条では、生産緑地地区に関する都市計画についての告示の日から起算して30年を経過したとき、又は当該告示後に当該生産緑地に係る農林漁業の主たる従事者が死亡し、若しくは農林漁業に従事することを不可能にさせる故障を有するに至ったときは、市町村長に対して土地を時価で買い取るべき旨を申し出ることができるものとされています。市町村長は、当該申出があった場合は、特別の事情がない限り当該土地を買い取るものとされている（同法第11条第1項）ほか、土地の買取りを希望する地方公共団体等がある場合には、当該地方公共団体等を買取りの相手方として定めることができる（同条第2項）とされています。その上で、生産緑地の買取りが行われない場合には、同法第12条第1項に基づいてその旨を申出があった日から1月以内に所有者に通知することとされています。

したがって、買取りの申出が行われた生産緑地については、既に生産緑地法に基づいて、公拡法と同様に土地の買取りの調整がされているため、重ねて公拡法による届出は不要とされています。

第３編　公拡法　都市計画区域内の土地等の先買い関係Ｑ＆Ａ

　　ただし、この適用除外規定は、生産緑地法に基づく買取りの申出を
した者にのみ適用されるものであることから、当該申出をした者から
土地を譲り受けた者が当該土地を有償で譲渡しようとするときは、届
出が必要です。

【参　考】

「地域の自主性及び自立性を高めるための改革の推進を図るための関係法律の整備
に関する法律による公有地の拡大の推進に関する法律の一部改正の施行について
（通知）」（令和６年８月19日付け国不用第15号・国都公景第101号国土交通省不動
産・建設経済局土地政策課長・都市局公園緑地・景観課長通知）記第一２

■土地の買取りを希望する地方公共団体等がない旨の通知後
　の譲渡

Q85

過去に土地の買取りを希望する地方公共団体等が
ない旨の通知を受けました。当該通知を受けてか
ら１年以内に当該土地を有償で譲渡をしようとす
るときは、届出は不要ですか。

A

　　届出は不要です。

　　公拡法第４条第１項に規定する土地の有償譲渡の届出は、
同項に規定する土地を有償で譲り渡そうとする者が行う必要
がありますが、同条第２項第７号の規定により、①公拡法第６条第１
項の通知（土地の買取りの協議を行う旨の通知）があったときは、当
該通知があった日から起算して３週間を経過した日又は当該期間内に
土地の買取りの協議が成立しないことが明らかになった時の翌日、②
同条第３項の通知（土地の買取りを希望する地方公共団体等がない旨
の通知）があったときは、当該通知のあった時の翌日、③届出をした
日から起算して３週間以内に同条第１項又は第３項の通知がなかった

86

第4条　土地を譲渡しようとする場合の届出義務　関係

ときは、当該届出をした日から起算して3週間を経過した日の翌日からそれぞれ起算して1年を経過する日までの間において、当該届出をした者により有償で譲り渡されるものは、届出の義務が免除されることとなります。

　したがって、土地の買取りを希望する地方公共団体等がない旨の通知を受けた者は、当該通知を受けた日の翌日から1年間は当該土地を自由に譲渡することができることから、届出は不要です。

　ただし、公拡法第4条第2項第7号に規定する届出の義務の免除は、届出をした者が公拡法第8条に規定する土地の譲渡の制限の期間を経過した日の翌日から起算して1年を経過する日までの間に当該届出に係る土地を有償で譲渡しようとする場合にのみ適用されるものであることから、当該届出をした者から土地を譲り受けた者が当該土地を有償で譲渡しようとするときは、届出が必要です。

Q86　■土地の買取りの協議が不成立となった土地の譲渡

土地の有償譲渡の届出をしましたが、土地の買取りの協議が不成立となりました。協議が不成立となってから1年以内に当該土地を有償で譲渡をしようとするときは、届出は不要ですか。

A　届出は不要です。
　公拡法第4条第1項に規定する土地の有償譲渡の届出は、同項に規定する土地を有償で譲り渡そうとする者が行う必要がありますが、同条第2項第7号の規定により、①公拡法第6条第1項の通知（土地の買取りの協議を行う旨の通知）があったときは、当該通知があった日から起算して3週間を経過した日又は当該期間内に土地の買取りの協議が成立しないことが明らかになった時の翌日、②同条第3項の通知（土地の買取りを希望する地方公共団体等がない旨

87

の通知）があったときは、当該通知のあった時の翌日、③届出をした日から起算して３週間以内に同条第１項又は第３項の通知がなかったときは、当該届出をした日から起算して３週間を経過した日の翌日からそれぞれ起算して１年を経過する日までの間において、当該届出をした者により有償で譲り渡されるものは、届出の義務が免除されることとなります。

　したがって、土地の買取りの協議が不成立となった者は、不成立となったときの翌日から１年間は当該土地を自由に譲渡することができることから、届出は不要です。

　ただし、公拡法第４条第２項第７号に規定する届出の義務の免除は、届出をした者が公拡法第８条に規定する土地の譲渡の制限の期間を経過した日の翌日から起算して１年を経過する日までの間に当該届出に係る土地を有償で譲渡しようとする場合にのみ適用されるものであることから、当該届出をした者から土地を譲り受けた者が当該土地を有償で譲渡しようとするときは、届出が必要です。

　なお、土地の買取りの協議が成立しなかったときや届出に係る土地の買取りを希望する地方公共団体等がなかったときは、時間の経過や都市計画の変更がない限り、一般的には地方公共団体等が当該土地を取得して、公共施設等の整備や地域における土地利用に適合させるために供するようなことが考えられないため、一定の期間における土地の譲渡等については、土地所有者の自由な意思に委ねられるべきものとして、届出の義務が免除されています。

第4条　土地を譲渡しようとする場合の届出義務　関係

■国土利用計画法の規制区域内の土地の譲渡

国土利用計画法の規制区域に指定されている区域に含まれる土地を有償で譲渡するときは、届出は不要ですか。

A　届出は不要です。

公拡法第4条第1項では、「次に掲げる土地を所有する者は、当該土地を有償で譲り渡そうとするときは、（中略）当該土地が町村の区域内に所在する場合にあっては当該町村の長を経由して都道府県知事に、当該土地が市の区域内に所在する場合にあっては当該市の長に届け出なければならない。」と規定しています。一方、「国土利用計画法第12条第1項の規定により指定された規制区域に含まれるものであるとき」については、当該規定は適用しないという趣旨の規定が公拡法第4条第2項第8号に設けられています。

国土利用計画法第12条第1項において、都道府県知事は「土地の投機的取引が相当範囲にわたり集中して行われ、又は行われるおそれがあり、及び地価が急激に上昇し、又は上昇するおそれがあると認められる」区域を規制区域として指定するものとされています。また、同法第14条第1項において、「規制区域に所在する土地について、土地に関する所有権（中略）の取得を目的とする権利の移転又は設定（対価を得て行われる移転又は設定に限る。）をする契約（予約を含む。以下「土地売買等の契約」という。）を締結しようとする場合には、当事者は、都道府県知事の許可を受けなければならない」とされているとともに、同条第3項では、「第1項の許可を受けないで締結した土地売買等の契約は、その効力を生じない。」とされています。

さらに、国土利用計画法第19条第1項では、「規制区域に所在する土地について土地に関する権利を有している者は、第14条第1項の許可の申請をした場合において、不許可の処分を受けたときは、都道府

第3編　公拡法　都市計画区域内の土地等の先買い関係Q&A

県知事に対し、当該土地に関する権利を買い取るべきことを請求することができる。」と規定し、同条第2項では、「都道府県知事は、前項の規定による請求があったときは、当該土地に関する権利を（中略）買い取るものとする。」とされています。

　すなわち、国土利用計画法第12条第1項の規定により都道府県知事が規制区域として指定している区域内に所在する土地を有償で譲渡するときは、同法第14条第1項の規定により、都道府県知事の許可を受けることが必要となりますが、都道府県知事から不許可の処分を受けたときは、同法第19条第1項の規定により、都道府県知事に対して、当該土地に関する権利を買い取るべきことを請求することができるとともに、都道府県知事は同条第2項の規定により当該土地を買い取るものとされています。

　したがって、国土利用計画法の規制区域に指定されている区域に含まれる土地を譲渡するときは、国土利用計画法によって土地に関する権利の移転等の許可の申請の義務が課され、当該土地の権利の移転等が調整されることとなるため、国土利用計画法に基づく申請とは別に、重ねて公拡法による届出は不要です。

Q88
■国土利用計画法の注視区域内の土地の譲渡

国土利用計画法の注視区域に指定されている区域内の土地を有償で譲渡するときは、届出が不要ですか。

A
届出は不要です。
　公拡法第4条第1項では、「次に掲げる土地を所有する者は、当該土地を有償で譲り渡そうとするときは、（中略）当該土地が町村の区域内に所在する場合にあっては当該町村の長を経由して都道府県知事に、当該土地が市の区域内に所在する場合にあって

90

は当該市の長に届け出なければならない。」と規定しています。一方、「国土利用計画法第27条の４第１項の規定による届出を要するものであるとき」については、当該規定は適用しないという趣旨の規定が公拡法第４条第２項第９号に設けられています。

国土利用計画法第27条の４第１項では、国土利用計画法第27条の３第１項に規定する注視区域に指定されている区域内に所在する土地について土地売買等の契約を締結しようとするときは、当事者は、当該土地が所在する市町村の長を経由して、あらかじめ都道府県知事に届け出なければならないとされています。また、同法第27条の５第１項の規定により、都道府県知事が当該土地売買等の契約の締結を中止すべきことその他その届出に係る事項について必要な措置を講ずべきことを勧告した場合においては、同条第４項の規定により、都道府県知事は、当該勧告に基づき当該土地売買等の契約の締結が中止された場合において、必要があると認めるときは、当該土地に関する権利の処分についてのあっせんその他の措置を講ずるよう努めなければならないとされています。

したがって、国土利用計画法の注視区域に指定されている区域内に所在する土地を有償で譲渡するときは、国土利用計画法によって土地に関する権利の移転等の届出の義務が課され、当該土地の権利の移転等が調整されることとなるため、国土利用計画法に基づく届出とは別に、重ねて公拡法による届出は不要とされています。

なお、国土利用計画法第27条の６第１項に規定する監視区域に指定されている区域内に所在する土地についても、同法第27条の７第１項の規定により、当該土地に関する権利の移転等の届出の義務が課され、当該土地の権利の移転等が調整されることとなるため、公拡法による届出は不要です。

■小規模な土地の譲渡

Q89 都市計画施設の区域内にある土地（150㎡）を有償で譲渡する場合は、届出は不要ですか。

原則として、届出は不要ですが、都道府県又は市の条例によっては届出が必要となる場合があります。

公拡法第4条第1項では、「次に掲げる土地を所有する者は、当該土地を有償で譲り渡そうとするときは、（中略）当該土地が町村の区域内に所在する場合にあっては当該町村の長を経由して都道府県知事に、当該土地が市の区域内に所在する場合にあっては当該市の長に届け出なければならない。」と規定しています。一方、「その面積が政令で定める規模未満のものその他政令で定める要件を満たすものであるとき」については、当該規定は適用しないという趣旨の規定が同法第4条第2項第10号に設けられています。

公拡法施行令第3条第3項では、「法第4条第2項第10号に規定する政令で定める規模は、200平方メートルとする。ただし、当該地域及びその周辺の地域における土地取引等の状況に照らし、都市の健全な発展と秩序ある整備を促進するため特に必要があると認められるときは、都道府県（市の区域内にあっては、当該市）は、条例で、区域を限り、100平方メートル（密集市街地における防災街区の整備の促進に関する法律第3条第1項第1号に規定する防災再開発促進地区の区域内にあっては、50平方メートル）以上200平方メートル未満の範囲内で、その規模を別に定めることができる。」と規定しています。

土地の有償譲渡の届出は、都市計画区域内等に所在する一定規模以上の土地について、当該土地を所有する者が土地を有償で譲渡しようとするときに届出の義務を課すものですが、公拡法第4条第1項に規定する土地であっても、公拡法施行令第3条第3項に規定する規模に満たない土地については、土地の先買い制度により土地を買い取る必

第4条　土地を譲渡しようとする場合の届出義務　関係

要性が低く、過度に私法上の土地の取引を規制することになるとともに、土地の有償譲渡の届出に係る手続が煩雑となり、地方公共団体等の事務処理が遅滞することにより、土地の取引の安全を害するおそれがあることなどから、届出の対象から除かれています。

　したがって、都市計画施設の区域内に所在する土地であっても、公拡法施行令第3条第3項に規定する規模（200㎡）未満の土地を有償で譲渡するときは、届出は不要です。

　ただし、都道府県又は市は、都市の健全な発展と秩序ある整備を促進するため、特に必要があると認められるときは、都道府県又は市の条例により、区域を限り、100㎡（密集市街地における防災街区の整備の促進に関する法律第3条第1項第1号に規定する防災再開発促進地区の区域内にあっては50㎡）まで届出が必要となる土地の規模（面積）を引き下げることができるものとされていますので、このような条例が定められている場合には届出が必要です。

Q90　■農地の譲渡

農地として利用している土地（面積1,000㎡）を農地のまま有償で譲渡するときは、届出が必要ですか。

A　届出は不要です。

　公拡法第4条第1項では、「次に掲げる土地を所有する者は、当該土地を有償で譲り渡そうとするときは、（中略）当該土地が町村の区域内に所在する場合にあっては当該町村の長を経由して都道府県知事に、当該土地が市の区域内に所在する場合にあっては当該市の長に届け出なければならない。」と規定しています。一方、「その面積が政令で定める規模未満のものその他政令で定める要件を満たすものであるとき」については、当該規定は適用しないとい

93

う趣旨の規定が同法第4条第2項第10号に設けられています。

　公拡法施行令第3条第4項では、「法第4条第2項第10号に規定する政令で定める要件は、当該土地が農地若しくは採草放牧地であり、かつ、これらの土地の譲渡しにつき農地法第3条第1項の許可を受けることを要する場合（中略）に該当することとする。」と規定しています。

　また、農地法第3条第1項では、「農地又は採草放牧地について所有権を移転（中略）する場合には、政令で定めるところにより、当事者が農業委員会の許可を受けなければならない。」と規定し、同条第6項では、「第1項の許可を受けないでした行為は、その効力を生じない。」と規定しています。

　公拡法に基づく土地の先買い制度は、良好な都市環境の計画的な整備を促進し、都市の健全な発展と秩序ある整備を図ることを目的として、地方公共団体等が公共施設等を整備するために必要となる土地について、当該土地の買取りの協議を行う機会を優先的に付与することを目的とするものであり、地方公共団体等が買い取った土地は、都市的な利用を図るために供されることが予定されているところですが、地方公共団体等による土地の買取りにあたっては、公有地の利用が農林漁業の健全な発展を阻害しないように、相互に十分な調整が行われるとともに、周辺の農地等の土地利用や農林漁業との健全な調和等を図り、又は配慮して行われることが必要とされています。

　したがって、農地として利用している土地を農地のまま有償で譲渡するときは、農地法第3条第1項の規定により、農業委員会の許可を受けることが必要とされ、農業委員会の許可を受けないでした農地の譲渡は、同条第6項の規定により無効とされるなど、農地法によって当該土地の権利移動が調整されるため、農地法に基づく届出とは別に、公拡法による届出は不要です。

第4条　土地を譲渡しようとする場合の届出義務　関係

第4条第3項

Q91 ■国土利用計画法の届出と公拡法の届出の関係

国土利用計画法の届出が公拡法の届出とみなされ
るのはなぜですか。

A 　国土利用計画法では、同法第27条の3第1項に規定する注
視区域及び同法第27条の6第1項に規定する監視区域に指定
されている区域内に所在する土地について、対価が伴う土地
に関する権利の移転又は設定をする契約を締結しようとするときに届
出の義務を課すこととされています。

　国土利用計画法に基づく土地に関する権利の移転等の届出は、土地
の投機的取引及び地価の高騰が国民生活に及ぼす弊害を除去するとと
もに、適正かつ合理的な土地利用の確保を図ることを目的としたもの
です。届出に係る土地に関する権利の移転等の予定対価の額が近傍類
地の取引価格等を考慮して算定した土地に関する権利の相当な価額に
照らし著しく適正を欠く場合、土地の利用目的が土地利用基本計画そ
の他の土地利用に関する計画に適合しない場合、土地の利用目的が道
路、水道その他の公共施設若しくは学校その他の公益的施設の整備の
予定からみて、又は周辺の自然環境の保全上、明らかに不適当なもの
である場合に該当し、当該土地を含む周辺の地域の適正かつ合理的な
土地利用を図るために著しい支障があると認められるときは、都道府
県知事は、当該届出をした者に対して、当該土地売買等の契約の締結
を中止すべきことその他その届出に係る事項について必要な措置を講
ずべきことを勧告することができるものとされています。

　国土利用計画法に基づく届出をしたときは、同法によって当該土地
の権利の移転等が調整されることから、公拡法の届出が不要とされて
いるところですが、国土利用計画法に基づく届出があった土地につい

95

ても、土地の先買い制度による土地の買取りの協議の機会を確保する観点から、国土利用計画法に基づく届出は、公拡法の届出により適用される第6条（土地の買取りの協議）、第7条（土地の買取価格）、第8条（土地の譲渡の制限）、第9条（先買いに係る土地の管理）及び第32条第3号（罰則）の規定について、公拡法の届出とみなして適用するものとされています。

なお、公拡法第8条に規定する土地の譲渡の制限及び第32条第3号に規定する罰則については、国土利用計画法第27条の4第3項及び第48条においても同様の規定が設けられているところですが、国土利用計画法では届出に係る土地を無償で譲渡する場合の規定が設けられていません。そのため、公拡法第4条第3項では「土地を有償で譲り渡す場合を除く。」又は「土地を有償で譲り渡した者を除く。」と規定し、土地を無償で譲渡する場合に限り、公拡法第8条及び第32条第3号の規定が適用されるものとしています。

【参　考】

「国土利用計画法の施行に係る公有地の拡大の推進に関する法律等の運用について」（昭和50年3月10日付け建設省計用発第12号・自治省自治政第22号建設省計画局長・自治大臣官房長通知）記1(3)

第4条　土地を譲渡しようとする場合の届出義務　関係

■国土利用計画法の届出の取下げがあった場合の取扱い

Q92　国土利用計画法の届出を取り下げたときは、公拡法の届出も取り下げることができるのでしょうか。

A　一定の場合を除いて届出を取り下げることができます。

公拡法第4条第1項に規定する土地の有償譲渡の届出は、都市計画区域内等に所在する一定規模以上の土地を所有する者が当該土地を有償で譲り渡そうとするときに届出の義務を課すものであり、当該土地の所有者の届出により、当該土地の買取りを希望する地方公共団体等が土地の買取りの協議を行うこととなります。

一方、国土利用計画法第27条の4第1項に規定する土地に関する権利の移転等の届出は、同法第27条の3第1項に規定する注視区域及び同法第27条の6第1項に規定する監視区域に指定されている区域内に所在する土地売買等の契約の当事者が当該契約を締結しようとするときに届出の義務を課すものであり、当該土地を含む周辺の地域の適正かつ合理的な土地利用を図るために著しい支障があると認められるときは、都道府県知事が当該土地売買等の契約の締結を中止すべきことその他その届出に係る事項について必要な措置を講ずべきことを勧告することとなります。

国土利用計画法第27条の4第1項に規定する届出は、公拡法第4条第3項の規定により、公拡法第4条第1項に規定する届出とみなすものとされていますが、国土利用計画法に基づく届出が取り下げられた場合の公拡法の届出の取扱いについては、公拡法に規定されていません。

公拡法第6条第1項に規定する土地の買取りを希望する地方公共団体等が買取りの協議を行う旨の通知がなされるまでの期間において、国土利用計画法の届出をした者が当該届出を取り下げたときは、取り

第3編　公拡法　都市計画区域内の土地等の先買い関係Q＆A

下げをした者が公拡法の届出も取り下げる意向が確認された場合は、公拡法の届出も取り下げることができるものと考えられます。また、意向を確認できない場合でも、公拡法の届出も取り下げられたものとして処理することが適切であると考えられます。

　公拡法の届出を取り下げることとなった場合は、その旨を当該届出を経由した市町村長に通知し、当該土地の買取りを希望する地方公共団体等があるときは、当該地方公共団体等に併せて通知することとなります。

　ただし、公拡法第6条第1項に規定する土地の買取りを希望する地方公共団体等が買取りの協議を行う旨の通知がなされた後においては、既に地方公共団体等に土地の買取りの協議を行う機会が付与されており、土地の先買い制度の目的が達成されているとともに、当該土地の買取りを希望する地方公共団体等の事務手続も進められ、混乱を生じさせるおそれがあることなどから、国土利用計画法の届出を取り下げたとしても、公拡法の届出は取り下げることができないものと考えられます。

【参　考】

　〔「公有地の拡大の推進に関する法律第4条第3項の運用について」（昭和61年2月24日付け建設省経整発第12号・自治省自治政第12号建設省建設経済局調整課長・自治大臣官房地域政策課長通知）〕

第5条 地方公共団体等に対する土地の買取り希望の申出　関係

第5条第1項

■土地の買取り希望の申出

「土地の買取り希望の申出」とは何ですか。

　公拡法第5条第1項では、「前条第一項に規定する土地その他都市計画区域内に所在する土地（その面積が政令で定める規模以上のものに限る。）を所有する者は、当該土地の地方公共団体等による買取りを希望するときは、同項の規定に準じ主務省令で定めるところにより、当該土地が町村の区域内に所在する場合にあっては当該町村の長を経由して都道府県知事に対し、当該土地が市の区域内に所在する場合にあっては当該市の長に対し、その旨を申し出ることができる。」と規定しています。

　都市計画区域内等に所在する一定規模以上の土地については、地方公共団体等に当該土地の買取りの協議を行うための機会を優先的に付与するため、当該土地を所有する者が地方公共団体等による土地の買取りを希望するときに、当該土地が所在する都道府県知事又は市長に対して「申出」を行うことを可能としています。当該土地の買取りを希望する地方公共団体等がある場合は、都道府県知事等が土地の買取りの協議を行う地方公共団体等を定めて、当該地方公共団体等が買取りの協議を行います。

　土地の買取りを希望する地方公共団体等が土地の買取りの協議を行い、申出をした者と当該地方公共団体等との間で土地の買取りの協議が成立したときは、地方公共団体等が申出に係る土地を取得することができます。

第3編　公拡法　都市計画区域内の土地等の先買い関係Q＆A

　　さらに、申出をしたときは、申出をした者の便宜を図るため、公拡
法第8条に規定する土地の譲渡の制限の期間を経過した日の翌日から
起算して1年を経過する日までの間において、当該土地を有償で譲り
渡そうとする場合に、公拡法第4条第1項に規定する土地の有償譲渡
の届出の義務が免除されます。

Q94　■土地の交換等を目的とした申出

土地の交換等を目的として土地の買取り希望の申出をすることはできますか。

A　　土地の交換等を目的として土地の買取り希望の申出をすることはできません。

　　公拡法第5条第1項に規定する土地の買取り希望の申出
は、都市計画施設の区域内又は都市計画区域内に所在する一定規模以
上の土地について、当該土地を所有する者が地方公共団体等による土
地の買取りを希望するときに申出を可能とするものです。

　公拡法に基づく土地の先買い制度は、地方公共団体等が公共施設等
を整備するために必要となる土地について、積極的に地方公共団体等
による土地の買取りを希望する者の申出を可能とすることにより、当
該土地の買取りを希望する地方公共団体等に当該土地の買取りの協議
を行う機会を優先的に付与することを目的としています。

　したがって、申出は公共施設等の整備のために必要となる土地の買
取りに限られるものであり、土地の交換その他の行為は対象となりま
せん。

第5条　地方公共団体等に対する土地の買取り希望の申出　関係

■土地の買取り希望の申出の対象となる土地

土地の買取り希望の申出が可能となる土地は、どのような土地ですか。

公拡法第5条第1項の規定による買取り希望の申出が可能とされる土地は、次のとおりです。

●公拡法第4条第1項に規定する土地その他都市計画区域内に所在する200㎡以上の土地
① 都市計画施設の区域内に所在する土地
　※　都市計画区域外の都市計画施設の区域内に所在する土地を含む。
　　③に掲げる土地区画整理事業以外の土地区画整理事業を施行する土地の区域内に所在する土地を除く。
② 都市計画区域内に所在する土地で次に掲げるもの
　※　③に掲げる土地区画整理事業以外の土地区画整理事業を施行する土地の区域内に所在する土地を除く。
　1）道路法第18条第1項の規定により道路の区域として決定された区域内に所在する土地
　2）都市公園法第33条第1項又は第2項の規定により都市公園を設置すべき区域として決定された区域内に所在する土地
　3）河川法第56条第1項の規定により河川予定地として指定された土地
　4）文化財保護法第109条第1項の規定により指定された史跡、名勝又は天然記念物に係る地域内に所在する土地で都道府県知事又は市長が指定し、公告したもの
　5）港湾法第3条の3第9項又は第10項の規定により公示された港湾計画に定める港湾施設の区域内に所在する土地
　6）航空法第40条（同法第43条第2項及び第55条の2第3項にお

101

いて準用する場合を含む。）の規定により空港の用に供する土地の区域として告示された区域内に所在する土地

7）高速自動車国道法第7条第1項の規定により高速自動車国道の区域として決定された区域内に所在する土地

8）全国新幹線鉄道整備法第10条第1項（同法附則第13項において準用する場合を含む。）の規定により行為制限区域として指定された区域内に所在する土地

③ 都市計画法第10条の2第1項第2号に掲げる土地区画整理促進区域内の土地区画整理事業で都府県知事が指定し、公告したものを施行する土地の区域内に所在する土地

④ 都市計画法第12条第2項の規定により住宅街区整備事業の施行区域として定められた土地の区域内に所在する土地

⑤ 都市計画法第8条第1項第14号に掲げる生産緑地地区の区域内に所在する土地

⑥ 都市計画区域内に所在する土地

※ 都市の健全な発展と秩序ある整備を促進するため、特に必要があると認められるときは、都道府県又は市の規則で、区域を限り、100㎡（密集市街地における防災街区の整備の促進に関する法律第3条第1項第1号に規定する防災再開発促進地区の区域内にあっては50㎡）まで土地の規模（面積）を引き下げることができるものとされています。

第5条　地方公共団体等に対する土地の買取り希望の申出　関係

	都市計画区域内			都市計画区域外	(参考)公拡法の記載第4条第1項
	市街化区域内	市街化調整区域内	非線引き区域		
① 都市計画施設 ※土地区画整理事業除く					第1号
② 都市計画区域内に所在する土地で次に掲げるもの 　道路の区域内の土地、 　都市公園を設置すべき区域内の土地 　河川予定地として指定された土地　等 ※土地区画整理事業除く					第2号
③ 土地区画整理促進区域内の土地区画整理事業					第3号
④ 住宅街区整備事業施行区域内の土地					第4号
⑤ 生産緑地地区の区域内の土地					第5号
上記以外					
⑥-1　市街化区域					第6号
⑥-2　大都市地域における宅地開発及び鉄道整備の一体的推進に関する特別措置法に定める重点地域					
⑥-3　上記以外の都市計画区域内の土地					

　　　　：届出が不要な地域
　　※申出が可能な地域は、都市計画区域内及び都市計画区域外の①都市計画施設の区域

届出が必要な面積要件（法第4条第2項第9号）
　①～⑤：　200㎡以上　※都道府県（市の区域内にあっては、当該市）の条例で100㎡以上（防災再開発促進地区の区域内にあっては、50㎡以上）まで引下げ可（公拡法施行令第3条第3項）
　⑥-1,2：　5,000㎡以上（公拡法施行令第2条第2項1号）
　⑥-3：　10,0000㎡以上（公拡法施行令第2条第2項2号）

申出が可能な面積要件（法第5条第1項）
　　200㎡以上　※都道府県（市の区域内にあっては、当該市）の規則で100㎡以上（防災再開発促進地区の区域内にあっては、50㎡以上）まで引下げ可（公拡法施行令第4条）

■土地の買取り希望の申出事項

Q96　土地の買取り希望の申出は、どのようにすれば良いのでしょうか。

A　公拡法第5条第1項に規定する土地について、当該土地の地方公共団体等による買取りを希望するときは、当該土地を所有する者は、公拡法施行規則第5条第1項各号に規定する買取り希望の申出事項を記載した土地買取希望申出書（様式第2）に同条第2項に規定する当該土地の位置及び形状を明らかにした図面を添付して、当該土地が町村の区域内に所在する場合は当該町村長（特別区の区域内に所在する場合は特別区の区長）を経由して都道府県知

103

事に対して、当該土地が市の区域内に所在する場合は当該市長に対して、正本と写しを1部ずつ提出する必要があります。

なお、公拡法施行規則第5条第1項各号に規定する買取り希望の申出事項は、以下のとおりです。

(1) 当該土地の所在、地目及び面積

(2) 当該土地の買取り希望価額

(3) 当該土地に所有権以外の権利があるときは、当該権利の種類及び内容並びに当該権利を有する者の氏名及び住所

(4) 当該土地に建築物その他の工作物があるときは、当該工作物並びに当該工作物につき所有権を有する者の氏名及び住所

(5) 上記(4)の工作物に所有権以外の権利があるときは、当該権利の種類及び内容並びに当該権利を有する者の氏名及び住所

また、公拡法施行規則第5条第2項に規定する当該土地の位置及び形状を明らかにした図面は、方位、土地の境界、周辺の公共施設等により土地の位置及び形状を明らかにした見取図等とされていますが、申出をする者の過度な負担となるものであってはならないとされています。必ずしも公的機関が発行した図面であることは求められていません。

なお、土地の面積は、原則として、実測面積を記入することとなりますが、土地の実測面積が不明であるときは、申出をする者に対して、申出のために土地を測量させるなどの負担を課さないように、当該土地の実測面積ではなく、土地の登記記録に登記されている面積によることが可能であるとされています。

【参　考】

「公有地の拡大の推進に関する法律の施行について（土地の先買い制度関係）」（昭和47年11月11日付け建設省都政発第26号・自治省自治画第104号建設省都市局長・自治大臣官房長通達）記1 (4)(6)

第5条　地方公共団体等に対する土地の買取り希望の申出　関係

■オンラインによる買取り希望の申出

土地の買取り希望の申出は、オンライン（メール等）で行うことはできるのでしょうか。

土地の所在する地方公共団体の定めに応じ、オンライン（メール等）により申出をすることができます。

　公拡法第5条第1項に規定する土地について、当該土地の地方公共団体等による買取りを希望するときは、当該土地を所有する者は、公拡法施行規則第5条第1項各号に規定する買取り希望の申出事項を記載した土地買取希望申出書（様式第2）に同条第2項に規定する当該土地の位置及び形状を明らかにした図面を添付して、当該土地が町村の区域内に所在する場合は当該町村長（特別区の区域内に所在する場合は特別区の区長）を経由して都道府県知事に対して、当該土地が市の区域内に所在する場合は当該市長に対して提出する必要があります。

　情報通信技術を活用した行政の推進等に関する法律（以下「デジタル手続法」という。）第6条第1項では、「申請等のうち当該申請等に関する他の法令の規定において書面等により行うことその他のその方法が規定されているものについては、当該法令の規定にかかわらず、（中略）電子情報処理組織（行政機関等の使用に係る電子計算機（入出力装置を含む。）とその手続等の相手方の使用に係る電子計算機とを電気通信回線で接続した電子情報処理組織をいう。）を使用する方法により行うことができる。」と規定しています。

　したがって、土地の買取り希望の申出は、デジタル手続法第6条第1項の規定により、土地買取希望申出書と当該申出書に添付する図面や書類をオンラインにより提出して行うことができるものとされていることから、オンラインにより申出をすることが可能です。オンラインにより届出をする場合の具体的な方法は土地の所在する地方公共団

105

第3編　公拡法　都市計画区域内の土地等の先買い関係Q&A

体において定めることになります。

　なお、オンラインにより申出をする場合は、関係行政機関が所管する法令に係る情報通信技術を活用した行政の推進等に関する法律施行規則第5条第4項の規定により、土地買取希望申出書の写し（副本）の提出は不要です。

　また、公拡法第5条第1項に規定する土地の買取り希望の申出のほか、公拡法第4条第1項に規定する土地の有償譲渡の届出についても、オンラインにより申出をすることが可能とされています。

【参　考】

「公有地の拡大の推進に関する法律の先買い制度に係る手続きのオンライン化について（ご協力のお願い）」（令和3年3月31日付け国土交通省不動産・建設経済局土地政策課公共用地室課長補佐事務連絡）

Q98　■土地を所有する者

「土地を所有する者」には、土地の登記事項証明書に記載されていない者も該当しますか。

A　土地の登記事項証明書に記載されている者以外にも「土地を所有する者」に該当する場合があります。

　公拡法第5条第1項に規定する土地の買取り希望の申出は、都市計画施設の区域内又は都市計画区域内に所在する一定規模以上の土地について、当該土地を所有する者が地方公共団体等による土地の買取りを希望するときに申出を可能とするものですが、ここでいう「土地を所有する者」とは、土地の実体法上の真の所有者のことを指し、土地の登記事項証明書に記載されている者に限られません。

　なお、申出に係る土地の所有者と土地の登記事項証明書に記載されている者とが異なる場合には、申出をする者が当該土地の所有者であ

106

ることを確認できる書類（土地売買契約書の写し等）を添付して申出をすることが適切と考えられます。

■代理人による申出

Q99 土地所有者から委任を受けた代理人は、買取り希望の申出をすることができますか。

A 申出をすることができます。
　公拡法第5条第1項に規定する土地の買取り希望の申出は、都市計画施設の区域内又は都市計画区域内に所在する一定規模以上の土地について、当該土地を所有する者が地方公共団体等による土地の買取りを希望するときに申出を可能とするものです。ここでいう「土地を所有する者」とは、土地の実体法上の真の所有者のことをいいますが、土地を所有する者から委任を受けた者であれば、申出をすることができます。
　したがって、土地所有者から委任を受けた代理人が申出をするときは、当該土地の所有者から委任を受けていることを確認できる委任状等を添付して申出をすれば良いものと考えられます。
　なお、土地の買取りを希望する地方公共団体等があるときは、当該地方公共団体等による買取りの協議が行われることとなりますが、申出を行った代理人に当該協議の権限が委任されていることが確認できない場合は、土地所有者と地方公共団体等で協議が行われることとなります。

Q100 ■国又は地方公共団体等による申出

国や地方公共団体等が所有する土地は、買取り希望の申出の対象となりますか。

A 申出の対象となりません。

公拡法第5条第1項に規定する土地の買取り希望の申出は、都市計画施設の区域内又は都市計画区域内に所在する一定規模以上の土地について、当該土地を所有する者が地方公共団体等による土地の買取りを希望するときに申出を可能とするものです。

また、申出をすることができる者は、公拡法第5条第1項の規定では国や地方公共団体等が除かれていないため、国や地方公共団体等であっても、申出ができるものと考えられます。しかし、公拡法に基づく土地の先買い制度は、公共施設等の計画的な整備のために必要となる土地について、地方公共団体等に当該土地の買取りの協議を行う機会を優先的に付与することを目的とするものです。さらに、都市の健全な発展と秩序ある整備の促進のために、積極的に地方公共団体等による土地の買取りを希望する者の申出を可能とするとともに、土地の有償譲渡の届出が免除されるなどの民間の土地所有者の便宜を図ることを規定しています。

したがって、国や地方公共団体等が所有する土地は、公拡法の趣旨に照らして申出の対象とはならないものと考えられます。

Q101 ■公共法人による申出

土地の有償譲渡の届出の規定が適用されない法人税法別表第1に掲げる公共法人は、買取り希望の申出をすることができますか。

A 申出をすることができます。

公拡法第5条第1項では「前条第一項に規定する土地その他都市計画区域内に所在する土地（中略）を所有する者は、当該土地の地方公共団体等による買取りを希望するときは、（中略）当該土地が町村の区域内に所在する場合にあっては当該町村の長を経由して都道府県知事に対し、当該土地が市の区域内に所在する場合にあっては当該市の長に対し、その旨を申し出ることができる。」と規定しています。

土地の有償譲渡の届出については、公拡法第4条第2項第1号及び公拡法施行令第3条第1項により、法人税法別表第1に掲げる公共法人に届出の義務適用が除外されています。一方、土地の買取り希望の申出については、申出をすることができる者を公拡法第5条第1項に規定する土地を所有する者としており、同項の規定の適用除外となる者を規定していないことから、公共法人は、申出をすることが可能であると考えられます。

また、公共法人が不要とする土地を、地方公共団体等が取得することにより、公共施設等の整備や地域における土地利用に最も適合するように活用することができることから、都市の健全な発展と秩序ある整備の促進が図られると考えられます。

Q102 ■財産区が所有する土地の申出

財産区は、買取り希望の申出することができますか。

A 申出をすることができません。

公拡法に基づく土地の先買い制度は、地方公共団体等が公共施設等を整備するために必要となる土地について、当該土地の買取りの協議を行う機会を優先的に付与することを目的とするものであり、公拡法第5条第1項に規定する土地の買取り希望の申出は、都市計画施設の区域内又は都市計画区域内に所在する一定規模以上の土地を所有する者が地方公共団体等による土地の買取りを希望するときに申出を可能とするものです。

また、都市計画等に定める事業や公共施設等を整備するために必要となる公有地は、公拡法第2条第1号の規定により、地方公共団体の所有する土地とされており、地方公共団体等は、公拡法第2条第2号の規定により、地方公共団体、土地開発公社及び公拡法施行令で定める法人とされています。

地方自治法第1条の3第1項では、「地方公共団体は、普通地方公共団体及び特別地方公共団体とする。」と規定し、同条第3項では、「特別地方公共団体は、特別区、地方公共団体の組合及び財産区とする。」と規定しています。

財産区は、地方自治法第294条第1項の規定により、市町村及び特別区の一部で財産を有し、若しくは公の施設を設けているもの等とされており、地方自治法第1条の3第3項に規定する特別地方公共団体にあたることから、公拡法第2条第2号に規定する地方公共団体等に含まれることとなります。

したがって、財産区が所有する土地は、公拡法第2条第1号に規定する公有地となることから、申出の対象とならないものと考えられます。

なお、財産区が土地を有償で譲渡するときは、公拡法第4条第2項第1号に規定する地方公共団体等が土地を有償で譲り渡すものであるときに該当し、土地の有償譲渡の届出義務が免除されることから、届出は不要とされています。

■所有権の争いがある土地の申出

Q103 所有権の争いがある土地は、買取り希望の申出をすることができますか。

A 申出をすることができません。

公拡法第5条第1項に規定する土地の買取り希望の申出は、都市計画施設の区域内又は都市計画区域内に所在する一定規模以上の土地について、当該土地を所有する者が地方公共団体等による土地の買取りを希望するときに申出を可能とするものです。また、申出をすることができる者は、当該土地を所有する者とされており、土地の実体法上の真の所有者である必要があります。

したがって、土地の所有権に争いがあり、真の所有者と確定していない場合は、申出をすることができません。所有権確認訴訟等によって当該土地の所有者が確定したときは申出をすることができますが、その際には申出をする者が当該土地の所有者であることを確認できる書類（確定判決書の写し等）を添付することが適切と考えられます。

なお、地方公共団体にあっては、このような係争があることが明らかである土地について買取り希望の申出があったとしても、地方公共団体等が土地を買い取ることができないおそれがあることから、受理しないことが適切と考えられます。しかし、事前に係争の有無を確認することが困難であるときには、不動産登記簿等により申出者が土地所有者であることが確認できれば、申出を受理して差し支えないと考えられます。

111

Q104 ■農地法の許可を条件とした仮登記がある土地の申出

農地法の許可を条件とした仮登記の権利者（仮登記名義人）は、買取り希望の申出をすることができますか。

A

申出をすることができません。

公拡法第5条第1項では、「前条第一項に規定する土地その他都市計画区域内に所在する土地（中略）を所有する者は、当該土地の地方公共団体等による買取りを希望するときは、（中略）当該土地が町村の区域内に所在する場合にあっては当該町村の長を経由して都道府県知事に対し、当該土地が市の区域内に所在する場合にあっては当該市の長に対し、その旨を申し出ることができる。」と規定しています。

一方、農地法第3条第1項では、「農地又は採草放牧地について所有権を移転（中略）する場合には、政令で定めるところにより、当事者が農業委員会の許可を受けなければならない。」と規定し、同条第6項では、「第1項の許可を受けないでした行為は、その効力を生じない。」と規定しているとともに、同法第5条第1項では、「農地を農地以外のものにするため又は採草放牧地を採草放牧地以外のもの（農地を除く。）にするため、これらの土地について第3条第1項本文に掲げる権利を設定し、又は移転する場合には、当事者が都道府県知事等の許可を受けなければならない。」と規定し、同条第3項では、「第3条（中略）第6項（中略）の規定は、第1項の場合に準用する。」と規定しています。

農地等の権利移動は、農地法第3条第1項の規定により、農業委員会の許可を受けることが必要とされ、農地等の転用のための権利移動は、同法第5条第1項の規定により、都道府県知事等の許可を受けることが必要とされているところですが、当該許可を受けないでした行

為は、同法第3条第6項又は第5条第3項の規定により無効とされることから、農地等の所有権の移転にあたっては、農業委員会又は都道府県知事等の許可を受けることが条件となります。

農地法の許可を条件とした仮登記（条件付所有権移転仮登記）のある土地は、農地法第3条第1項又は第5条第1項の許可を受けない限り、当該土地の所有権の移転の効力が生じないものとなります。

したがって、農地法の許可を条件とした仮登記の権利者（仮登記名義人）は、当該許可を受けるまで土地を所有する者とならないことから、申出をすることができません。

なお、農地等の所有権の移転に係る農地法の許可があったときは、当該許可を条件とする仮登記の権利者は、申出をする者が当該土地の所有者であることを確認できる書類（許可書の写し等）を添付して申出をすることが適切と考えられます。

■所有権以外の権利が設定されている土地の申出

賃借権等の所有権以外の権利が設定されている土地は、買取り希望の申出をすることができますか。

申出をすることができます。

公拡法第5条第1項に規定する土地の買取り希望の申出は、都市計画施設の区域内又は都市計画区域内に所在する一定規模以上の土地について、当該土地を所有する者が地方公共団体等による土地の買取りを希望するときに申出を可能とするものです。

都市計画施設の区域内又は都市計画区域内に所在する一定規模以上の土地であれば申出をすることができるため、賃借権、地上権、地役権、質権、抵当権等の所有権以外の権利が設定されている土地であっても、申出をすることができます。この場合、土地買取希望申出書に

土地に設定されている所有権以外の権利の種類及び内容並びに当該権利を有する者の氏名及び住所を記載する必要があります。

なお、公拡法に基づく土地の先買い制度は、地方公共団体等に公共施設等の整備のために必要となる土地の買取りの協議を行う機会を優先的に付与することを目的とするものであることから、これらの権利が公共施設等の整備に支障となる場合には土地の買取りの協議が行われないことが考えられます。そのため、土地の買取り希望の申出を行う際には、これらの権利の取扱いについてあらかじめ検討しておく必要があります。

■地方公共団体の権利が設定されている土地の申出

地方公共団体が地上権を設定し、既に公営住宅として使用されている土地は、買取り希望の申出をすることができますか。

申出をすることができます。

公拡法第5条第1項に規定する土地の買取り希望の申出は、都市計画施設の区域内又は都市計画区域内に所在する一定規模以上の土地について、当該土地を所有する者が地方公共団体等による土地の買取りを希望するときに申出を可能とするものです。

都市計画施設の区域内又は都市計画区域内に所在する一定規模以上の土地であれば申出をすることができるため、所有権以外の権利が設定され、建築物その他の工作物が存する土地であっても、申出をすることができます。この場合、土地買取希望申出書に土地に設定されている所有権以外の権利及び土地に存する工作物について、その種類及び内容並びに当該権利及び当該工作物を有する者の氏名及び住所を記載する必要があります。

また、公拡法に基づく土地の先買い制度は、都市の健全な発展と秩

第5条　地方公共団体等に対する土地の買取り希望の申出　関係

序ある整備を促進するため、公有地の拡大の計画的な推進を図り、地域の秩序ある整備と公共の福祉の増進に資することを目的とするものです。都市施設に関する事業等の用に供するために必要となる土地について、地方公共団体等に当該土地の買取りの協議を行う機会を優先的に付与することにより、都市計画事業等を円滑かつ迅速に施行することができることから、既に地方公共団体が地上権を設定して使用している土地であっても、公拡法による申出が可能と考えられます。

> 【参　考】
>
> 「公有地の拡大の推進に関する法律」に関する疑義について（昭和52年7月21日付け建設省計用発第25号建設省計画局公共用地課長から神奈川県土木部長あて回答）

Q107 ■所有権以外の権利者による申出

土地に賃借権を設定して土地を使用している権利者は、買取り希望の申出をすることができますか。

A 　申出をすることができません。

公拡法に基づく土地の先買い制度は、公共施設等の計画的な整備のために必要となる土地について、地方公共団体等に当該土地の買取りの協議を行う機会を優先的に付与することを目的とするものです。

また、公拡法第5条第1項に規定する土地の買取り希望の申出は、都市計画施設の区域内又は都市計画区域内に所在する一定規模以上の土地を所有する者が地方公共団体等による土地の買取りを希望するときに申出を可能とするものです。ここでいう「土地を所有する者」とは、土地の実体法上の真の所有者のことを指し、当該土地について所

115

有権を有する者であることが必要となります。

したがって、土地に賃借権を設定して土地を使用している権利者は、土地を所有する者にあたらないことから、申出をすることができません。

Q108 ■建物がある土地の申出

建物がある土地は、買取り希望の申出をすることができますか。

A 申出をすることができます。

公拡法第5条第1項に規定する土地の買取り希望の申出は、都市計画施設の区域内又は都市計画区域内に所在する一定規模以上の土地を所有する者が地方公共団体等による土地の買取りを希望するときに申出を可能とするものです。

都市計画施設の区域内又は都市計画区域内に所在する一定規模以上の土地であれば申出をすることができるため、建築物その他の工作物が存する土地であっても、申出をすることができます。この場合、土地買取希望申出書に土地に存する工作物の種類及び内容並びに当該工作物を有する者の氏名及び住所を記載する必要があります。

したがって、建物がある土地であっても、当該土地を所有する者は、申出をすることができます。

なお、公拡法に基づく土地の先買い制度により買い取られた土地は、公拡法第9条第1項の規定により、都市計画法第4条第5項に規定する都市施設に関する事業、土地収用法第3条各号に掲げる施設に関する事業若しくは公拡法施行令で定める事業又はこれらの事業に係る代替地の用に供されなければならないとされています。建物がある土地を買い取ったとしても、当該建物を公共施設等として用いるものではない限り、直ちに当該土地を公共施設等の整備のために利用する

第5条　地方公共団体等に対する土地の買取り希望の申出　関係

ことができません。そのため、土地の買取りを希望する地方公共団体等は、土地を買い取ると同時に当該土地に存する建物等についても買い取る又は移転させるなどの措置が必要になるものと考えられます。

この際、公拡法に基づく土地の先買い制度は、土地のみを買取りの対象とするものであることから、地方公共団体等が土地と併せて当該土地の上にある建物の買取り等を行う場合は、公拡法に基づかない任意の協議により行われることとなります。

■複数の土地の申出

同一の用途として一体的に利用している複数筆の土地の買取りを希望するときは、1筆ごとに申出をする必要がありますか。

複数筆にわたる土地が一体的に利用されており、当該土地が一団性を有した土地であると認められ、かつ、当該土地の所有者が同一人である場合は、複数筆の土地をまとめて申出をすることが可能です。

ただし、一団の土地の所有者が複数人にわたるときは、仮に親族等の特別な関係にあるものであっても、法律上は、個々の別人格を有した者であり、同一の土地所有者であると判断することができないことから、個々の土地所有者又は各土地所有者から委任を受けた代表者によって申出をする必要があります。

なお、申出の可否の判断にあたっては、申出の対象となる土地の一団性と土地所有者の同一性により、原則として、買取りを希望する土地の全体面積が申出に係る面積要件を満たすか否かにより判断することになります。

117

第3編　公拡法　都市計画区域内の土地等の先買い関係Q&A

■土地区画整理事業の施行区域内の土地の申出

Q110 都市計画区域内の土地区画整理事業の施行区域内にある土地は買取り希望の申出をすることができますか。

A　申出をすることができます。
　公拡法第5条第1項に規定する土地の買取り希望の申出は、都市計画施設の区域内又は都市計画区域内に所在する一定規模以上の土地を所有する者が地方公共団体等による土地の買取りを希望するときに申出を可能とするものです。
　都市計画施設の区域内又は都市計画区域内に所在する一定規模以上の土地であれば申出をすることができるため、土地区画整理事業の施行区域内にある土地であっても、申出をすることができます。
　なお、公拡法第4条第1項に規定する土地の有償譲渡の届出については、同項第3号に規定する土地区画整理事業以外の土地区画整理事業の施行区域内の土地を除いて、土地区画整理事業の施行区域内の土地は、その対象から除かれています。

■土地区画整理事業の仮換地の指定があった土地の申出

Q111 土地区画整理事業の仮換地の指定があった土地は、買取り希望の申出をすることができますか。

A　申出をすることができます。
　公拡法第5条第1項に規定する土地の買取り希望の申出は、都市計画施設の区域内又は都市計画区域内に所在する一定規模以上の土地について、当該土地を所有する者が地方公共団体等による土地の買取りを希望するときに申出を可能とするものであり、

118

土地区画整理事業の施行区域内に所在する土地についても、申出の対象とされています。

土地区画整理事業の仮換地は、土地区画整理法第98条第1項の規定により、換地処分を行う前において、土地の区画形質の変更や公共施設の新設若しくは変更に係る工事のため必要がある場合、又は換地計画に基づき換地処分を行うため必要がある場合に、当該事業の施行者が施行地区内の土地について指定されるものです。

また、仮換地の指定があったときは、土地区画整理法第99条第1項の規定により、従前の土地について使用し、又は収益することができる者は、仮換地となる土地又は仮換地について仮に使用し、若しくは収益することができる権利の目的となるべき土地等については、従前の土地について有する権利の内容である使用又は収益と同じ使用又は収益をすることができるものとされ、従前の土地については、使用し、又は収益することができないとされています。

したがって、土地区画整理事業の仮換地の指定があった土地には、従前の土地について有する権利の内容と同じ効力が及ぶこととなることから、申出をすることができるものと考えられます。

なお、土地区画整理事業の仮換地の指定があった土地について申出をするときは、従前の土地ではなく、仮換地の指定があった土地の面積により申出をすることになります。

■土地区画整理事業の保留地予定地の申出

Q112 土地区画整理事業の保留地予定地は、買取り希望の申出をすることができますか。

申出をすることができません。
公拡法第5条第1項に規定する土地の買取り希望の申出は、都市計画施設の区域内又は都市計画区域内に所在する一

定規模以上の土地について、当該土地を所有する者が地方公共団体等による土地の買取りを希望するときに申出を可能とするものであり、ここでいう「土地を所有する者」とは、土地の実体法上の真の所有者のことを指し、当該土地について所有権を有する者であることが必要です。

土地区画整理法第96条第1項及び第2項に規定する保留地は、土地区画整理事業の換地計画において、一定の土地を換地として定めないで保留地として定めることができるとされており、同法第104条第11項の規定により、換地処分の公告があった翌日に施行者が取得するものとされていることから、当該土地に対応する従前の土地がないものと考えられます。

また、換地処分がなされる前の保留地予定地を取得した者は、当該土地について使用し、又は収益することができる権利のみを有するものであり、換地処分がなされ、施行者から土地の所有権を譲り受けるまでは、当該土地を所有する者にあたりません。

したがって、土地区画整理事業の保留地予定地は、申出をすることができません。

Q113 ■都市計画法に基づく事業予定地の申出

都市計画法に基づく事業予定地の買取りを希望するときは、申出をすることができますか。

A　申出をすることができます。
　都市計画法第55条第1項に規定する都市計画施設の区域内の土地で都道府県知事等が指定したものの区域内に所在する土地（事業予定地）については、都道府県知事等は、事業予定地内において行われる建築物の建築について許可をしないことができるものとされています。

第5条　地方公共団体等に対する土地の買取り希望の申出　関係

　また、事業予定地内において建築物の建築が許可されないときは、当該土地の所有者は、都市計画法第56条第1項の規定により、都道府県知事等に対して、土地の利用に著しい支障を来すこととなることを理由として、当該土地を買い取るべき旨の申出をすることができ、都道府県知事等は、特別の事情がない限り、当該土地を時価で買い取るものとされています。

　ただし、事業予定地内の建築物の建築が許可されなかったとしても、当該土地の利用に著しい支障を来さないときは、当該土地の所有者は、都市計画法に基づく土地の買取りの申出をすることができず、都道府県知事等による土地の買取りが行われないこととなります。

　一方、公拡法第5条第1項に規定する土地の買取り希望の申出は、都市計画施設の区域内又は都市計画区域内に所在する一定規模以上の土地について、当該土地を所有する者が地方公共団体等による土地の買取りを希望するときに申出を可能とするものです。

　都市計画施設の区域内又は都市計画区域内に所在する一定規模以上の土地であれば申出をすることができるため、都市計画法に基づく都市計画法の建築の許可の基準の特例等が指定されている区域内の土地については、都市計画法に基づく申出とは別に、公拡法による申出をすることができます。

　なお、都市計画法第55条第1項に規定する事業予定地内の土地は、都市計画事業等の円滑かつ迅速な施行を確保するため、当該土地における建築物の建築が制限され、当該土地の所有者に土地の買取りの申出が認められているところですが、公拡法に基づく土地の先買い制度は、都市の健全な発展と秩序ある整備を図ることを目的として、地方公共団体等に都市計画施設等の整備のために必要となる土地の買取りの協議を行う機会を優先的に付与するものであり、土地の先買い制度を活用することによって、都市計画事業等を円滑かつ迅速に施行することができることから、公拡法による申出が可能とされているものと考えられます。

121

Q114 ■都市計画区域内と都市計画区域外にまたがる土地の申出

土地の全体面積は300㎡ですが、都市計画区域内に所在する部分の面積が200㎡未満となるときは、申出をすることができますか。

A 申出をすることができます。

公拡法第5条第1項に規定する土地の買取り希望の申出は、都市計画施設の区域内又は都市計画区域内に所在する一定規模以上の土地を所有する者が地方公共団体等による土地の買取りを希望するときに申出を可能とするものであり、公拡法施行令第4条に規定する規模以上の土地（土地の面積が200㎡以上のもの）であれば、申出をすることができるものとされています。

したがって、都市計画施設の区域又は都市計画区域内に所在する部分が200㎡未満であっても、土地の全体の面積が200㎡を超える場合は、申出をすることができます。

なお、公拡法に基づく土地の先買い制度は、地方公共団体等が公共施設等を整備するために必要となる土地について、地方公共団体等に当該土地の買取りの協議を行う機会を優先的に付与することを目的とするものであり、全体面積が200㎡以上となる土地であれば、都市計画施設の区域又は都市計画区域に係る部分の面積が200㎡未満となる場合であっても、地方公共団体等が当該土地を取得して、公共施設等の整備や地域における適切な土地利用に適合させて利用することができるため、当該土地についても申出の対象とされていると考えられます。

■法定外公共物により分断されている土地の申出

Q115 法定外公共物である里道により分断されている土地は、申出をすることができますか。

A 原則として、申出をすることができません。
公拡法第５条第１項に規定する土地の買取り希望の申出が可能となる土地は、都市計画施設の区域内又は都市計画区域内に所在する一定規模以上の土地（土地の面積が200㎡以上のもの）が対象となりますが、申出の対象となる土地に係る面積要件は、１筆ごとの土地ではなく、一団の土地により判断します。

一団の土地とは、同一の用途又は同一の利用目的に供されている土地のことを指します。法定外公共物である里道等により分断されている場合は、物理的に一体性を欠くことが通常であることから、申出の対象になりません。

ただし、土地の利用上の一体性や公共施設等の整備のための計画上の一体性等を有する場合には、一団性を有する土地と認められるため、申出の対象となることが考えられます。例えば、地方公共団体等が公共施設等を整備するために土地を取得したときに公有地として一体的に利用することができるような場合がこれに該当します。

この判断に当たっては、土地の利用状況や公共施設等の整備計画を踏まえて個別に判断する必要がありますが、当該土地を取得して公共施設等を整備したときに、法定外公共物の機能の回復が適切に図られるか、又はその用途を廃止しても差し支えないかについても考慮する必要があります。

■市道により分断された土地の申出

市道により分断された土地は、申出をすることができますか。

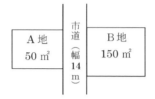

　原則として、申出をすることができません。
　公拡法第5条第1項に規定する土地の買取り希望の申出が可能となる土地は、都市計画施設の区域内又は都市計画区域内に所在する一定規模以上の土地（土地の面積が200m²以上のもの）が対象となりますが、申出の対象となる土地に係る面積要件は、1筆ごとの土地ではなく、一団の土地により判断します。
　一団の土地とは、同一の用途又は同一の利用目的に供されている土地のことを指します。市道により分断されている場合は、物理的な一体性を有するものではなく、一般的に当該土地を一体的に利用することが困難であり、同一の用途又は同一の利用目的に供されている一団の土地であるとは認められないことから、申出の対象となりません。
　ただし、当該市道の拡幅が予定されており、市道により分断されている2つの土地がいずれも当該市道の道路区域内にあるなどの特段の事情がある場合には、当該土地の利用上の一体性や公共施設等の整備計画上の一体性がある土地として一団性を有するとみなし、例外的に申出の対象とすることができるものと考えられます。

第5条　地方公共団体等に対する土地の買取り希望の申出　関係

　■水路により分断される土地の申出

同一の用途として一体的に利用している土地に水路がある場合は、申出をすることができますか。

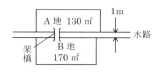

　　　土地の利用状況や公共施設等の整備計画を踏まえて申出ができるか否かを判断することになります。

　公拡法第5条第1項に規定する土地の買取り希望の申出が可能となる土地は、都市計画施設の区域内又は都市計画区域内に所在する一定規模以上の土地（土地の面積が200㎡以上のもの）が対象となりますが、申出の対象となる土地に係る面積要件は、1筆ごとの土地ではなく、一団の土地により判断します。

　一団の土地とは、同一の用途又は同一の利用目的に供されている土地のことを指します。一団の土地が水路により分断されていたとしても、当該水路が暗渠となっている、又は水路の幅が狭く、当該水路に架橋されているなど、利用上の一体性があり、地方公共団体等が当該土地を取得して、一体的に利用することができる一団の土地であると認められるときは、申出をすることができるものと考えられます。

　ただし、土地を分断する水路の幅が広く、又は当該水路に架橋されていないなど、水路により分断される土地に物理的かつ機能的な一体性がないときは、同一の用途又は同一の利用目的に供され、一体的に利用されている一団の土地であるとは認められないことから、申出をすることができません。

■境界点のみが接する土地の申出

境界点のみが接する土地は、当該土地を一団の土地として申出をすることができますか。

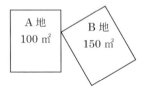

原則として、申出をすることができません。

公拡法第5条第1項に規定する土地の買取り希望の申出が可能となる土地は、都市計画施設の区域内又は都市計画区域内に所在する一定規模以上の土地（土地の面積が200㎡以上のもの）が対象となりますが、申出の対象となる土地が複数筆にわたるときは、当該土地が同一の用途又は同一の利用目的に供されている一団の土地であり、地方公共団体等が公共施設等を整備するために当該土地を取得した場合において、公有地として一体的に利用することができる土地であることが必要です。

また、土地の一団性の判断には、当該土地の物理的な一体性、利用上の一体性等を総合的に勘案する必要があります。境界点のみが接する土地は、一般的に物理的かつ機能的な一体性を有するものではなく、当該土地を一体的に利用することが困難であり、同一の用途又は同一の利用目的に供されている一団の土地であるとは認められないことから、申出をすることができません。

ただし、既に地方公共団体等が当該土地に隣接する土地を一体的に取得しているなど、当該土地を取得した場合において、利用上の一体性、計画上の一体性等が担保される土地であると認められるときは、一団の土地として申出をすることができるものと考えられます。

第5条　地方公共団体等に対する土地の買取り希望の申出　関係

Q119 ■共有地を含む土地の申出

同一の用途として一体的に利用している土地の一部が共有地であるときは、共有地を含めて申出をすることはできますか。

A地	B地
甲所有	甲乙共有
200 ㎡	100 ㎡

A 申出をすることができません。

　公拡法第5条第1項に規定する土地の買取り希望の申出は、都市計画施設の区域内又は都市計画区域内に所在する一定規模以上の土地を所有する者が地方公共団体等による土地の買取りを希望するときに申出を可能とするものであり、複数筆にわたる土地の買取りを希望する場合は、当該土地が一体的に利用することができる一団性を有した土地であるとともに、当該土地の所有者が同一人であることが必要です。

　同一の用途として一体的に利用している土地の一部が共有地であるときは、当該土地が物理的かつ機能的な一体性を有する土地であることは認められますが、当該土地を所有する者は、共有者を一権利者として擬制して考えることが適当であるため、それぞれ別人が所有する土地になるものと考えられます。したがって、それぞれの所有に係る土地の面積に着目して申出の対象となるか否かを個別に判断する必要があります。

　今回の事例では、甲所有のA地は申出の要件を満たしていますが、甲乙共有のB地は申出の要件を満たしていませんので、A地のみ申出をすることができます。

第3編 公拡法 都市計画区域内の土地等の先買い関係Q&A

■連名による隣接地の申出

自己が所有する土地と他人が所有する土地を併せて連名により申出をすることはできますか。

A 地	B 地
甲所有 150 ㎡	乙所有 100 ㎡

申出をすることができません。

公拡法第5条第1項に規定する土地の買取り希望の申出は、都市計画施設の区域内又は都市計画区域内に所在する一定規模以上の土地を所有する者が地方公共団体等による土地の買取りを希望するときに申出を可能とするものであり、申出の対象となる土地は、同一の用途又は同一の利用目的に供されており、地方公共団体等が公共施設等を整備するために当該土地を取得したときに、公有地として一体的に利用することができる土地であるとともに、当該土地の所有者が同一人であることが必要です。

また、申出の対象となる土地の面積は、申出に係る土地の全体面積により判断することになりますが、申出をする者が所有する土地が公拡法施行令第4条に規定する規模以上の土地（土地の面積が200㎡以上のもの）である必要があります。

自己が所有する土地と他人が所有する土地を併せた土地の面積が申出の対象となる面積以上となり、隣接する土地の所有者も地方公共団体等による土地の買取りを希望する場合であっても、これらの土地は、同一の所有者が所有する土地ではないことから、隣接する土地の所有者との連名により申出をすることはできません。

今回の事例では、甲所有のA地も乙所有のB地も申出の要件を満たしていませんので、申出をすることはできません。

128

第5条　地方公共団体等に対する土地の買取り希望の申出　関係

　なお、自己が所有する土地と他人が所有する土地が一体的に利用されており、当該土地が物理的かつ機能的な一体性を有した土地であると認められるような場合であっても、各人が所有する土地の面積に着目して申出の対象となるか否かを判断する必要があります。

■小規模な土地の申出

Q121
申出の対象となる面積に満たない土地は、地方公共団体等による土地の買取り希望の申出をすることはできますか。

A
　原則として、申出をすることができませんが、都道府県又は市の規則によっては申出が可能となる場合があります。
　公拡法第5条第1項に規定する土地の買取り希望の申出は、都市計画施設の区域内又は都市計画区域内に所在する一定規模以上の土地について、当該土地を所有する者が地方公共団体等による土地の買取りを希望するときに申出を可能とするものであり、申出の対象となる土地は、公拡法施行令第4条に規定する規模以上（土地の面積が200㎡以上のもの）である必要があります。
　したがって、申出に係る土地の全体面積が申出の対象となる面積に満たないときは、申出をすることはできません。
　ただし、都道府県又は市は、都市の健全な発展と秩序ある整備を促進するため、特に必要があると認められるときは、都道府県又は市の規則により、区域を限り、100㎡（密集市街地における防災街区の整備の促進に関する法律第3条第1項第1号に規定する防災再開発促進地区の区域内にあっては50㎡）まで届出が必要となる土地の規模（面積）を引き下げることができるものとされていますので、このような条例が定められている場合には申出をすることができます。
　また、公拡法に基づく申出の対象とならない土地であっても、公拡

129

第3編　公拡法　都市計画区域内の土地等の先買い関係Q&A

法に基づかない任意協議や都市計画法に基づく土地の買取りの申出等によって地方公共団体等へ買取り希望を申し出ることは否定されていません。

なお、公拡法に基づかない任意協議の結果、地方公共団体等によって土地が買い取られた場合は、公拡法の協議に基づき土地が買い取られる際に適用される税制上の特例の適用を受けることはできません。

■申出の取下げ

Q122 土地の買取り希望の申出後に申出をした者の事情により申出を取り下げることはできますか。

A 申出を取り下げることはできません。

公拡法第5条第1項に規定する土地の買取り希望の申出は、都市計画施設の区域内又は都市計画区域内に所在する一定規模以上の土地を所有する者が地方公共団体等による土地の買取りを希望するときに申出を可能とするものであり、当該土地の所有者の申出により、当該土地の買取りを希望する地方公共団体等が土地の買取りの協議を行います。申出をした者と当該地方公共団体等との間で土地の買取りの協議が成立したときは、地方公共団体等が申出に係る土地を取得することができます。

申出をした者が当該申出を取り下げようとする場合において、公拡法第6条第1項に規定する土地の買取りを希望する地方公共団体等が買取りの協議を行う旨の通知があったときは、申出をした者は、当該申出を取り下げることなく、買取りの協議において地方公共団体等に対して当該土地を売り渡さないことができます。また、同条第3項に規定する土地の買取りを希望する地方公共団体等がない旨の通知があったときは、地方公共団体等によって当該土地が買い取られないことが明らかにされています。したがって、これらの通知があったとき

130

第5条　地方公共団体等に対する土地の買取り希望の申出　関係

は、申出をした者によって申出を取り下げる実質的な意味はないもの
と考えられます。

　また、地方公共団体等との土地の買取りの協議が成立しなかったと
きや土地の買取りを希望する地方公共団体等がない旨の通知があった
ときには、土地の譲渡の制限が解除されます。これらの場合には、公
拡法第4条第2項第7号の規定により、譲渡制限期間が経過した日の
翌日から1年を経過するまでの間、届出をすることなく土地を有償で
譲渡することができます。

　土地の買取り希望の申出後は、申出をした者の事情により申出を取
り下げる必要がない場合があることに加えて、申出の取下げにより、
都道府県知事又は市長のほか、当該土地の買取りを希望する地方公共
団体等の事務手続に混乱を生じさせるおそれがあることなどから、申
出を取り下げることは認められないものと考えられます。

第5条第2項

Q123 ■土地の買取りの協議が不成立となった土地の譲渡

土地の買取り希望の申出をしましたが、土地の買
取りの協議が不成立となりました。申出をした土
地を有償で譲渡するときは、届出が必要ですか。

A 　協議が不成立となったときの翌日から1年間は届出が不要
です。

　公拡法第4条第1項に規定する土地の有償譲渡の届出は、
同項に規定する土地を有償で譲り渡そうとする者が行う必要がありま
すが、同条第2項第7号の規定により、①公拡法第6条第1項の通知
（土地の買取りの協議を行う旨の通知）があったときは、当該通知が
あった日から起算して3週間を経過した日又は当該期間内に土地の買

131

取りの協議が成立しないことが明らかになったときの翌日、②同条第3項の通知（土地の買取りを希望する地方公共団体等がない旨の通知）があったときは、当該通知のあった時の翌日、③届出をした日から起算して3週間以内に同条第1項又は第3項の通知がなかったときは、当該届出をした日から起算して3週間を経過した日の翌日からそれぞれ起算して1年を経過する日までの間において、当該届出をした者により有償で譲り渡されるものは、届出の義務が免除されることとなります。

　したがって、土地の買取りの協議が不成立となった者は、不成立となったときの翌日から1年間は当該土地を自由に譲渡することができることから、届出は不要です。

　ただし、公拡法第4条第2項第7号に規定する届出の義務の免除は、届出をした者が公拡法第8条に規定する土地の譲渡の制限の期間を経過した日の翌日から起算して1年を経過する日までの間に当該届出に係る土地を有償で譲渡しようとする場合にのみ適用されるものであることから、当該届出をした者から土地を譲り受けた者が当該土地を有償で譲渡しようとするときは、届出が必要です。

　なお、土地の買取りの協議が成立しなかったときや申出に係る土地の買取りを希望する地方公共団体等がなかったときは、時間の経過による事情の変化や都市計画の変更がない限り、一般的には地方公共団体等が当該土地を取得することが考えられないため、積極的に地方公共団体等による土地の買取りを希望した者の便宜を図り、一定の期間における土地の譲渡等については、土地所有者の自由な意思に委ねられるべきものとして、届出の義務が免除されています。

第５条　地方公共団体等に対する土地の買取り希望の申出　関係

■土地の買取りの協議が不成立となった土地の申出

買取り希望の申出をした土地の買取りの協議が不成立となったときは、再度申出をすることはできないのでしょうか。

A　申出をすることができます。
　公拡法第５条第１項に規定する土地の買取り希望の申出は、都市計画施設の区域内又は都市計画区域内に所在する一定規模以上の土地について、当該土地を所有する者が地方公共団体等による土地の買取りを希望するときに申出を可能とするものです。

　土地の買取り希望の申出は、積極的に地方公共団体等による土地の買取りを希望する者の申出を可能とすることにより、当該土地の買取りを希望する地方公共団体等に当該土地の買取りの協議を行う機会を優先的に付与することを目的とするものであることから、申出の回数や期間などを制限する規定は設けられていません。

　したがって、買取り希望の申出をした土地の買取りの協議が不成立となったときは、同じ申出に係る土地であっても、再度申出をすることが可能です。

Q125 ■遺言執行者による申出

土地所有者が亡くなり、遺言執行者が選任された場合、遺言執行者は土地を換価することを目的に土地の買取り希望の申出をすることができますか。

A

申出をすることができます。

公拡法第5条第1項に規定する土地の買取り希望の申出は、都市計画施設の区域内又は都市計画区域内に所在する一定規模以上の土地について、当該土地を所有する者が地方公共団体等による土地の買取りを希望するときに申出を可能とするものです。

遺言執行者は、民法第1006条第1項の規定により遺言によって指定又は同法第1010条の規定により利害関係人の請求によって家庭裁判所から選定された者であり、遺言の内容を実現するため、相続財産の管理その他遺言の執行に必要な一切の行為をする権利義務を有することとされています。

したがって、遺言において、土地を換価してその売却代金を遺贈することとされている等の場合で、遺言執行人が地方公共団体等による土地の買取りを希望するときには、申出をすることができます。

なお、民法第25条第1項の規定により家庭裁判所から選任された不在者財産管理人や民法第952条第1項の規定により家庭裁判所から選任された相続財産清算人、破産法第74条第1項の規定により裁判所から選任された破産管財人が地方公共団体等による土地の買取りを希望するときも、申出をすることができるものと考えられます。

第5条　地方公共団体等に対する土地の買取り希望の申出　関係

■相続人による土地の譲渡

法定相続人全員の連名により土地の買取り希望の申出をしましたが、土地の買取りの協議が不成立となりました。遺産分割の結果、法定相続人のうちの一人が当該土地を相続することになりましたが、当該土地を有償で譲渡するときは、届出が必要となりますか。

A　協議が不成立となったときの翌日から１年間は届出が不要です。

公拡法に基づく土地の先買い制度は、都市計画区域内等に所在する一定規模以上の土地について、地方公共団体等に公共施設等の整備のために必要となる土地の買取りの協議を行う機会を優先的に付与することを目的として、当該土地を所有する者が土地を有償で譲渡しようとする場合に届出の義務を課すとともに、当該土地を所有する者が地方公共団体等による土地の買取りを希望するときに申出を可能とするものです。

また、公拡法第４条第１項に規定する土地の有償譲渡の届出は、同項に規定する土地を有償で譲り渡そうとする者が行う必要がありますが、公拡法第５条第１項に規定する土地の買取り希望の申出をした土地については、同条第２項の規定により、①公拡法第６条第１項の通知（土地の買取りの協議を行う旨の通知）があったときは、当該通知があった日から起算して３週間を経過した日又は当該期間内に土地の買取りの協議が成立しないことが明らかになった時の翌日、②同条第３項の通知（土地の買取りを希望する地方公共団体等がない旨の通知）があったときは、当該通知のあった時の翌日、③申出をした日から起算して３週間以内に同条第１項又は第３項の通知がなかったときは、当該申出をした日から起算して３週間を経過した日の翌日からそ

135

れぞれ起算して1年を経過する日までの間において、当該申出をした者により有償で譲り渡されるものは、届出の義務が免除されることとなります。

したがって、法定相続人全員の連名により申出をした土地について、法定相続人のうちの一人が当該土地を相続した後に当該相続人が有償で譲渡するときは、届出の義務が免除されることから、届出が不要になるものと考えられます。

第6条 土地の買取りの協議 関係

第6条第1項

■土地の買取りの協議

Q127 土地の買取りの協議とは、どのようなものですか。

A 公拡法第6条第1項では、「都道府県知事又は市長は、第4条第1項の届出又は前条第1項の申出があった場合においては、当該届出等に係る土地の買取りを希望する地方公共団体等のうちから買取りの協議を行う地方公共団体等を定め、買取りの目的を示して、当該地方公共団体等が買取りの協議を行う旨を当該届出等をした者に通知するものとする。」と規定しています。

土地の買取りの協議は、公拡法第4条第1項に規定する土地の有償譲渡の届出又は第5条第1項に規定する土地の買取り希望の申出があったときに、届出等に係る土地の買取りを希望する地方公共団体等が届出等をした者と当該土地の買取りについて協議を行うものであり、協議が成立したときは、地方公共団体等が当該土地を取得することができます。

また、土地の買取りの協議は、届出等に係る土地の買取りを希望する地方公共団体等に対して、優先的に土地を買い取る権利（交渉権）を付与するものであり、私法上の協議と位置付けられていることから、届出等をした者と当該地方公共団体等との間で土地の買取価格や買取方法等の条件について合意に至らないときには、協議は不成立となり、地方公共団体等は土地を買い取ることができません。

なお、土地の買取りの協議は、正当な理由がなければ、拒むことが

できないとされています。また、土地の買取りに代わって、土地の交換や代替地の提供を行う条件で合意した場合は、公拡法の趣旨に照らし、土地の買取りの協議に基づくものとみなされません。

　土地の買取りの協議により、地方公共団体等によって土地が買い取られたときは、当該土地の所有者は、土地の譲渡に係る譲渡所得に課される所得税等について、税制上の特例の適用を受けることができます。

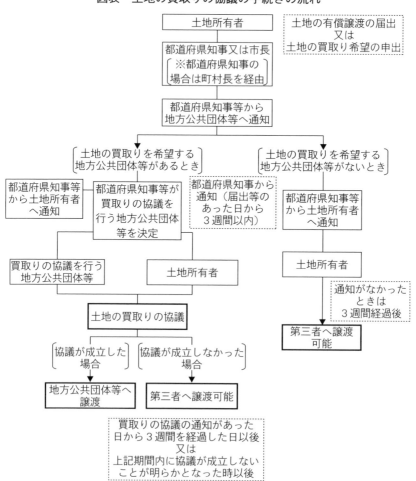

図表　土地の買取りの協議の手続きの流れ

第6条 土地の買取りの協議 関係

■土地の買取りの協議を行う地方公共団体等の選定

土地の買取りの協議を行う地方公共団体等は、どのように定められますか。

土地の買取りの目的や必要性等を総合的に勘案して定められます。

公拡法第6条第1項に規定する土地の買取りの協議は、公拡法第4条第1項に規定する土地の有償譲渡の届出又は公拡法第5条第1項に規定する土地の買取り希望の申出を受けた都道府県知事又は市長が土地の買取りを希望する地方公共団体等のうちから買取りの協議を行う地方公共団体等を定め、買取りの目的を示して、届出等をした者に通知するものとされています。

この際、土地の買取りを希望する地方公共団体等が複数あるときは、当該地方公共団体等の用地取得計画等を確認し、当該土地の買取りの目的や必要性、土地の利用、管理又は処分の方法、資金計画その他必要な事項等を総合的に勘案して、買取りの協議を行う地方公共団体等を定めることとなります。

なお、都道府県知事又は市長は、土地の買取りの協議に係る事務を円滑かつ適切に実施するため、あらかじめ公拡法第4条第1項第1号から第5号までに規定する土地の区域について、関係行政機関から都市計画図その他必要な図面等を提出させるなどして、都市計画の決定等の状況を正確に把握するとともに、地方公共団体等から用地取得計画等を提出させるなどして、土地の買取りの希望の有無、買取りの目的や必要性等を適確に把握する必要があるものと考えられます。

第3編　公拡法　都市計画区域内の土地等の先買い関係Q&A

■複数の地方公共団体等が土地の買取りを希望する場合の買取りの協議を行う地方公共団体等の選定

Q129
土地の買取りを希望する地方公共団体等が複数あるときは、複数の地方公共団体等が買取りの協議を行うことができますか。

A
　　　　原則として、土地の買取りの協議を行うことができる地方公共団体等は一つに限られます。

　　　　公拡法第6条第1項では、「都道府県知事又は市長は、第4条第1項の届出又は前条第1項の申出（以下「届出等」という。）があった場合においては、当該届出等に係る土地の買取りを希望する地方公共団体等のうちから買取りの協議を行う地方公共団体等を定め、（中略）当該地方公共団体等が買取りの協議を行う旨を当該届出等をした者に通知するものとする。」と規定しています。

　土地の買取りの協議は、公拡法第4条第1項に規定する土地の有償譲渡の届出又は公拡法第5条第1項に規定する土地の買取り希望の申出を受けた都道府県知事又は市長が買取りの協議を行う地方公共団体等を定めることになりますが、土地の買取りを希望する地方公共団体等が複数あるときは、届出等を受けた都道府県知事又は市長は、当該地方公共団体等の用地取得計画等を確認し、当該土地の買取りの目的や必要性、土地の利用、管理又は処分の方法、資金計画その他必要な事項等を総合的に勘案して、買取りの協議を行う地方公共団体等を定めることとなります。

　公拡法第4条第1項第1号から第5号までに規定する土地は、当該土地が都市計画施設の区域内や道路法の規定により道路の区域として決定された区域内等に所在するものであり、既に当該土地の将来の用途が明らかにされていることから、原則として一の地方公共団体等が土地の買取りの協議を行うことになります。

140

第6条　土地の買取りの協議　関係

　　ただし、公拡法第4条第1項第6号に規定する土地は、市街化区域内に所在する5,000㎡以上となる土地又は区域区分が定められていない区域（非線引き区域）内に所在する10,000㎡以上の土地とされており、当該土地が都市計画施設の区域内や道路法の規定により道路の区域として決定された区域内等に所在するものではなく、当該土地の将来の用途が明らかにされていないことから、複数の地方公共団体等が当該土地又は当該土地の一部の買取りを希望する場合があります。
　　このような届出等に係る土地の一部の買取りを希望する地方公共団体等が複数ある場合においては、届出等を受けた都道府県知事又は市長が同時に複数の地方公共団体等を買取りの協議を行う地方公共団体等に定め、複数の地方公共団体等が土地の買取りの協議を行うことができるものと考えられます。

■買取りの協議を行う地方公共団体等の選定

土地の買取り希望の申出を受けた地方公共団体が当該土地の買取りを希望するときは自らが優先的に買取りの協議を行うことができますか。

　　土地の買取り希望の申出を受けた地方公共団体が優先的に土地の買取りの協議を行うことはできません。
　　公拡法第6条第1項に規定する土地の買取りの協議は、公拡法第4条第1項に規定する土地の有償譲渡の届出又は公拡法第5条第1項に規定する土地の買取り希望の申出を受けた都道府県知事又は市長が土地の買取りを希望する地方公共団体等のうちから買取りの協議を行う地方公共団体等を定め、買取りの目的を示して、届出等をした者に通知するものとされています。
　　また、届出等を受けた都道府県知事又は市長の地方公共団体以外にも土地の買取りを希望する地方公共団体等があるときは、当該都道府

141

県知事又は市長は、当該地方公共団体等の用地取得計画等を確認し、当該土地の買取りの目的や必要性、土地の利用、管理又は処分の方法、資金計画その他必要な事項等を総合的に勘案して、買取りの協議を行う地方公共団体等を定めることになります。

　したがって、土地の買取り希望の申出があった土地について、複数の地方公共団体等が当該土地の買取りを希望するときは、申出を受けた地方公共団体が当該土地の買取りを希望する場合であっても、自らが優先的に買取りの協議を行うことはできません。

Q131

■土地の買取りの協議を行う地方公共団体等の順位付け

複数の地方公共団体等が土地の買取りを希望するときは、買取りの協議を行う地方公共団体等に順位を付して定めることができますか。

A　土地の買取りの協議を行う地方公共団体等に順位を付して定めることはできません。

　土地の買取りの協議は、公拡法第4条第1項に規定する土地の有償譲渡の届出又は公拡法第5条第1項に規定する土地の買取り希望の申出を受けた都道府県知事又は市長が買取りの協議を行う地方公共団体等を定めて、届出等をした者に通知するものとされています。土地の買取りの協議の通知を受けた者は、正当な理由がなければ、当該通知に係る土地の買取りの協議を行うことを拒むことができず、当該通知があった日から起算して3週間を経過する日まで又は当該期間内に買取りの協議が成立しないことが明らかになる時までの間、届出等に係る土地を当該地方公共団体等以外の者に譲り渡すことができないとする制限が課されることとなります。

　したがって、届出等を受けた都道府県知事又は市長は、届出等をした者が土地の買取りの協議を行う相手方や譲渡制限の解除される時期

第6条 土地の買取りの協議 関係

等を正確に把握できるように措置する必要があることから、買取りの協議を行う地方公共団体等に順位を付し、複数の地方公共団体等が順番に協議を行うような通知をすることはできないものと考えられます。

なお、公拡法第4条第1項第6号に規定する都市計画区域（市街化調整区域を除く。）内に所在する土地については、都市計画施設の区域内や道路法の規定により道路の区域として決定された区域内等に所在するものではなく、複数の地方公共団体等が当該土地の一部の買取りを希望する場合があることから、届出等を受けた都道府県知事又は市長が同時に複数の地方公共団体等を買取りの協議を行う地方公共団体等に定めようとするときは、買取りの協議を行う地方公共団体等に順位を付さず、当該地方公共団体等が同時に買取りの協議を行う旨を明示して通知する必要があるものと考えられます。

■申出者による土地の買取りの協議を行う地方公共団体等の指定

Q132
土地の買取り希望の申出をしましたが、申出をした者が土地の買取りの協議を行う地方公共団体等を指定することはできますか。

A
申出をした者が土地の買取りの協議を行う地方公共団体等を指定することはできません。

公拡法第6条第1項では、「都道府県知事又は市長は、第4条第1項の届出又は前条第1項の申出（以下「届出等」という。）があった場合においては、当該届出等に係る土地の買取りを希望する地方公共団体等のうちから買取りの協議を行う地方公共団体等を定め、（中略）当該地方公共団体等が買取りの協議を行う旨を当該届出等をした者に通知するものとする。」と規定しています。

143

第3編　公拡法　都市計画区域内の土地等の先買い関係Q&A

したがって、土地の買取り希望の申出をした者が特定の地方公共団体等による買取りを希望するときであっても、申出を受けた都道府県知事又は市長が土地の買取りの協議を行う地方公共団体等を定めることになります。

■届出があった土地の所在する地方公共団体以外の土地の買取りの協議

Q133

隣接する地方公共団体の区域内において土地の有償譲渡の届出があったときは、当該土地が所在する区域外の地方公共団体等であっても買取りの協議を行うことができますか。

A

土地の買取りの協議を行うことができます。

公拡法第6条第1項では、「都道府県知事又は市長は、第4条第1項の届出又は前条第1項の申出(以下「届出等」という。)があった場合においては、当該届出等に係る土地の買取りを希望する地方公共団体等のうちから買取りの協議を行う地方公共団体等を定め、買取りの目的を示して、当該地方公共団体等が買取りの協議を行う旨を当該届出等をした者に通知するものとする。」と規定しています。

土地の買取りの協議は、公拡法第4条第1項に規定する土地の有償譲渡の届出又は公拡法第5条第1項に規定する土地の買取り希望の申出を受けた都道府県知事又は市長が買取りの協議を行う地方公共団体等を定めることになりますが、買取りの協議を行うことができる地方公共団体等は、届出等に係る土地が所在する区域内の地方公共団体等に限られません。

したがって、都道府県知事又は市長が届出等に係る土地が所在する区域外の地方公共団体等を買取りの協議を行う地方公共団体等に定め

144

第 6 条　土地の買取りの協議　関係

たときは、当該地方公共団体等が土地の買取りの協議を行うことができます。

　なお、地方公共団体等が他の地方公共団体の区域内に所在する土地の買取りを希望するときは、当該地方公共団体等は、あらかじめ買取りを希望する土地が所在する区域内の都道府県知事又は市長に対して、当該区域内の土地について買取りを希望する旨を通知するとともに、当該土地の買取りを必要とする用地取得計画や都市計画図その他必要な図面等を提出するなどして、都道府県知事又は市長が土地の買取りの協議に係る事務を円滑かつ適切に行うことができるように措置を講じておく必要があると考えられます。

【参　考】

　「公有地の拡大の推進に関する法律の施行について」（昭和47年 8 月25日付け建設省都政発第23号・自治省自治画第92号建設事務次官・自治事務次官通達）記 2 ⑶
　「公有地の拡大の推進に関する法律及び都市開発資金の貸付けに関する法律の一部を改正する法律並びに公有地の拡大の推進に関する法律施行令の一部を改正する政令の施行について」（平成 4 年 8 月21日付け建設省経整発第61号・自治省自治政第74号建設省建設経済局長・自治大臣官房総務審議官通知）記 1 ⑴

Q134 ■国・独立行政法人・特殊法人による土地の買取りの協議

国や国の出資に係る独立行政法人及び特殊法人は、土地の買取りの協議を行うことができますか。

A 土地の買取りの協議を行うことができません。
　　公拡法第 6 条第 1 項に規定する土地の買取りの協議は、公拡法第 4 条第 1 項に規定する土地の有償譲渡の届出又は公拡法第 5 条第 1 項に規定する土地の買取り希望の申出があったときに、

145

届出等に係る土地の買取りを希望する地方公共団体等が届出等をした者と当該土地の買取りについて協議を行うものであり、地方公共団体等が優先的に土地を買い取る権利（交渉権）を付与するものです。

また、土地の買取りの協議を行う地方公共団体等は、公拡法第2条第2号の規定により、地方公共団体（地方自治法第1条の3第1項に規定する普通地方公共団体及び特別地方公共団体を指します。）、土地開発公社並びに公拡法施行令第1条に規定する港務局、地方住宅供給公社、地方道路公社及び独立行政法人都市再生機構とされています。

したがって、国や国の出資に係る独立行政法人（独立行政法人都市再生機構を除く。）及び特殊法人は、土地の買取りの協議を行うことができません。これらの法人が公共施設等の整備のために必要となる土地を都市計画等に定める事業等の施行前に先行して取得するときは、地方公共団体や土地開発公社等が公拡法に基づく土地の先買い制度により土地を買い取った後に、当該土地を国等が買い取るなどの方法が考えられます。

なお、独立行政法人都市再生機構は、都市機能の高度化及び居住環境の向上を通じて都市の再生を図るとともに、良好な居住環境を備えた賃貸住宅の安定的な確保を図り、都市の健全な発展等と国民生活の安定向上に寄与することを目的として設立された法人であり、市街地の整備改善及び賃貸住宅の供給の支援等のため必要な土地等の取得等を行うものであることから、公拡法に基づく土地の先買い制度により土地を買い取ることができるものとされています。

第6条　土地の買取りの協議　関係

■大規模な住宅地の建設のための有償譲渡の届出があった土地の買取りの協議

Q135

民間事業者による大規模な住宅地の建設を目的とした土地の有償譲渡の届出があったときは、住宅の賃貸又は譲渡に関する事業のために土地の買取りを希望する地方公共団体等は、買取りの協議を行うことができますか。

A　土地の買取りの協議を行うことができます。

　公拡法第6条第1項に規定する土地の買取りの協議は、公拡法第4条第1項に規定する土地の有償譲渡の届出又は公拡法第5条第1項に規定する土地の買取り希望の申出があったときに、届出等に係る土地の買取りを希望する地方公共団体等が届出等をした者と当該土地の買取りについて協議を行うものであり、地方公共団体等が優先的に土地を買い取る権利（交渉権）を付与するものです。

　また、当該土地の買取りを希望する地方公共団体等があるときは、届出等を受けた都道府県知事又は市長が買取りの協議を行う地方公共団体等を定め、買取りの目的を示して、届出等をした者に通知することになります。

　したがって、住宅の賃貸又は譲渡に関する事業を施行する地方公共団体等は、民間事業者による大規模な住宅地の建設を目的とした土地の有償譲渡の届出に係る土地であっても、当該土地の買取りを希望し、買取りの協議を行うことができます。

　しかしながら、民間事業者による住宅地の建設や宅地の造成等は、民間の活力による良好な住宅地の建設等に資するものであることから、住宅の賃貸又は譲渡に関する事業のために当該土地の買取りを希望する地方公共団体等は、民間事業者による宅地、住宅等の供給に関する事業に不当な支障を生ずることのないよう十分に配慮して、買取

147

りの協議を行う必要があると考えられます。

> 【参　考】
> 「公有地の拡大の推進に関する法律の施行について」（昭和47年8月25日付け建設省都政発第23号・自治省自治画第92号建設事務次官・自治事務次官通達）記2(4)

■土地の買取りの目的

土地の買取りの協議の通知において、土地の買取りの目的を示す必要があるのはなぜですか。

　公拡法第6条第1項に規定する土地の買取りの協議は、公拡法第4条第1項に規定する土地の有償譲渡の届出又は公拡法第5条第1項に規定する土地の買取り希望の申出を受けた都道府県知事又は市長が買取りの協議を行う地方公共団体等を定め、買取りの目的を示して、届出等をした者に通知するものとされています。

　届出等の対象となる公拡法第4条第1項第1号から第5号までに規定する土地は、当該土地が都市計画施設の区域内や道路法の規定により道路の区域として決定された区域内等に所在するものであり、既に当該土地の将来の用途が明らかにされている場合があります。一方、同項第6号に規定する土地は、市街化区域内に所在する5,000㎡以上となる土地又は区域区分が定められていない区域（非線引き区域）内に所在する10,000㎡以上の土地とされているのみで、都市計画施設の区域内や道路法の規定により道路の区域として決定された区域内等に所在するものではないことから、土地の将来の用途が明らかにされていません。

　届出等をした者が買取りの協議を行う地方公共団体等に土地を譲り渡すか否かを判断する上で、土地の利用の目的や将来の用途は重要な

第6条 土地の買取りの協議 関係

判断材料の一つであり、これを明らかにすることが求められることから、土地の買取りの協議の通知において、土地の買取りの目的を示すこととされています。

【参　考】

「公有地の拡大の推進に関する法律の施行について（土地の先買い制度関係）」（昭和47年11月11日付け建設省都政発第26号・自治省自治画第104号建設省都市局長・自治大臣官房長通達）記3⑵

■土地の買取りの目的の内容

Q137

土地の買取りの目的は、具体的に示す必要がありますか。

A 　事業の種別や施設の名称等の具体的な土地の買取りの目的を示す必要があります。

　　土地の買取りの協議の通知は、公拡法第4条第1項に規定する土地の有償譲渡の届出又は公拡法第5条第1項に規定する土地の買取り希望の申出を受けた都道府県知事又は市長が買取りの目的を示して、届出等をした者に通知するものとされていますが、届出等をした者が当該土地の利用の目的や将来の用途を正確に理解できるように、単に「公共公益施設」や「諸用地」等と示すのではなく、都市計画その他事業計画により明らかにされている範囲内において、都市計画法に掲げる道路、公園、河川、学校、病院等の都市施設や土地収用法に掲げる施設の種類などを具体的に示すことが求められます。

　したがって、土地の買取りの目的は、道路、公園、河川等であれば、事業の種別又は名称を明らかにして、学校等の教育文化施設や病院等の医療施設又は社会福祉施設であれば、施設の名称等を明らかにして通知する必要があります。

149

第3編　公拡法　都市計画区域内の土地等の先買い関係Q&A

　なお、事業の種別若しくは名称又は施設の名称等を明らかにして通知することができない事情があるときは、届出等をした者が当該土地を買取りの協議を行う地方公共団体等に譲り渡すか否かを判断することができる程度の目的を示す必要があるものと考えられます。

　また、土地の買取りの目的が都市施設に関する事業等に係る代替地となる場合は、単に「代替地」とのみを示すのではなく、代替地を必要とする事業の種別若しくは名称又は施設の名称等に加えて、当該事業に必要な代替地であることを明確に示した上で、土地の買取りの協議を通知する必要があります。

【参　考】

「公有地の拡大の推進に関する法律の施行について（土地の先買い制度関係）」（昭和47年11月11日付け建設省都政発第26号・自治省自治画第104号建設省都市局長・自治大臣官房長通達）記3⑵
「公共用地の拡大の推進に関する法律の運用について（土地の先買い制度関係）」（平成12年4月21日付け建設省経整発第27号・自治政第28号建設省建設経済局長・自治大臣官房総務審議官通知）記3

Q138 ■土地の一部を対象とする買取りの協議

土地の有償譲渡の届出があった土地の一部を対象とした買取りの協議を行うことができますか。

A　土地の一部を対象として買取りの協議を行うことができます。

　公拡法第6条第1項に規定する土地の買取りの協議は、公拡法第4条第1項に規定する土地の有償譲渡の届出又は公拡法第5条第1項に規定する土地の買取り希望の申出があったときに、届出等に係る土地の買取りを希望する地方公共団体等が届出等をした者と当該

150

土地の買取りについて協議を行うものであり、地方公共団体等が優先的に土地を買い取る権利（交渉権）を付与するものです。当該土地の買取りを希望する地方公共団体等があるときは、届出等を受けた都道府県知事又は市長が買取りの協議を行う地方公共団体等を定め、買取りの目的を示して、届出等をした者に通知することになります。

土地の買取りの協議は、私法上の協議と位置付けられており、届出等をした者に対する土地の買取りの協議の通知は、契約の申込の誘引であると解されているとともに、届出等をした者と当該地方公共団体等との間で土地の買取価格や買取方法等の条件について合意に至らないときは、協議は不成立となります。さらに、公拡法には、届出等のあった土地の全体を土地の買取りの協議の対象にしなければならないという趣旨の規定はありません。

したがって、地方公共団体等が届出のあった土地の一部のみの買取りを希望するときは、当該土地の一部を対象とした買取りの協議を行うことができます。

なお、土地の買取りの協議により、地方公共団体等によって土地が買い取られたときは、届出等に係る土地の一部を対象とした買取りであっても、当該土地の所有者は、土地の譲渡に係る譲渡所得に課される所得税等について、税制上の特例の適用を受けることができます。

■土地の持分を対象とする買取りの協議

土地の有償譲渡の届出があった土地の持分を対象とした買取りの協議を行うことができますか。

A　土地の持分を対象として買取りの協議を行うことはできません。

公拡法に基づく土地の先買い制度は、公有地の拡大の計画的な推進を図り、地域の秩序ある整備と公共の福祉の増進に資するこ

とを目的として、都市施設に関する事業等の用に供するために必要となる土地について、当該土地の所有者と地方公共団体等との協議を経て、地方公共団体等が当該土地を買い取ることができるものです。

土地の買取りの協議により買い取られた土地は、公拡法第9条第1項の規定により、都市計画法第4条第5項に規定する都市施設に関する事業、土地収用法第3条各号に掲げる施設に関する事業若しくは公拡法施行令第5条第1項で定める事業又はこれらの事業に係る代替地の用に供されなければならないとされています。

仮に地方公共団体等が届出等のあった土地の持分を取得し、他の共有者と土地を共有する状態となったとしても、当該地方公共団体等は、直ちに当該土地を都市施設や公共施設等に関する事業の用に供することができません。

したがって、届出等があった土地について、当該土地の持分を対象とした買取りの協議を行うことはできません。

ただし、共有者の全員が自己の持分の全部を有償で譲渡しようとするときには、共有者の全員と土地の買取りの協議で合意に至れば、土地の所有権を得られることから、協議を行うことはできるものと考えられます。この場合、持分のみを取得する事態にならないように慎重に協議を進める必要があります。

第6条　土地の買取りの協議　関係

■減歩を目的とする土地区画整理事業の施行区域内の土地の買取りの協議

Q140　土地区画整理事業の施行による土地の減歩の緩和を目的とする土地の買取りは、買取りの協議の対象となりますか。

A　土地の買取りの協議の対象となりません。

　土地区画整理事業は、道路、公園、河川等の公共施設を整備し、土地の区画を整理して宅地の利用の増進を図ることを目的とした事業であり、土地区画整理事業の施行区域内の道路、公園、河川等の公共施設の整備等のために必要となる土地は、当該事業の施行者の買取りによって確保されるものではなく、土地所有者の権利に応じた土地の減歩又は換地によって確保されます。

　土地の買取りの協議の通知では、届出等をした者が当該土地を買取りの協議を行う地方公共団体等に譲り渡すか否かを判断することができるように、具体的な買取りの目的を示すこととなりますが、土地の買取りの協議により買い取られた土地は、公拡法第9条第1項の規定により、都市計画法第4条第5項に規定する都市施設に関する事業、土地収用法第3条各号に掲げる施設に関する事業若しくは公拡法施行令第5条第1項で定める事業又はこれらの事業に係る代替地の用に供されなければならないとされています。

　したがって、土地区画整理事業の施行による土地の減歩の緩和を目的とする土地の買取りは、買取りの協議の対象とすることができません。

　ただし、届出等に係る土地の買取りが道路、公園、学校等の公共施設の整備等を目的とするものであるときは、当該土地の買取りに伴い、結果的に土地区画整理事業の施行による土地の減歩が緩和されるものであっても、土地の買取りの協議により当該土地を買い取ることが可能です。

153

第3編　公拡法　都市計画区域内の土地等の先買い関係Q＆A

■農地の代替地として供することを目的とした農地の買取り
　の協議

Q141

農地の代替地の用に供することを目的とする農地
の買取りは、土地の買取りの協議の対象となりま
すか。

A

土地の買取りの協議の対象となりません。

公拡法第6条第1項に規定する土地の買取りの協議は、公
拡法第4条第1項に規定する土地の有償譲渡の届出又は公拡
法第5条第1項に規定する土地の買取り希望の申出を受けた都道府県
知事又は市長が買取りの協議を行う地方公共団体等を定め、買取りの
目的を示して、届出等をした者に通知するものとされています。

土地の買取りの協議により買い取られた土地は、公拡法第9条第1
項の規定により、都市計画法第4条第5項に規定する都市施設に関す
る事業、土地収用法第3条各号に掲げる施設に関する事業若しくは公
拡法施行令第5条第1項で定める事業又はこれらの事業に係る代替地
の用に供されなければならないとされているところですが、公拡法第
9条に規定する先買いに係る土地の管理は、土地の買取りの協議によ
り買い取られた土地を代替地の用に供する場合において、代替地の用
途や種別などを限定し、又は制限する規定は設けられていません。

しかしながら、公拡法に基づく土地の先買い制度は、良好な都市環
境の計画的な整備を促進し、都市の健全な発展と秩序ある整備を図る
ことを目的として、地方公共団体等が公共施設等を整備するために必
要となる土地について、当該土地の買取りの協議を行う機会を優先的
に付与することを目的とするものであり、地方公共団体等が買い取っ
た土地は、都市的な利用を図るために供されることが予定されていま
す。地方公共団体等による土地の買取りにあたっては、公有地の利用
が農林漁業の健全な発展を阻害しないように、相互に十分な調整が行

154

第6条　土地の買取りの協議　関係

われるとともに、周辺の農地等の土地利用や農林漁業との健全な調和等を図り、又は配慮して行われることが必要となります。

したがって、農地について、農地の代替地の用に供することを目的とした買取りの協議を行うことはできないものと考えられます。

【参　考】
「公有地の拡大の推進に関する法律の施行について（土地の先買い制度関係）」（昭和47年11月11日付け建設省都政発第26号・自治省自治画第104号建設省都市局長・自治大臣官房長通達）記4(2)
「公有地の拡大の推進に関する法律の一部を改正する法律の施行について」（昭和48年9月1日付け建設省都政発第31号・自治省自治政第9号建設省都市局長・自治大臣官房長通達）記1(3)

Q142　■土地に建物が存する場合の土地の買取りの協議

土地に建物が存する場合、土地の買取りの協議の対象になりますか。

土地に建物が存する場合でも、土地の買取りの協議の対象となります。

公拡法に基づく土地の先買い制度により買い取られた土地は、公拡法第9条第1項の規定により、都市計画法第4条第5項に規定する都市施設に関する事業、土地収用法第3条各号に掲げる施設に関する事業若しくは公拡法施行令第5条第1項で定める事業又はこれらの事業に係る代替地の用に供されなければならないとされています。そのため、既存の建物を公共施設等として用いるものではない限り、建物が存する土地を買い取ったとしても直ちに当該土地を公共施設等の整備のために利用することができないため、土地を買い取ると同時に建物についても買い取る又は移転させるなどの措置を講ずるこ

とが必要であると考えられます。

ただし、公拡法に基づく土地の先買い制度は、土地のみを買取りの対象とするものであることから、地方公共団体等が土地と併せて当該土地の上にある建物の買取り等を行う場合は、公拡法に基づかない任意の協議により建物所有者と合意する必要があります。

■相続人に対する土地の買取りの協議の通知

土地の買取りの協議の通知前に土地の有償譲渡の届出をした者が死亡したときは、誰に対して買取りの協議を通知することになりますか。

届出があった土地に係る相続人に通知することになります。

公拡法第4条第1項では、「次に掲げる土地を所有する者は、当該土地を有償で譲り渡そうとするときは、(中略)当該土地が町村の区域内に所在する場合にあっては当該町村の長を経由して都道府県知事に、当該土地が市の区域内に所在する場合にあっては当該市の長に届け出なければならない。」と規定しています。

また、公拡法第6条第1項では、「都道府県知事又は市長は、第4条第1項の届出又は前条第1項の申出（以下「届出等」という。）があった場合においては、当該届出等に係る土地の買取りを希望する地方公共団体等のうちから買取りの協議を行う地方公共団体等を定め、買取りの目的を示して、当該地方公共団体等が買取りの協議を行う旨を当該届出等をした者に通知するものとする。」と規定しています。

土地の有償譲渡の届出をした者の死亡により相続が発生したときは、民法第896条の規定により、相続人は、被相続人の財産に属した一切の権利義務を承継することになるため、被相続人が届出をした土地に係る権利義務についても、相続人が承継します。

第6条 土地の買取りの協議 関係

したがって、土地の買取りの協議の通知前に届出をした者が死亡したときは、届出に係る土地の買取りの協議についても、届出があった土地の相続人に承継されることになるため、届出があった土地の包括承継人となる相続人に通知することになります。

■代理人が行った届出に関する土地の買取りの協議の通知

Q144 土地所有者の代理人が土地の有償譲渡の届出をしたときは、誰に対して土地の買取りの協議を通知することになりますか。

A　土地所有者と代理人の委任関係により判断することになります。

公拡法第6条第1項では、「都道府県知事又は市長は、第4条第1項の届出又は前条第1項の申出（以下「届出等」という。）があった場合においては、当該届出等に係る土地の買取りを希望する地方公共団体等のうちから買取りの協議を行う地方公共団体等を定め、買取りの目的を示して、当該地方公共団体等が買取りの協議を行う旨を当該届出等をした者に通知するものとする。」と規定しています。

公拡法第4条第1項に規定する土地の有償譲渡の届出又は公拡法第5条第1項に規定する土地の買取り希望の申出は、当該土地について所有権を有する者が行うものですが、当該土地の所有者から委任を受けた者は、当該土地の所有者から委任を受けていることを確認できる委任状等を添付して、届出等をすることができます。

また、土地の所有者から委任を受けた代理人が届出等をしたときは、届出等の際に添付された委任状等の記載内容等により代理人の権限や代理権の範囲を確認し、民法等の規定に従って、土地所有者と代理人の委任関係を判断する必要があります。すなわち、土地所有者の

代理人が届出等をした場合において、代理人が届出等だけでなく土地の買取りの協議を行うことの委任を受けているときは、代理人に対して買取りの協議を通知することになります。

しかしながら、代理人が単に届出等を行うことのみ委任を受けているときや土地の買取りの協議を行うことの委任を受けていることが確認できないときは、買取りの協議を行う代理人とは認められないため、代理人ではなく土地所有者に対して買取りの協議を通知すべきであると考えられます。

なお、代理人が土地の買取りの協議を行うことの委任を受けていることが確認できる場合であっても、土地所有者と代理人の両方に対して買取りの協議を通知することは、差し支えないものと考えられます。

Q145 ■土地の買取りの協議の期間

土地の買取りの協議の通知があった日から起算して3週間が経過しましたが、買取りの協議を継続することができますか。

土地の買取りの協議を継続することができます。

土地の買取りを希望する地方公共団体等がある場合は、公拡法第4条第1項に規定する土地の有償譲渡の届出又は公拡法第5条第1項に規定する土地の買取り希望の申出を受けた都道府県知事又は市長が届出等をした者に買取りの協議を行う旨を通知するものとされています。土地の買取りの協議の通知を受けた者は、正当な理由がなければ、当該通知に係る土地の買取りの協議を行うことを拒むことができず、公拡法第8条第1号に規定する期間において、届出等に係る土地を買取りの協議を行う地方公共団体等以外の者に譲り渡すことができないとする制限が課されることから、当該土地の買取り

を希望する地方公共団体等は、当該通知後速やかに届出等をした者と協議を行うことが必要です。

しかし、これらの土地の買取りの協議に応じる義務や土地の譲渡の制限は、土地の買取りの協議の通知があった日から起算して3週間を経過する日又は買取りの協議が成立しないことが明らかになるときまでの間において適用されるものであり、当該義務や制限が存する期間内に買取りの協議を成立させ、又は不成立とさせなければならないものではありません。

したがって、土地の買取りの協議の通知があった日から起算して3週間が経過した日以降においても、協議を継続することは可能です。ただし、土地所有者に土地の買取りの協議に応じる義務や土地の譲渡の制限が課されない点に留意して協議を行う必要があります。

なお、3週間を超えて土地の買取りの協議が継続され、地方公共団体等によって当該土地が買い取られたときは、当該土地の所有者は、土地の譲渡に係る譲渡所得に課される所得税等について、税制上の特例の適用を受けることができます。

【参　考】

「公有地の拡大の推進に関する法律の施行について（土地の先買い制度関係）」（昭和47年11月11日付け建設省都政発第26号・自治省自治画第104号建設省都市局長・自治大臣官房長通達）記3(4)

第6条第2項

■土地の買取りの協議の通知

Q146 土地の買取りの協議の通知は、いつまでに到達する必要がありますか。

A　届出等のあった日から起算して3週間以内に到達する必要があります。

公拡法第6条第1項では、「都道府県知事又は市長は、第4条第1項の届出又は前条第1項の申出（以下「届出等」という。）があった場合においては、当該届出等に係る土地の買取りを希望する地方公共団体等のうちから買取りの協議を行う地方公共団体等を定め、買取りの目的を示して、当該地方公共団体等が買取りの協議を行う旨を当該届出等をした者に通知するものとする。」と規定し、同条第2項では、「前項の通知は、届出等のあった日から起算して3週間以内に、これを行なうものとする。」と規定しています。

土地の買取りの協議は、公拡法第4条第1項に規定する土地の有償譲渡の届出又は公拡法第5条第1項に規定する土地の買取り希望の申出を受けた都道府県知事又は市長が届出等をした者に通知するものとされていますが、届出等のあった日から起算して3週間以内に通知する必要があります。

また、遠隔者に対する意思表示は、民法第97条第1項の規定により、通知が相手方に到達したときから効力が発生するものとして、到達主義が適用されます。

したがって、土地の買取りの協議の通知は、届出等のあった日から起算して3週間以内に届出等をした者に到達する必要があります。

なお、土地の買取りの協議の通知を受けた者は、公拡法第6条第4項の規定により、正当な理由がなければ、当該通知に係る土地の買取

りの協議を行うことを拒むことができず、公拡法第8条第1号の規定により、当該通知があった日から起算して3週間を経過する日まで又は当該期間内に買取りの協議が成立しないことが明らかになるときまでの間、届出等に係る土地を買取りの協議を行う地方公共団体等以外の者に譲り渡すことができないとする制限が課されることから、土地の買取りの協議の通知を行う際は、配達証明郵便やオンラインによる通知等を活用して、当該通知の到達日が判別できるように措置を講じておくことも考えられます。

> 【参考】
> 「公有地の拡大の推進に関する法律の施行について（土地の先買い制度関係）」（昭和47年11月11日付け建設省都政発第26号・自治省自治画第104号建設省都市局長・自治大臣官房長通達）記3⑶

■届出等のあった日

「届出等のあった日」とは、具体的にいつのことですか。

　　公拡法第6条第1項では、「都道府県知事又は市長は、第4条第1項の届出又は前条第1項の申出があった場合においては、当該届出等に係る土地の買取りを希望する地方公共団体等のうちから買取りの協議を行う地方公共団体等を定め、（中略）当該地方公共団体等が買取りの協議を行う旨を当該届出等をした者に通知するものとする。」と規定し、同条第2項では、「前項の通知は、届出等のあった日から起算して3週間以内に、これを行なうものとする。」と規定しています。

　土地の買取りの協議は、土地の有償譲渡の届出又は土地の買取り希望の申出を受けた都道府県知事又は市長が届出等のあった日から起算

第3編　公拡法　都市計画区域内の土地等の先買い関係Q&A

して3週間以内に届出等をした者に通知するものとされていますが、ここでいう「届出等のあった日」は、市町村長（特別区の場合は特別区の区長）が届出等を受理した日を指します。

　なお、届出等が郵送やオンライン（メール等）によって日曜日及び土曜日、国民の祝日に関する法律に規定する休日その他市町村の条例により定められた休日になされたときは、届出等を受理する市町村長は、翌日の開庁日に届出等の受理に関する手続を行うことになるため、翌日の開庁日が届出等を受理した日になると考えられます。

【参　考】

「公有地の拡大の推進に関する法律の施行について」（昭和47年8月25日付け建設省都政発第23号・自治省自治画第92号建設事務次官・自治事務次官通達）記2(1)

■土地の買取りの協議の通知の期間の末日が日曜日となる場合の通知

Q148

届出等のあった日から起算して3週間となる日が日曜日になるときは、土地の買取りの協議の通知は、いつまでに到達する必要がありますか。

A

　翌日の月曜日までに通知が到達する必要があります。

　公拡法第6条第1項では、「都道府県知事又は市長は、第4条第1項の届出又は前条第1項の申出があった場合においては、当該届出等に係る土地の買取りを希望する地方公共団体等のうちから買取りの協議を行う地方公共団体等を定め、買取りの目的を示して、当該地方公共団体等が買取りの協議を行う旨を当該届出等をした者に通知するものとする。」と規定し、同条第2項では、「前項の通知は、届出等のあった日から起算して3週間以内に、これを行なうものとする。」と規定しています。

162

第6条　土地の買取りの協議　関係

　一方、民法第142条では、「期間の末日が日曜日、国民の祝日に関する法律に規定する休日その他の休日に当たるときは、その日に取引をしない慣習がある場合に限り、期間は、その翌日に満了する。」と規定しています。

　土地の買取りの協議は、公拡法第4条第1項に規定する土地の有償譲渡の届出又は公拡法第5条第1項に規定する土地の買取り希望の申出を受けた都道府県知事又は市長が届出等のあった日から起算して3週間以内に届出等をした者に通知する必要がありますが、当該期間の末日が日曜日になるときは、翌日の月曜日が期間の満了日となります。

　したがって、届出等のあった日から起算して3週間となる日が日曜日になるときは、土地の買取りの協議の通知は、当該期間の末日の翌日となる月曜日までに届出等をした者に到達する必要があります。

■土地の買取りの協議の通知の期間の末日が土曜日や年末年始となる場合の通知

Q149
届出等のあった日から起算して3週間となる日が土曜日や年末（12月29日〜31日）又は年始（1月1日〜3日）になるときは、土地の買取りの協議の通知は、いつまでに到達する必要がありますか。

A
　休日が明ける日までに通知が到達する必要があります。
　公拡法第6条第1項に規定する土地の買取りの協議は、公拡法第4条第1項に規定する土地の有償譲渡の届出又は公拡法第5条第1項に規定する土地の買取り希望の申出を受けた都道府県知事又は市長が届出等のあった日から起算して3週間以内に届出等をした者に通知する必要があります。届出等のあった日から起算して3

163

週間となる日が日曜日、国民の祝日に関する法律に規定する休日その他の休日にあたり、その日に取引をしない慣習があるときは、民法第142条の規定により、当該期間の末日の翌日が期間の満了日になるものとされています。

都道府県又は市では、一般的に都道府県又は市の休日に関する条例等により、日曜日及び土曜日、国民の祝日に関する法律に規定する休日並びに12月29日から翌年の1月3日までの日が都道府県又は市の休日とされています。

したがって、届出等のあった日から起算して3週間となる日が土曜日や年末年始になるときは、土地の買取りの協議の通知は、当該都道府県又は市が定める休日の翌日までに届出等をした者に到達する必要があります。

なお、都道府県又は市が定める休日は、都道府県又は市の条例等によって個々に規定されていることから、土地の買取りの協議の通知の期間の満了日は、届出等をした各都道府県又は各市の条例等を確認し、個別に判断する必要があります。

■土地の買取りの協議の通知がない場合の譲渡

Q150 土地の有償譲渡の届出をしましたが、3週間が経過しても土地の買取りの協議の通知がありません。いつから第三者に土地を譲り渡すことができますか。

届出が受理された日から起算して3週間を経過する日の翌日から土地を譲渡することができます。

公拡法第6条第1項では、「都道府県知事又は市長は、第4条第1項の届出又は前条第1項の申出(以下「届出等」という。)があった場合においては、当該届出等に係る土地の買取りを希望する

地方公共団体等のうちから買取りの協議を行う地方公共団体等を定め、買取りの目的を示して、当該地方公共団体等が買取りの協議を行う旨を当該届出等をした者に通知するものとする。」と規定し、同条第2項では、「前項の通知は、届出等のあった日から起算して3週間以内に、これを行なうものとする。」と規定するとともに、同条第3項では、「都道府県知事又は市長は、第1項の場合において、当該届出等に係る土地の買取りを希望する地方公共団体等がないときは、当該届出等をした者に対し、直ちにその旨を通知しなければならない。」と規定しています。

　また、公拡法第8条では、「第4条第1項又は第5条第1項に規定する土地に係る届出等をした者は、次の各号に掲げる場合の区分に応じ、当該各号に掲げる日又は時までの間、当該届出等に係る土地を当該地方公共団体等以外の者に譲り渡してはならない。」と規定しており、同条第3号において「第6条第2項に規定する期間内に同条第1項又は第3項の通知がなかった場合　当該届出等をした日から起算して3週間を経過する日」と規定されています。

　土地の買取りの協議の通知は、公拡法第4条第1項に規定する土地の有償譲渡の届出又は公拡法第5条第1項に規定する土地の買取り希望の申出を受けた都道府県知事又は市長が届出等のあった日から起算して3週間以内に届出等をした者に通知するものとされていますが、「届出等のあった日」は、市町村長（特別区の場合は特別区の区長）が届出等を受理した日を指します。

　さらに、届出等をした者は、届出等が受理された日から起算して3週間以内に土地の買取りの協議の通知がないときは、届出等をした日から起算して3週間を経過する日までの間、届出等に係る土地を第三者に譲り渡すことができないとする制限が課されます。

　したがって、市町村長（又は特別区の区長）が届出等を受理した日から起算して3週間以内に土地の買取りの協議の通知が到達しないときは、土地の譲渡の制限が解除されることとなるため、届出等をした

者は、当該土地を第三者に譲渡することができます。

ただし、届出等のあった日から起算して3週間となる日が日曜日及び土曜日、国民の祝日に関する法律に規定する休日その他都道府県又は市が定める休日になるときは、民法第142条の規定により、当該期間の末日の翌日が期間の満了日となることから、土地の譲渡の制限の期間の満了日は、日曜日及び土曜日その他の休日の翌日となり、その日まで土地を譲り渡すことができません。

また、都道府県又は市が定める休日は、都道府県又は市の条例等によって個々に規定されていることから、土地の譲渡の制限の期間の満了日は、届出等をした各都道府県又は各市の条例等を確認する必要があります。

■届出の受理から3週間後に通知が到達した場合

Q151
土地の有償譲渡の届出が受理された日から起算して3週間が経過した日以後に土地の買取りの協議の通知が到達したときは、買取りの協議を行うこととされた地方公共団体等以外の者に土地を譲り渡すことができますか。

土地を譲り渡すことができます。

公拡法第6条第1項に規定する土地の買取りの協議は、公拡法第4条第1項に規定する土地の有償譲渡の届出又は公拡法第5条第1項に規定する土地の買取り希望の申出を受けた都道府県知事又は市長が届出等のあった日から起算して3週間以内に届出等をした者に通知するものとされています。

市町村長(特別区の場合は特別区の区長)が届出等を受理した日から起算して3週間が経過した日以後に土地の買取りの協議の通知が到達したときは、当該通知は有効なものではなく、既に土地の譲渡の制

第6条　土地の買取りの協議　関係

限は解除されていることから、届出等をした者は、当該土地を買取りの協議を行う地方公共団体等以外の者に譲渡することができます。

Q152 ■届出の受理から3週間後に通知が到達した場合

土地の有償譲渡の届出が受理された日から起算して3週間が経過した日以後に土地の買取りの協議の通知が到達しました。買取りの協議を希望する地方公共団体等と協議し、土地を譲り渡すことはできますか。

A 土地を譲り渡すことはできますが、公拡法に基づく土地の買取りとはみなされません。

公拡法第6条第1項に規定する土地の買取りの協議は、公拡法第4条第1項に規定する土地の有償譲渡の届出又は公拡法第5条第1項に規定する土地の買取り希望の申出を受けた都道府県知事又は市長が届出等のあった日から起算して3週間以内に届出等をした者に通知するものとされています。市町村長（特別区の場合は特別区の区長）が届出等を受理した日から起算して3週間が経過した日以後に土地の買取りの協議の通知が到達したときは、当該通知は有効なものではありません。

したがって、そのような場合は、届出等をした者と届出等に係る土地の買取りを希望する地方公共団体等との間で当該土地の買取りについて合意に至ったとしても、公拡法に基づく土地の買取りの協議により土地が買い取られる場合に該当せず、公拡法に基づく土地の買取りとはみなされません。また、当該土地の所有者は、土地の譲渡に係る譲渡所得に課される所得税等について、税制上の特例の適用を受けることができないものと考えられます。

そのため、土地所有者が地方公共団体等による土地の買取りを希望

するものであり、当該土地の買取りを希望する地方公共団体等があるにもかかわらず、土地の買取りの協議の通知が届出等のあった日から起算して3週間以内に届出等をした者に到達しなかったときは、都道府県知事又は市長は、土地所有者に土地の買取り希望の申出をするよう促し、改めて土地の買取りの協議を通知するなどして、可能な限り届出等をした者の便宜が図られるように、適切な措置を講じる必要があると考えられます。

■届出の受理から3週間後に買取りの協議が開始された場合

Q153 土地の有償譲渡の届出が受理された日から起算して3週間が経過した日以後に土地の買取りの協議が開始され、協議が成立したときは、公拡法に基づく買取りに該当しますか。

A 土地の買取りの協議が開始された時期にかかわらず、届出が受理された日から起算して3週間以内に土地の買取りの協議を行う旨の通知があった場合は、公拡法に基づく買取りに該当します。

公拡法第6条第1項に規定する土地の買取りの協議は、公拡法第4条第1項に規定する土地の有償譲渡の届出又は公拡法第5条第1項に規定する土地の買取り希望の申出を受けた都道府県知事又は市長が届出等のあった日から起算して3週間以内に届出等をした者に通知するものとされています。この規定は、買取りの協議を行う旨の通知の到達の期限を定めているものであり、この期限内に土地の買取りの協議を開始しなければならないことを定めたものではありません。

したがって、土地の買取りの協議により、地方公共団体等によって土地が買い取られたときは、届出等が受理された日から起算して3週間が経過した日以後に買取りの協議が開始された場合であっても、当

第6条　土地の買取りの協議　関係

該買取りは公拡法に基づくものに該当します。また、当該土地の所有者は、土地の譲渡に係る譲渡所得に課される所得税等について、税制上の特例の適用を受けることができるものと考えられます。

【参　考】

「公有地の拡大の推進に関する法律の施行について（土地の先買い制度関係）」（昭和47年11月11日付け建設省都政発第26号・自治省自治画第104号建設省都市局長・自治大臣官房長通達）記3(4)

Q154　■土地の買取りの協議を行う地方公共団体等の変更

土地の買取りの協議を通知しましたが、当該通知に係る地方公共団体等が買取りの協議を行うことができなくなったときは、買取りの協議を行う地方公共団体等を変更することができますか。

A　土地の買取りの協議を行う地方公共団体等を変更することはできません。

公拡法第6条第1項に規定する土地の買取りの協議は、公拡法第4条第1項に規定する土地の有償譲渡の届出又は公拡法第5条第1項に規定する土地の買取り希望の申出を受けた都道府県知事又は市長が土地の買取りを希望する地方公共団体等のうちから買取りの協議を行う地方公共団体等を定め、買取りの目的を示して、届出等をした者に通知するものとされています。

また、土地の買取りの協議の通知を受けた者は、公拡法第6条第4項の規定により、正当な理由がなければ、当該通知に係る土地の買取りの協議を行うことを拒むことができず、公拡法第8条第1号の規定により、当該通知があった日から起算して3週間を経過する日まで又

169

第3編　公拡法　都市計画区域内の土地等の先買い関係Q＆A

は当該期間内に買取りの協議が成立しないことが明らかになるときまでの間、届出等に係る土地を当該地方公共団体等以外の者に譲り渡すことができないとする制限が課されます。

　土地の買取りの協議を行う地方公共団体等がその事情により協議を継続することができなくなった場合は、土地の買取りの協議が成立しなかったものと解され、その時点で土地所有者に課せられる義務や制限は当然に終了します。

　したがって、届出等を受けた都道府県知事又は市長は、土地の買取りの協議の通知後において、当該通知に係る地方公共団体が買取りの協議を行うことができなくなったとしても、買取りの協議を行う地方公共団体等を変更することができません。

　なお、土地の買取りの協議の通知に係る地方公共団体等が買取りの協議を行うことができなくなったときは、当該協議は不成立となり、他の地方公共団体等が買取りの協議を行う機会を失うことになるため、届出等を受けた都道府県知事又は市長は、あらかじめ買取りを希望する地方公共団体等の用地取得計画等を確認し、当該土地の買取りの目的や必要性、土地の利用、管理又は処分の方法、資金計画その他必要な事項等を総合的に勘案して、買取りの協議を行う地方公共団体等を定める必要があるものと考えられます。

　また、土地所有者が地方公共団体等による土地の買取りを希望しており、他に買取りを希望する地方公共団体等があるようなときは、都道府県知事又は市長は、土地所有者に土地の買取り希望の申出をするよう促し、改めて土地の買取りの協議を通知するなどして、可能な限り申出をした者の便宜が図られるように、適切な措置を講じる必要があると考えられます。

【参　考】

「公有地の拡大の推進に関する法律の施行について」（昭和47年8月25日付け建設省都政発第23号・自治省自治画第92号建設事務次官・自治事務次官通達）記2⑶

第6条　土地の買取りの協議　関係

「公有地の拡大の推進に関する法律の施行について（土地の先買い制度関係）」（昭和47年11月11日付け建設省都政発第26号・自治省自治画第104号建設省都市局長・自治大臣官房長通達）記3⑴

「公有地の拡大の推進に関する法律及び都市開発資金の貸付けに関する法律の一部を改正する法律並びに公有地の拡大の推進に関する法律施行令の一部を改正する政令の施行について」（平成4年8月21日付け建設省経整発第61号・自治省自治政第74号建設省建設経済局長・自治大臣官房総務審議官通知）記1⑴

「公共用地の拡大の推進に関する法律の運用について（土地の先買い制度関係）」（平成12年4月21日付け建設省経整発第27号・自治政第28号建設省建設経済局長・自治大臣官房総務審議官通知）記2

第6条第3項

■土地の買取りを希望する地方公共団体等がない場合の通知

Q155　土地の有償譲渡の届出があったときは、土地の買取りを希望しないことが明らかな地方公共団体等に対しても、買取りの希望の有無を確認する必要がありますか。

A　確認する必要はありません。

公拡法第6条第1項では、「都道府県知事又は市長は、第4条第1項の届出又は前条第1項の申出があった場合においては、当該届出等に係る土地の買取りを希望する地方公共団体等のうちから買取りの協議を行う地方公共団体等を定め、買取りの目的を示して、当該地方公共団体等が買取りの協議を行う旨を当該届出等をした者に通知するものとする。」と規定し、同条第2項では、「前項の通知は、届出等のあった日から起算して3週間以内に、これを行なうものとする。」と規定するとともに、同条第3項では、「都道府県知事又は市長は、第1項の場合において、当該届出等に係る土地の買取りを希望する地方公共団体等がないときは、当該届出等をした者に対し、

171

直ちにその旨を通知しなければならない。」と規定しています。届出等をした者は、公拡法第8条各号に規定する期間において、当該土地を買取りの協議を行う地方公共団体等以外の者に譲り渡すことができないとする制限が課されます。

これを踏まえ、都道府県知事又は市長は、土地の買取りの協議に係る事務を円滑かつ適切に実施する必要があることから、あらかじめ公拡法第4条第1項第1号から第5号までに規定する土地の区域について、関係行政機関から都市計画図その他必要な図面等を提出させるなどして、都市計画の決定等の状況を正確に把握するとともに、地方公共団体等から用地取得計画等を提出させるなどして、土地の買取りの希望の有無、買取りの目的や必要性等を適確に把握する必要があります。

したがって、土地の買取りを希望しないことが明らかな地方公共団体等であると認められるときは、届出等を受けた都道府県知事又は市長は、当該地方公共団体等に対して、買取りの希望の有無を確認する必要はないものと考えられます。

ただし、公拡法第4条第1項第6号に規定する都市計画区域（市街化調整区域を除く。）内に所在する土地については、都市計画施設の区域内や道路法の規定により道路の区域として決定された区域内等に所在するものではなく、当該土地の将来の用途が明らかにされていないとともに、地方公共団体等が当該土地の一部の買取りを希望する場合があることから、新規の用地取得が計画されていないなど当該土地の買取りを希望しないことが明らかである場合を除いて、届出等を受けた都道府県知事又は市長は、各地方公共団体等に対して、買取りの希望の有無を確認する必要があるものと考えられます。

【参　考】

「公有地の拡大の推進に関する法律の施行について」（昭和47年8月25日付け建設省都政発第23号・自治省自治画第92号建設事務次官・自治事務次官通達）記2(3)

第6条　土地の買取りの協議　関係

「公有地の拡大の推進に関する法律及び都市開発資金の貸付けに関する法律の一部を改正する法律並びに公有地の拡大の推進に関する法律施行令の一部を改正する政令の施行について」（平成4年8月21日付け建設省経整発第61号・自治省自治政第74号建設省建設経済局長・自治大臣官房総務審議官通知）記1(1)

第6条第4項

■土地の買取りの協議の義務

土地の買取りの協議の通知がありましたが、買取りの協議を行う地方公共団体等に土地を譲り渡さなければならないのでしょうか。

A　土地を譲り渡さなければならないものではありません。
　土地の買取りの協議は、正当な理由がなければ、当該通知に係る土地の買取りの協議を行うことを拒むことができず、買取りの協議を行う旨の通知があった日から起算して3週間を経過する日まで又は当該期間内に買取りの協議が成立しないことが明らかになるときまでの間、届出等に係る土地を買取りの協議を行う地方公共団体等以外の者に譲り渡すことができないとする制限が課されます。この協議は、届出等に係る土地の買取りを希望する地方公共団体等に対して、優先的に土地を買い取る権利（交渉権）を付与するものであり、私法上の協議と位置付けられていることから、届出等をした者と当該地方公共団体等との間で土地の買取価格や買取方法等の条件について合意に至らないときは、協議は不成立となります。
　したがって、土地の買取りの協議の通知があったとしても、当該通知を受けた者は、当該土地を買取りの協議を行う地方公共団体等に譲り渡さないことができます。
　なお、土地の買取りの協議に応じる義務は、土地の買取りの協議の

173

第3編　公拡法　都市計画区域内の土地等の先買い関係Q＆A

通知があった日から起算して3週間を経過する日まで又は買取りの協議が成立しないことが明らかになるときまでの間、課されるものであり、誠意をもって買取りの協議に応じなければならないとするものであると考えられます。

Q157 ■土地の買取りの協議の期間

土地の買取りの協議の通知がありましたが、いつまで買取りの協議に応じなければならないのですか。

A 　土地の買取りの協議の通知があった日から起算して3週間を経過する日まで又は当該期間内に買取りの協議が成立しないことが明らかになる時までの間は、買取りの協議に応じなければなりません。また、公拡法第8条の規定により、この期間は、届出等に係る土地を当該地方公共団体等以外の者に譲り渡すことができません。

土地の買取りの協議の通知があった日から起算して3週間となる日が日曜日及び土曜日、国民の祝日に関する法律に規定する休日その他都道府県又は市が定める休日になるときは、民法第142条の規定により、当該期間の末日の翌日が期間の満了日となることから、当該期間内に買取りの協議が成立しないことが明らかにならない限り、当該通知を受けた者は、土地の買取りの協議の通知があった日から起算して3週間となる日の翌日までは、買取りの協議に応じなければなりません。

なお、都道府県又は市が定める休日は、都道府県又は市の条例等によって個々に規定されていることから、土地の買取りの協議の期間の満了日は、届出等をした各都道府県又は各市の条例等を確認する必要があります。

174

第6条　土地の買取りの協議　関係

■土地の買取りの協議を行うことを拒むことができる「正当な理由」

Q158 土地の買取りの協議を行うことができる「正当な理由」とは、どのような理由のことを指しますか。

A 災害その他の事故、重度の疾病又は負傷等のやむを得ない理由を指します。

公拡法第6条第1項では、「都道府県知事又は市長は、第4条第1項の届出又は前条第1項の申出（以下「届出等」という。）があった場合においては、当該届出等に係る土地の買取りを希望する地方公共団体等のうちから買取りの協議を行う地方公共団体等を定め、買取りの目的を示して、当該地方公共団体等が買取りの協議を行う旨を当該届出等をした者に通知するものとする。」と規定し、同条第4項では「第1項の通知を受けた者は、正当な理由がなければ、当該通知に係る土地の買取りの協議を行なうことを拒んではならない。」と規定しています。

すなわち、土地の買取りの協議の通知を受けた者は、正当な理由がなければ、当該通知に係る土地の買取りの協議を行うことを拒むことができませんが、ここでいう「正当な理由」とは、一般的に災害その他の事故、重度の疾病又は負傷、社会の慣習上又は業務の遂行上避けられない緊急の用務等のやむを得ない理由がある場合のことを指すと考えられます。

したがって、土地の買取りの協議の通知を受けた者は、原則として、災害その他の事故、重度の疾病又は負傷等のやむを得ない理由がない限り、買取りの協議を行うことを拒むことができません。

175

■土地の買取りの協議の拒否

Q159 土地の買取りの協議の通知がありましたが、当面の間、買取りの協議に応じることができないときは、買取りの協議を行うことを拒むことができますか。

　　土地の買取りの協議の通知を受けた者は、原則として、災害その他の事故、重度の疾病又は負傷等の正当な理由がなければ、買取りの協議を行うことを拒むことができません。

　また、正当な理由として認められないその他の理由によって、当面の間、土地の買取りの協議に応じることができない特段の事情があるときは、土地の買取りの協議の通知を受けた者は、買取りの協議を行う地方公共団体等に買取りの協議の延期等の申出をして、当該地方公共団体等による買取りの協議の期間を確保させるなど、誠意をもって買取りの協議に応じる必要があるものと考えられます。

　なお、土地の買取りの協議の通知があった日から起算して3週間が経過した日以降においても、土地の買取りの協議を継続することは可能であり、そのような場合に地方公共団体等によって土地が買い取られたときは、当該土地の所有者は、土地の譲渡に係る譲渡所得に課される所得税等について、税制上の特例の適用を受けることができると考えられます。

第7条　土地の買取価格　関係

第7条 土地の買取価格　関係

■土地の買取価格

Q160 地方公共団体等が公示価格を規準とした価格で買い取らなければならないのはなぜですか。

A　公拡法第7条では、「地方公共団体等は、届出等に係る土地を買い取る場合には、地価公示法第6条の規定による公示価格を規準として算定した価格（当該土地が同法第2条第1項の公示区域以外の区域内に所在するときは、近傍類地の取引価格等を考慮して算定した当該土地の相当な価格）をもってその価格としなければならない。」と規定しています。

　公拡法に基づく土地の先買い制度により買い取られた土地は、公拡法第9条第1項の規定により、都市計画法第4条第5項に規定する都市施設に関する事業、土地収用法第3条各号に掲げる施設に関する事業若しくは公拡法施行令第5条第1項で定める事業又はこれらの事業に係る代替地の用に供されなければならないとされていますが、地価公示法第9条では、「土地収用法その他の法律によって土地を収用することができる事業を行う者は、公示区域内の土地を当該事業の用に供するため取得する場合（中略）において、当該土地の取得価格（中略）を定めるときは、公示価格を規準としなければならない。」と規定しています。すなわち、地価公示法では、都市計画法に規定する都市施設に関する事業、土地収用法第3条各号に掲げる施設に関する事業等を行う者が公示区域内の土地を当該事業の用に供するため取得するときは、公示価格を規準として算定した価格で買い取らなければならないと定められています。

　土地の買取りの協議は、届出等に係る土地の買取りを希望する地方

177

第3編　公拡法　都市計画区域内の土地等の先買い関係Q＆A

公共団体等に対して、優先的に土地を買い取る権利（交渉権）を付与するものであり、私法上の協議と位置付けられていることから、届出等をした者と当該地方公共団体等が土地の買取価格や買取方法等の条件について協議を行うこととなりますが、買取りの協議により買い取る土地は、地方公共団体等が公共施設等の整備のために必要とする土地であり、当該土地の価格が公示価格や近傍類地の取引価格と比較して著しく高い価格となることは、地方公共団体等における適正な財政運営や都市及び周辺の地域等における適正な地価の形成から好ましいものではありません。

　これらの法律や適正な地価の形成といった要因を踏まえ、地方公共団体等が土地の買取りの協議により土地を買い取るときは、公示価格を規準として算定した価格又は近傍類地の取引価格等を考慮して算定した当該土地の相当な価格で買い取らなければならないものとされています。

Q161 ■公示価格を規準として算定した価格

「公示価格を規準として算定した価格」とは、どのような価格ですか。また、どのように算定すべきでしょうか。

A 　公示価格と均衡を保つように定めた土地の価格を指します。

　公拡法第7条では、「地方公共団体等は、届出等に係る土地を買い取る場合には、地価公示法第6条の規定による公示価格を規準として算定した価格（当該土地が同法第2条第1項の公示区域以外の区域内に所在するときは、近傍類地の取引価格等を考慮して算定した当該土地の相当な価格）をもってその価格としなければならない。」と規定しています。

178

公示価格とは、国土交通省に置かれた土地鑑定委員会が公示する土地の価格で、自然的及び社会的条件からみて類似の利用価値を有し、土地の用途が同質と認められるまとまりのある地域において、当該地域において土地の利用状況、環境、地積、形状等が通常であると認められる標準地の価格です。

一方、個別の土地の価格は、当該土地が所在する位置、当該土地の面積及び形状、環境その他周辺の土地の利用の状況等の自然的、社会的、経済的及び行政的な要因の相互作用によって形成されるものであり、個々の土地によってその社会的及び経済的な有用性や価値は異なります。

そのため、個別の土地の価格の算定は、対象の土地と当該土地が属する地域における標準的な土地について、街路条件（接面街路の系統・構造等の状態）、交通・接近条件（交通施設との距離・商業施設との接近の程度・公共施設等との接近の程度）、環境条件（日照，通風，乾湿等の良否・地勢，地質，地盤等の良否・隣接不動産等周囲の状態・供給処理施設の状態・危険施設，処理施設等との接近の程度）、画地条件（地積，間口，奥行，形状等・方位，高低，角地，その他接面街路との関係）、行政的条件（公法上の規制の程度）その他の個別的要因を相互に比較して求めることが一般的であると考えられます。

実務的には、買取りを希望する地方公共団体等において、公示価格を規準に、これらの個別的要因を加味し、事案に応じて不動産鑑定士など専門家の意見を交えながら土地の価格を算定することが適切と考えられます。

179

■買取り希望価額

土地の買取り希望の申出をした土地は、土地買取希望申出書に記載した「買取り希望価額」により買い取られるのでしょうか。

地方公共団体等が公示価格を規準として算定した価格又は近傍類地の取引価格等を考慮して算定した当該土地の相当な価格により買い取られます。

土地の買取り希望の申出は、都市計画施設の区域内又は都市計画区域内に所在する一定規模以上の土地を所有する者が地方公共団体等による土地の買取りを希望するときに申出を可能とするものです。土地買取希望申出書に記載する「買取り希望価額」は、当該土地の買取りを希望する地方公共団体等が買取りの協議を行うか否かを判断するために参考とするものです。

一方、公拡法第7条の規定により、土地の買取りの協議により地方公共団体等が買い取る土地の価格は、当該土地が地価公示法第2条第1項に規定する公示区域の区域内に所在するときは、公示価格を規準として算定した価格とし、当該土地が公示区域以外の区域内に所在するときは、近傍類地の取引価格等を考慮して算定した当該土地の相当な価格としなければならないとされています。

したがって、地方公共団体等が土地の買取りの協議により土地を買い取る場合は、土地買取希望申出書に記載された「買取り希望価額」ではなく、公示価格を規準として算定した価格又は近傍類地の取引価格等を考慮して算定した当該土地の相当な価格により買い取ることになります。

なお、土地の買取りの協議の結果、届出等をした者と土地の買取りを希望する地方公共団体等との間で土地の買取価格等の条件について合意に至らないときは、協議は不成立になります。

第 7 条　土地の買取価格　関係

Q163 ■公示価格等と著しく異なる買取り希望価額

土地買取希望申出書に記載された「買取り希望価額」が公示価格等と著しく異なるときは、どのように土地の買取価格を定めるべきでしょうか。

A　公示価格を規準として算定した土地の価格を、買取価格として定めることが適切であると考えられます。

公拡法第 7 条では、「地方公共団体等は、届出等に係る土地を買い取る場合には、地価公示法第 6 条の規定による公示価格を規準として算定した価格（当該土地が同法第 2 条第 1 項の公示区域以外の区域内に所在するときは、近傍類地の取引価格等を考慮して算定した当該土地の相当な価格）をもってその価格としなければならない。」と規定しています。

土地の買取り希望の申出は、都市計画施設の区域内又は都市計画区域内に所在する一定規模以上の土地を所有する者が地方公共団体等による土地の買取りを希望するときに申出を可能とするものです。土地買取希望申出書に記載する「買取り希望価額」は、当該土地の買取りを希望する地方公共団体等が買取りの協議を行うか否かを判断するために参考とするものです。

そのため、土地買取希望申出書に記載された「買取り希望価額」が公示価格と著しく異なるときであっても、地方公共団体等が土地の買取りの協議により買い取る土地の価格は、公示価格を規準として算定した当該土地の正常な価格又は近傍類地の取引価格等を考慮して算定した当該土地の相当な価格を定め、土地所有者と協議する必要があります。

したがって、土地買取希望申出書に記載された「買取り希望価額」が公示価格より著しく高いときは、公示価格を規準として算定した価格等を土地の買取価格として定めることになります。

181

第3編 公拡法 都市計画区域内の土地等の先買い関係Q&A

　一方、「買取り希望価額」が公示価格より著しく低いときは、申出をした者が不動産に関する知識や土地の取引価格に関する情報を十分に有していないおそれがあることから、地方公共団体等が公示価格より著しく低い価格により土地を買い取ることは、一般の土地の取引や商慣習から望ましいものではありません。そのため、このようなときには、当該土地の買取りを希望する地方公共団体等は、申出をした者に対して、土地の買取りの協議により買い取る土地の価格は、公示価格を規準として算定した価格等としなければならないとされている法の趣旨を説明するなど、申出をした者が当該土地の正常な価格を認識した上で、買取りの協議を行うことができるように配慮することが適切と考えられます。

　ただし、公拡法第7条の規定は、地価高騰の抑制のため地方公共団体等が公示価格や近傍類地の取引価格よりも著しく高い価格で土地を買い取ることを禁止したものであると考えられるため、申出をした者が当該土地の正常な価格を適切に認識した上でなお公示価格より低い価格で地方公共団体等に土地を売り渡す意思が確認された場合は、地方公共団体等における適正な財政運営に資するものであることから、地方公共団体等が公示価格を規準として算定した価格等より低い価格で土地を買い取っても差し支えないものと考えられます。

第8条 土地の譲渡の制限　関係

第8条第1項

■土地の譲渡の制限

Q164 公拡法第8条に規定する土地の譲渡の制限とは何ですか。

A 　公拡法第4条第1項に規定する土地の有償譲渡の届出又は公拡法第5条第1項に規定する土地の買取り希望の申出をした場合に、届出等をした者は、①土地の買取りの協議の通知が到達した日から起算して3週間を経過する日まで又は当該期間内に買取りの協議が成立しないことが明らかになる時までの間、②土地の買取りを希望する地方公共団体等がない旨の通知が到達した日までの間、③届出等が受理された日から起算して3週間を経過する日までの間は、地方公共団体等以外の者に土地を譲り渡すことができないとする制限です。

　この制限は、届出等を受理した地方公共団体において土地の買取りを希望する地方公共団体等を選定する段階や買取りを希望する地方公共団体等が買取りの協議を行っている段階で、届出等をした者が当該土地を第三者に譲り渡すことは、地方公共団体等が行った事務手続を無に帰するものであることから、このようなことを防ぐために設けられています。したがって、土地を有償で譲り渡すことのみならず、無償で譲り渡すことについても制限されます。

　なお、公拡法第32条第3号において「第8条の規定に違反して、同条に規定する期間内に土地を譲り渡した者」は「50万円以下の過料に処する」ことが規定されています。そのため、仮に譲渡制限の期間内

183

に土地を譲渡した場合には、公拡法第32条に規定する過料（行政罰）に処されることがあります。

■土地の譲渡の制限

土地の有償譲渡の届出をしましたが、いつまで地方公共団体等以外の者に土地を譲り渡してはいけないのでしょうか。

①土地の買取りの協議の通知が到達した日から起算して3週間を経過する日まで又は当該期間内に買取りの協議が成立しないことが明らかになる時までの間、②土地の買取りを希望する地方公共団体等がない旨の通知が到達した日までの間、③届出等が受理された日から起算して3週間を経過する日までの間は、地方公共団体等以外の者に譲り渡すことができません。

なお、土地の譲渡の制限の期間の満了日が日曜日及び土曜日、国民の祝日に関する法律に規定する休日その他都道府県又は市が定める休日になるときは、民法第142条の規定により、当該期間の末日の翌日が期間の満了日となることから、土地の譲渡の制限の期間の満了日は、日曜日及び土曜日その他の休日の翌日となります。

また、都道府県又は市が定める休日は、都道府県又は市の条例等によって個々に規定されていることから、土地の譲渡の制限の期間の満了日は、届出等をした各都道府県又は各市の条例等を確認する必要があります。

第8条　土地の譲渡の制限　関係

Q166 ■通知があった日、通知があったとき

「通知があった日」と「通知があったとき」とは、いつのことを指しますか。

A 　土地の有償譲渡の届出等をした者に通知が到達した日を指します。

　公拡法第6条第1項では、「都道府県知事又は市長は、第4条第1項の届出又は前条第1項の申出があった場合においては、当該届出等に係る土地の買取りを希望する地方公共団体等のうちから買取りの協議を行う地方公共団体等を定め、買取りの目的を示して、当該地方公共団体等が買取りの協議を行う旨を当該届出等をした者に通知するものとする。」と規定しています。また、同条第2項では、「前項の通知は、届出等のあった日から起算して3週間以内に、これを行なうものとする。」と規定するとともに、同条第3項では、「都道府県知事又は市長は、第1項の場合において、当該届出等に係る土地の買取りを希望する地方公共団体等がないときは、当該届出等をした者に対し、直ちにその旨を通知しなければならない。」と規定しています。

　公拡法第8条第1号において、「第6条第1項の通知があった場合」は、「当該通知があった日から起算して3週間を経過する日（その期間内に土地の買取りの協議が成立しないことが明らかになったときは、その時）」までの間、同条第2号において「第6条第3項の通知があった場合」は、「当該通知があった時」までの間、届出等をした者は当該地方公共団体等以外の者に譲り渡してはならないという趣旨の規定が設けられています。

　公拡法第6条に規定する土地の買取りの協議の通知等は、遠隔者に対する意思表示となることから、民法第97条第1項の規定により、通知が相手方に到達した時から効力が発生することとなります。

第3編　公拡法　都市計画区域内の土地等の先買い関係Q&A

したがって、「通知があった日」と「通知があったとき」は、土地の買取りの協議の通知又は土地の買取りを希望する地方公共団体等がない旨の通知が届出等をした者に到達した日を指します。

■土地の買取りの協議が成立しないことが明らかになったとき

Q167 「土地の買取りの協議が成立しないことが明らかになったとき」とは、具体的にどのようなときを指しますか。

A 　当事者の双方が土地の買取りの協議の不成立を認識し、当該協議が成立しないことが明らかになったときを指します。

　公拡法第6条第1項に規定する土地の買取りの協議は、公拡法第4条第1項に規定する土地の有償譲渡の届出又は公拡法第5条第1項に規定する土地の買取り希望の申出があったときに、届出等に係る土地の買取りを希望する地方公共団体等が届出等をした者と当該土地の買取りについて協議を行うものであり、地方公共団体等が優先的に土地を買い取る権利（交渉権）を付与するものです。

　そのため、「土地の買取りの協議が成立しないことが明らかになったとき」は、届出等をした者と土地の買取りの協議を行う地方公共団体等の当事者の一方が主観的に協議が成立しない認識を有しているだけではなく、当事者の双方において協議が成立しないことを認識することが必要となります。

　具体的には、当事者双方の意思表示や土地の買取りの協議の経過により個々に判断する必要がありますが、届出をした者が土地の買取価格や買取方法等の条件にかかわらず、買取りの協議を行う地方公共団体等に土地を譲り渡す意思がない旨を表示し、当該地方公共団体等が届出をした者の意思を知ったときは、土地の買取りの協議が成立しな

186

第8条　土地の譲渡の制限　関係

いことが明らかになったときに該当するものと考えられます。

　また、届出等をした者が買取りの協議を行う地方公共団体等が提示した買取価格では土地を売り渡す意思がない旨を表示し、当該地方公共団体等も提示した買取価格を超える価格では土地を買い取る意思がない旨を表示し、当事者の双方が互いの意思を確認したときも、「土地の協議が成立しないことが明らかになったとき」に該当するものと考えられます。

■土地の譲渡の制限の期間内の無償譲渡

Q168

土地の有償譲渡の届出をしましたが、土地の買取りの協議の通知前であれば、土地を無償で譲渡することができますか。

A

　有償、無償にかかわらず、土地を譲渡することはできません。

　届出等をした者は、公拡法第8条各号に規定する期間において、届出等に係る土地を第三者に譲り渡すことができないとする制限が課されることとなりますが、この土地の譲渡の制限は、当該土地を有償で譲渡する場合に限られるものではなく、無償で譲渡する場合にも課されます。

　したがって、届出等をした者は、①土地の買取りの協議の通知が到達した日から起算して3週間を経過する日まで又は当該期間内に買取りの協議が成立しないことが明らかになるときまでの間、②土地の買取りを希望する地方公共団体等がない旨の通知が到達した日までの間、③届出等が受理された日から起算して3週間を経過する日までの間は、無償であっても、届出等に係る土地を第三者に譲渡することができません。

　なお、土地の買取りの協議の通知前であれば、届出をした者の事情

187

により届出の要件を満たさなくなったときには、届出を取り下げることができ、届出に係る土地を無償で譲渡することができます。

■正当な理由により土地の買取りの協議を行うことができなかったとき

Q169 土地の買取りの協議の通知がありましたが、事故により当該通知を受けてから3週間以内に買取りの協議を行うことができませんでした。このような場合、買取りの協議を行うことなく、土地の買取りを希望する地方公共団体等以外の者に土地を譲渡することができますか。

土地の買取りの協議の通知があった日から起算して3週間が経過したとしても、直ちに土地を譲渡することができないと考えられます。

土地の買取りの協議は、公拡法第4条第1項に規定する土地の有償譲渡の届出又は公拡法第5条第1項に規定する土地の買取り希望の申出があったときに、届出等に係る土地の買取りを希望する地方公共団体等が届出等をした者と当該土地の買取りについて協議を行うものであり、地方公共団体等が優先的に土地を買い取る権利（交渉権）を付与するものです。

土地の買取りの協議の通知を受けた者は、正当な理由がなければ、当該通知に係る土地の買取りの協議を行うことを拒むことができず、当該通知があった日から起算して3週間を経過する日まで又は当該期間内に買取りの協議が成立しないことが明らかになるときまでの間、当該土地を買取りの協議を行う地方公共団体等以外の者に譲り渡すことができないとする制限が課されることになりますが、「正当な理由」とは、一般的に災害その他の事故、重度の疾病又は負傷、社会の

慣習上又は業務の遂行上避けられない緊急の用務等のやむを得ない理由がある場合のことをいいます。

そのため、土地の買取りの協議の通知を受けた者がこのような正当な理由により買取りの協議を行うことができない場合には、当該協議に応じる義務は課されません。しかし、当該通知があった日から起算して3週間を経過した日以後に届出等に係る土地の買取りを希望する地方公共団体等と協議を行うことなく、一方的に当該土地を第三者に譲渡することができるとすれば、当該地方公共団体等は土地の買取りの協議を行う機会を失うこととなります。

したがって、地方公共団体等に公共施設等の整備のために必要となる土地の買取りの協議を行う機会を優先的に付与することを目的とする公拡法の趣旨に鑑み、正当な理由により買取りの協議に応ずることができなかった者は、当該理由が解消した際に買取りの協議に応ずることが適当であると考えられます。そのため、当該通知があった日から起算して3週間が経過したとしても、直ちに届出等に係る土地を買取りの協議を行う地方公共団体等以外の者に譲渡することはできないと考えられます。

■土地の買取りの協議の通知前の譲渡

Q170 土地の買取りの協議の通知前に地方公共団体等以外の者に土地を譲渡しましたが、土地の譲渡は無効ですか。

A 土地の譲渡は有効です。
公拡法第8条第1号において、「第6条第1項の通知があった場合」は、「当該通知があった日から起算して3週間を経過する日（その期間内に土地の買取りの協議が成立しないことが明らかになったときは、その時）」までの間、同条第2号において

189

「第6条第3項の通知があった場合」は、「当該通知があった時」までの間、届出等をした者は当該地方公共団体等以外の者に譲り渡してはならないという趣旨の規定が設けられています。

しかし、当該規定は、私法上の取引に対する効力に関しては規定していません。

したがって、公拡法第8条の規定に違反して、同条に規定する期間内に土地を譲り渡した場合であっても、その譲渡は有効であると考えられます。

ただし、公拡法第32条第3号において「第8条の規定に違反して、同条に規定する期間内に土地を譲り渡した者」は「50万円以下の過料に処する」ことが規定されています。そのため、仮に譲渡制限の期間内に土地を譲渡した場合には、公拡法第32条に規定する過料（行政罰）に処されることがあります。

第9条 先買いに係る土地の管理　関係

■公拡法第9条の趣旨

Q171 公拡法第9条はどのようなことを規定していますか。

A　公拡法第9条は、公拡法第4条第1項に規定する土地の有償譲渡の届出又は公拡法第5条第1項に規定する土地の買取り希望の申出に基づき、公拡法第6条の規定により地方公共団体等が先買いした土地の供用制限と善管注意義務について規定しています。

　公拡法第6条第1項の規定により地方公共団体等が買い取った土地は、土地所有者に対し、土地の有償譲渡に係る届出義務や譲渡制限を課することにより買い取ったものであり、こうした義務等を課して買い取った土地は通常の私的取引により買い取ったものではないため、相当の公共性又は公益性を有する目的のために使用する必要があることから本条の規定が設けられています。

　また、公拡法第9条第2項は、地方公共団体等は公拡法第4条の届出又は第5条の土地の買取り希望の申出によって届出等されて、公拡法第6条第1項の土地の買取りの協議に基づき買い取った土地を、公拡法第9条第1項の目的で使用する際に、土地の使用が困難になるなど事業等に支障を及ぼすことの無いように配慮し、公拡法の目的に従って適切に管理しなければならないという善管注意義務について規定したものです。

　なお、事業の用に供するまでの間の暫定的な利用については、土地の使用が不可能となることや著しく困難になることが無いよう留意する必要はありますが、国民経済上の観点からも事業に支障のない範囲

で暫定的に駐車場等として利用を図ることは望ましいと考えられます。

■買取り目的とした事業以外の事業への転用

Q172 都市計画決定の変更により、先買いした土地を当初の目的に使用する必要がなくなりました。当初の買取りの目的以外の事業用途に転用することはできますか。

　公拡法の趣旨からは、公拡法第6条に規定する土地の買取りの協議の通知の際の買取り目的の事業に使用することが望ましいと考えます。

しかしながら、公拡法第9条第1項は、先買い土地を同項第1号から第4号に掲げる事業又は第1号から第3号に掲げる事業の代替地として利用するように義務付けていますが、必ずしも土地の買取りの協議の通知において買取りの目的として記載された事業の用に供さなければならないとは規定していません。

したがって、都市計画決定の変更などの買取り後の事情変更により、当初の目的に使用することが必要でなくなった場合は、例外的に当初の買取りの目的以外に使用することもやむを得ないものと考えられます。

ただし、先買い土地は土地所有者に対し、土地の有償譲渡に係る届出義務や譲渡制限を課することにより買い取ったものであるため、公拡法第9条第1項各号に掲げる事業の用に供する必要があります。

なお、公拡法第9条第1項第4号では、買い取られた日から10年経過した土地であって、都市計画の変更、買取りの目的とした事業の廃止や変更などの理由によって、将来にわたって第1号から第3号に掲げる事業やその事業の代替地として利用される見込みがない場合に、

供することが可能な事業について規定しています。

> 【参　考】
> 　土地開発公社が、公拡法第17条第１項第１号の規定により取得した土地（先行取得した土地）については、取得後の事情変更等により、当初の目的に使用する必要がなくなった土地についても、原則として、同号に規定する用途に用いるべきとされています。
> 　ただし、将来にわたり、当該土地の利用の見通しがなく、また、保有を継続することが土地開発公社の経営上の理由等により困難であると判断される場合には、当該土地が先買い制度により取得された場合を除き、他の目的により処分することもやむを得ないものとされ、その場合、処分の目的は、極力「地域の秩序ある整備を図る」という土地開発公社の目的に沿うよう配慮するとともに、あらかじめ設立団体等と十分協議し、処分に当たって社会的な批判を招くことのないよう配慮すべきとされています。

Q173　■用途変更した場合に、錯誤により契約が無効にならないか

公拡法第６条の買取りの協議によって取得した先買い土地を公拡法第６条の買取り協議通知の買取り目的以外の目的のため使用した場合、契約の錯誤として契約自体が無効になる可能性はありますか。

A　先買い土地を買取り協議通知の買取り目的以外の目的のために使用したことだけをもって、契約が無効になるということはないと考えられます。

　公拡法第６条第１項では、都道府県知事等は、買取りの目的を示すこととされていますが、公拡法第９条において先買い土地を供することができる事業は、必ずしも公拡法第６条第１項に規定する土地の買取りの協議の通知の際の買取り目的の事業に限定されていません。

公拡法第6条第1項により、土地の買取りの目的を示す以上、買取り協議通知の買取りの目的に従って使用することが望ましいですが、公拡法第9条においてこのように規定していることは、その後の事情等の変更により、やむを得ず買取りの目的以外にも使用することがあり得ることを一定の範囲内であらかじめ認めているものと考えられます。当事者としては、それらのことを含めたうえで、契約を行っているものと考えられ、契約の要素の錯誤は生じないものと考えられます。

第9条第1項

■本法における都市計画施設と都市施設

公拡法第4条第1項第1号では「都市計画施設」としている一方、法第9条第1項第1号では「都市施設」としていますが、どのような違いがあるのですか。

　公拡法第4条第1項第1号は、届出を要する土地に関する規定であり、土地所有者は自分の所有する土地を有償で譲渡する際に届出が必要な土地であるかを知ることができなければならないため、施設の種類及び位置が都市計画により決定され、公示されている都市計画施設としています。
　一方、公拡法第9条第1項は、買い取った土地の用途に関する規定であり、必ずしも都市計画決定のあった施設に土地の用途を限定する必要はないため、都市施設という言葉を用いています。

第9条　先買いに係る土地の管理　関係

■公拡法第9条第1項第1号

Q175 公拡法第9条第1項第1号における、都市計画法第4条第5項に規定する都市施設にはどのようなものがありますか。

A　公拡法第9条第1項第1号における都市施設は、都市計画において定められている都市計画法第11条第1項各号に掲げる施設を指し、具体的には以下のものがあります。

(1)　道路、都市高速鉄道、駐車場、自動車ターミナルその他の交通施設
(2)　公園、緑地、広場、墓園その他の公共空地
(3)　水道、電気供給施設、ガス供給施設、下水道、汚物処理場、ごみ焼却場その他の供給施設又は処理施設
(4)　河川、運河その他の水路
(5)　学校、図書館、研究施設その他の教育文化施設
(6)　病院、保育所その他の医療施設又は社会福祉施設
(7)　市場、と畜場又は火葬場
(8)　一団地の住宅施設（一団地における50戸以上の集団住宅及びこれらに附帯する通路その他の施設をいう。）
(9)　一団地の官公庁施設（一団地の国家機関又は地方公共団体の建築物及びこれらに附帯する通路その他の施設をいう。）
(10)　流通業務団地
(11)　一団地の津波防災拠点市街地形成施設（津波防災地域づくりに関する法律（平成23年法律第123号）第2条第15項に規定する一団地の津波防災拠点市街地形成施設をいう。）
(12)　一団地の復興再生拠点市街地形成施設（福島復興再生特別措置法（平成24年法律第25号）第32条第1項に規定する一団地の復興再生拠点市街地形成施設をいう。）

⒀ 一団地の復興拠点市街地形成施設（大規模災害からの復興に関する法律（平成25年法律第55号）第2条第8号に規定する一団地の復興拠点市街地形成施設をいう。）
⒁ その他政令で定める施設
　※詳細については、都市計画部局に確認することが好ましいと考えます。

第9条第1項第2号

■土地収用法第3条各号に掲げる施設

公拡法第9条第1項第2号の「土地収用法第3条各号に掲げる施設」とは具体的にどのようなものがありますか。

　土地収用法において、土地収用法第3条各号に掲げる施設とは、「土地を収用し、又は使用することができる公共の利益となる事業」として定められています。詳細は土地収用法を確認してください。

※土地収用法第3条各号の解釈については、土地収用法担当部局に確認することが好ましいと考えます。

第9条　先買いに係る土地の管理　関係

■事業認定の要否

公拡法第9条第1項第2号「土地収用法第3条各号に掲げる施設に関する事業」とは土地収用法第16条に規定する事業認定を受けた事業でなければ該当しないのでしょうか。

A　当該事業が土地収用法第3条各号の事業に該当すると判断されればよく、事業認定を受けることまでは必要とされていません。

第9条第1項第3号

■第9条第1項第3号の政令で定める事業

公拡法第9条第1項第3号の「政令で定める事業」とは、具体的にどのようなものが該当しますか。

A　公拡法施行令第5条により、以下のものが定められています。
　(1)　都市計画法第4条第7項に規定する市街地開発事業
① 土地区画整理法による土地区画整理事業
② 新住宅市街地開発法による新住宅市街地開発事業
③ 首都圏の近郊整備地帯及び都市開発区域の整備に関する法律による工業団地造成事業又は近畿圏の近郊整備区域及び都市開発区域の整備及び開発に関する法律による工業団地造成事業
④ 都市再開発法による市街地再開発事業
⑤ 新都市基盤整備法による新都市基盤整備事業

197

⑥ 大都市地域における住宅及び住宅地の供給の促進に関する特別措置法による住宅街区整備事業

⑦ 密集市街地整備法による防災街区整備事業

(2) 地方公共団体、地方住宅供給公社、独立行政法人都市再生機構又は日本労働者住宅協会が行う住宅の賃貸又は譲渡に関する事業

(3) 地方公共団体、地方住宅供給公社、土地開発公社、独立行政法人都市再生機構又は日本勤労者住宅協会が行う住宅の用に供する宅地の賃貸又は譲渡に関する事業

(4) 史跡、名勝又は天然記念物の保護又は管理に関する事業

第9条第1項第4号

■第9条第1項第4号の趣旨

公拡法第9条第1項第4号はどのようなことを規定していますか。

公拡法第6条の規定により地方公共団体等が買い取った土地は、公拡法第9条第1項各号に掲げる事業の用に供さなければならない供用制限が課されています。

このうち、同項第4号では、買い取られた日から起算して10年を経過した土地であって、都市計画の変更、同項の買取りの目的とした事業の廃止又は変更その他の事由によって、将来にわたり公拡法第9条第1項第1号から第3号に掲げる事業又はこれらの事業に係る代替地の用に供される見込みがないと認められるものについては、地方自治体の策定に係る都市再生整備計画や地域再生計画に記載された都市の健全な発展と秩序ある整備に資する一定の事業の用にも供することができ、同項第1号から第3号に比べ、土地の用途の制限が緩和されることを規定しています。

第9条　先買いに係る土地の管理　関係

　なお、公拡法第9条第1項第4号の規定は、「規制改革・民間開放推進3か年計画」（平成16年3月19日閣議決定）に基づく検討の結果、追加されたものです。

■第9条第1項第4号の要件

どのような要件を満たせば公拡法第9条第1項第4号に規定する事業の用に供することができますか。

　公拡法第6条第1項の手続により買い取られた日から起算して10年を経過した土地であって、都市計画の変更、同項の買取りの目的とした事業の廃止又は変更その他の事由によって、将来にわたり第1号から第3号に掲げる事業又はこれらの事業に係る代替地の用に供される見込みがないと認められるものについて供することができるとされています。

　具体的には以下のように考えられます。

　「事業の廃止又は変更」については、一般的に個々の事業が廃止又は変更される場合、主務大臣ないし都道府県知事等による事業計画及びその区域の範囲等に係る廃止又は変更の決定・認可等の行政処分がなされる場合が多いことから、これらの手続の状況によって判断することが考えられます。

　「将来にわたり第1号から第3号に掲げる事業又はこれらの事業に係る代替地の用に供される見込みがない」については、当該土地の特性や周辺の土地需要動向等を踏まえて、保有主体において活用の見込みの有無を適切に判断することが適当であると考えられます。ただし、少なくとも、保有主体又は関係する地方公共団体等が連携し、当該土地を他の都市施設や収用適格事業等に利用する意向のある部局がないかを確認するといった手続を踏むことが必要です。

199

■第9条第1項第4号の要件

公拡法第9条第1項第4号において、取得して10年を経過した土地であることを要件としている理由は何ですか。

　　先買い土地の用途は、取得後10年間は本来の都市施設や収用適格事業等の用途に活用するべきことを前提とし、その後においてもなおこれらの用途に供される見込みがない場合に限り、長期保有土地を有効活用する観点から、用途の制限を緩和するものとしています。その理由は以下のとおりです。

(1) 土地収用法において、事業認定の告示の日から10年を経過しても収用した土地の全部を事業の用に供しなかった場合には、土地所有者であった者等に買受権が認められていること

(2) 公有水面埋立法や新住宅市街地開発法においては、竣工認可等の時から10年間は用途に制限を設けていること

(3) 10年の間には、都市計画に関する基礎調査が少なくとも2回は行われ、土地利用等について都市計画的な観点から十分な検討がなされること

第9条　先買いに係る土地の管理　関係

■国土交通大臣に提出しない都市再生整備計画

都市再生特別措置法に規定する都市再生整備計画は、交付金を充てて事業を実施しようとする場合は国土交通大臣への提出が必要で、そうでない場合は国土交通大臣への提出は不要ですが、国土交通大臣への提出が不要な都市再生整備計画も公拡法第9条第1項第4号イの事業に該当し、先買い土地を供することは可能でしょうか。

国土交通大臣への提出が不要な都市再生整備計画であっても、公拡法第9条第1項第4号イの事業に該当しますので、先買い土地を供することが可能です。

なお、都市再生特別措置法第47条において、「交付金を充てて事業を実施する場合に、当該都市再生整備計画を国土交通大臣に提出しなければならない。」とされています。

【参　考】

都市再生特別措置法（平成14年法律第22号）（抄）（交付金の交付等）
第47条　市町村は、次項の交付金を充てて都市再生整備計画に基づく事業等の実施（特定非営利活動法人等が実施する事業等に要する費用の一部の負担を含む。次項において同じ。）をしようとするときは、当該都市再生整備計画を国土交通大臣に提出しなければならない。
2　国は、市町村に対し、前項の規定により提出された都市再生整備計画に基づく事業等の実施に要する経費に充てるため、当該事業等を通じて増進が図られる都市機能の内容、公共公益施設の整備の状況その他の事項を勘案して国土交通省令で定めるところにより、予算の範囲内で、交付金を交付することができる。
3　前項の規定による交付金を充てて行う事業に要する費用については、道路法その他の法令の規定に基づく国の負担又は補助は、当該規定にかかわらず、行わないものとする。
4　前3項に定めるもののほか、交付金の交付に関し必要な事項は、国土交通省令

201

で定める。

■地域再生計画の作成手続

Q183 地域再生計画の作成はどのように行えば良いでしょうか。

A 地域再生計画は、地域再生法（平成14年法第22号）に基づき、地域経済の活性化、地域における雇用機会の創出その他の地域の活力の再生を図ることを目的として、地方公共団体が作成するもので、内閣総理大臣の認定を受けることにより、各種支援措置の適用を受けることが出来ます。

地域再生計画の作成手続等は、概ね以下のような手順となります。

(1) 地域再生計画の作成

一定の要件を満たす先買い土地を地域再生計画で定める事業の用に供しようとする場合には、地方公共団体は地域再生計画において、事業の具体的な内容等所定の記載事項のほか、当該事業が上記支援措置を受けるものであるとして、以下の事項を明記した資料を添付する必要がある。

① 先買い土地の所在地（先買い土地の位置が分かる図面を含む。）
② 買取りの時期及び目的
③ 公拡法第9条第1項1号から3号までに掲げる事業に供される見込みがないと判断される理由
④ 先買い土地を供することを予定している事業の概要
　・事業の名称（具体的な施設名）
　・事業主体（地方公共団体名、企業名等）
　・事業の用に供する先買い土地の面積（平方メートル）
　・当該土地が所在する用途地域（地域指定がされている場合のみ

記載）
- 事業の用に供する予定時期
⑤　その他参考となる資料

(2) 地域再生計画の認定申請

　地方公共団体の長は、上記(1)で作成した地域再生計画を認定申請書等と共に、内閣総理大臣あて（窓口は内閣府地方創生推進事務局）に申請する。内閣総理大臣は、申請された地域再生計画について、認定基準に基づき審査し、支援措置に関係する行政機関の長の同意を得た上で認定する。

　なお、通常、地域再生計画の認定申請時期は、概ね5月、9月及び1月の3回設けられています。

※地域再生計画の認定手続の詳細は、内閣府地方創生推進事務局に確認し、その指示を受けてください。

■第9条第1項第4号におけるその他政令で定める事業

Q184　公拡法第9条第1項第4号における「その他政令で定める事業」とは具体的にどのような事業がありますか。

A　公拡法施行令第5条第2項では、以下の事業が定められています。
(1)　多極分散型国土形成促進法の同意基本構想に位置付けられた事業
(2)　地方拠点都市地域の整備及び産業業務施設の再配置の促進に関する法律の同意基本計画に位置付けられた事業
(3)　中心市街地の活性化に関する法律の認定基本計画に位置付けられた事業

なお、これらが定められた背景には、以下の要件を満たしているこ

第3編　公拡法　都市計画区域内の土地等の先買い関係Q&A

とが考慮されています。

(1)　法律に規定する都市再生整備計画や認定地域再生計画に類するものとして、地方公共団体の作成する法定計画に基づく事業であること。

(2)　先買い土地の所在する都市部（主として都市計画区域）の地域整備を示した当該計画に具体的に位置付けられた事業であること。

(3)　都市の健全な発展と秩序ある整備に資すると認められる事業であること。

先買い土地の取扱い

■先買い土地を国へ譲渡できるか

Q185
地方公共団体等が公拡法第6条第1項の手続に基づいて買い取った土地を、国道用地として国に譲渡できますか。

A
　地方公共団体等が公拡法に基づいて買い取った土地は、国道用地として国に譲渡できます。

　公拡法第9条第1項では、第1号から第4号までの事業又は第1号から第3号までの事業に係る代替地の用に供さなければならないと規定していますが、これらの事業を施行する事業施行者については定めていません。また、公拡法第9条第1項に掲げる事業に供されるのであれば、事業施行者が買取りを行う地方公共団体等でなくとも、公拡法の目的は果たされるものと考えられます。したがって、地方公共団体等が公拡法に基づいて買い取った土地は、これらの事業に供することを目的として国へ譲渡することができます。

　なお、同様の観点から、公拡法第9条第1項第1号から第3号までの事業又はこれらの事業に係る代替地の用に供される限り、国や国の

204

出資に係る独立行政法人（独立行政法人都市再生機構を除く。）及び特殊法人が行う事業の用に供することを目的に、地方公共団体等が土地を先買いすることも可能とされています。

■先買い土地を私立保育所施設敷地として貸与できるか

地方公共団体等が公拡法第6条第1項の手続に基づいて買い取った土地を、私立保育所施設敷地として貸与できますか。

A　地方公共団体等が公拡法に基づいて買い取った土地は、私立保育所施設地として貸与できます。

私立保育所は都市計画法上の都市施設であると考えられるため、公拡法第9条第1項に掲げる事業に該当します。したがって、土地を私立保育所施設の敷地のために貸与することができます。また、私立保育所施設敷地としての貸与を公拡法第6条第1項に定める買取りの目的として、土地を先買いすることも差し支えないと考えられます。

なお、通常は、事業施行者と土地所有者が一致するものと考えられますが、本法の趣旨を踏まえると、事業施行者に土地所有権がないことをもって、直ちに土地の先買いを否定しなければならないとはいえず、公的主体が土地を買い、事業施行者に当該土地を貸与又は譲渡等した場合も、当該土地を「都市施設」の用に供しているということができると解されるため、地方公共団体等が私立保育所施設敷地として土地を貸与する目的で土地の先買いをすることも可能とされています。

■先買い土地を社会福祉法人へ貸与できるか

地方公共団体等が公拡法第6条第1項の手続に基づいて買い取った土地を、養護老人ホームを建設・運営することを目的として、社会福祉事業法に基づく社会福祉法人として認可を受けた団体に貸与できますか。

　　地方公共団体等が公拡法に基づいて買い取った土地は、養護老人ホームの建設・運営を目的に社会福祉法人に貸与できます。

　養護老人ホームの建設は収用適格事業又は都市計画法上の都市施設と考えられるため、公拡第9条第1項に掲げる事業に該当します。したがって、土地を養護老人ホームの建設・運営として当該団体に貸与することができます。また、当該団体への貸与を公拡法第6条第1項に定める買取りの目的として、土地を先買いすることも差し支えないと考えられます。

　ただし、当該社会福祉法人が確実に養護老人ホームを建設・運営することについて担保が必要であると考えられます。例えば、当該団体が社会福祉法人として認可されておらず、養護老人ホームを建設・運営できるかどうか不確実な場合は、先買いすることができない場合も考えられます。

Q188 ■先買い土地を工場敷地として譲渡できるか

地方公共団体等が公拡法第6条第1項の手続に基づいて買い取った土地を工場敷地として民間事業者に譲渡することはできますか。

A 　公拡法施行令第5条第1号の規定により、都市計画法第4条第7項に規定される市街地開発事業に該当する事業の用に供した結果、当該土地を民間事業者が工業敷地として活用することとなった場合は譲渡できます。また、公拡法第9条第4号に該当するときにも、土地を工場敷地として民間事業者に譲渡することができる場合があります。

　しかし、これらに該当しない場合は、土地を工場敷地とすることを目的に民間事業者に譲渡することはできません。

　なお、都市計画法第4条第7項に規定される市街地開発事業は同法第12条第1項各号に掲げる以下の事業が該当します。

(1)　土地区画整理法（昭和29年法律第119号）による土地区画整理事業
(2)　新住宅市街地開発法（昭和38年法律第134号）による新住宅市街地開発事業
(3)　首都圏の近郊整備地帯及び都市開発区域の整備に関する法律（昭和33年法律第98号）による工業団地造成事業又は近畿圏の近郊整備区域及び都市開発区域の整備及び開発に関する法律（昭和39年法律第145号）による工業団地造成事業
(4)　都市再開発法による市街地再開発事業
(5)　新都市基盤整備法（昭和47年法律第86号）による新都市基盤整備事業
(6)　大都市地域における住宅及び住宅地の供給の促進に関する特別措置法による住宅街区整備事業

(7) 密集市街地整備法による防災街区整備事業

※都市計画法の詳細については、都市計画部局に確認することが好ましいと考えます。

Q189 ■先買い土地を住宅の用に供する宅地として譲渡できるか

地方公共団体等が公拡法第6条第1項の手続に基づいて買い取った土地を、宅地として個人に譲渡できますか。

A 地方公共団体等が公拡法に基づいて買い取った土地は、住宅の用に供する宅地として個人に譲渡できます。

住宅の用に供する宅地として譲渡した場合は、公拡法施行令第5条第3号に掲げる地方公共団体が行う住宅の用に供する宅地の賃貸又は譲渡に関する事業に該当することから、宅地として個人に譲渡することができます。また、譲渡相手方についても特段の制限を規制していないことから、個人に限らず不動産業者等の民間事業者への売却も可能と考えられます。

ただし、公拡法第6条第1項の手続により買い取られた土地は、通常の私的取引により買い取ったものではないことを踏まえて、譲渡にあたっては以下の点に留意し、入札や公募等によって譲渡先を選定することが望ましいと考えられます。

(1) 公共性や公益性の高い施設などの用に供することができないか、十分に検討すること。
(2) 旧地権者や地域住民等の疑惑、批判等を招くことのないよう慎重に取り扱うこと。

第9条　先買いに係る土地の管理　関係

■先買い土地を住宅地区改良事業の用に供せるか

住宅地区改良事業は、公拡法第9条第1項第3号の政令で定める事業に該当しますか。

　　住宅地区改良事業は、住宅の賃貸又は譲渡に関する事業であると認められるため、公拡法第9条第1項第3号の政令で定める事業（公拡法施行令第5条第3号）に該当します。

　住宅地区改良法上の住宅地区改良事業とは、当該法律で定めるところに従って行なわれる改良地区の整備及び改良住宅の建設に関する事業並びにこれに附帯する事業のことであり、不良住宅が密集すること等によって保安衛生等に関し危険又は有害な状況にある地区（改良地区）において、不良住宅を全て除去し、生活道路・児童遊園・集会所等を整備するとともに、従前の居住者のための住宅（改良住宅）を建設することにより、当該地区の環境の整備改善を図り、健康で文化的な生活を営むに足りる住宅の集団的建設を促進し、公共の福祉に寄与することを目的としています。したがって、住宅地区改良事業は、住宅の賃貸又は譲渡に関する事業であると認められるため、公拡法第9条第1項第3号の政令で定める事業（公拡法施行令第5条第3号）に該当します。

■先買い土地を代替地として提供できるか

Q191 地方公共団体等が公拡法第6条第1項の手続に基づき、前もって買い取っておいた土地を、収用適格事業等の代替地として提供できますか。

公拡法第6条第1項の規定により地方公共団体等が買い取った土地は、公拡法第9条第1項第1号から第3号に規定されている事業の代替地として提供することができますので、収用適格事業等の代替地として提供できます。

一般的には、代替地の取得・提供は、事業用地の取得と同時になされることが大半ですが、代替地の手当ができるまで事業用地の取得ができないとなると、当該土地の取得が困難となり、公共事業の進捗の遅延が懸念されます。そのため、代替地の計画的な取得は、公共事業の迅速な実施につながる円滑な用地取得を促進するものであると考えられることから、土地の先買い制度により取得した土地を公共用地の代替地の用に供することは、相当の公共性ないし公益性があり、一定の私権の制限に基づき取得した土地の用途として許容できるものと考えられます。

第9条　先買いに係る土地の管理　関係

■買取り団体とは違う地方公共団体等に使用貸借させる目的
での先買い

Q192 市が、県が施行する収用適格事業の施設用地として県に土地を使用貸借させることを目的として、公拡法に基づき土地の先買いをすることはできますか。

A 土地の先買いをすることができます。

土地を取得した買取り団体とは異なる地方公共団体等が当該土地を賃借し、収用適格事業施設を建設・運営したとしても、当該施設が公拡法第9条第1項各号に掲げる事業に該当する施設であれば、公共の用に供するための施設であり、公拡法の目的にかなっているため、問題はないと考えられます。

■事業施行者以外の者による代替地の用に供することを目的
とした先買い

Q193 事業施行者以外の者が、代替地の用に供することを目的として土地を先買いすることはできますか。

A 事業施行者以外の者であっても、事業施行者の委託を受け、公拡法第6条第1項の手続に基づき、代替地の用に供することを目的として土地の先買いをすることができます。

例えば、事業施行者である都道府県等が当該事業の代替地の取得を土地開発公社に委託して行うような場合も想定されるため、事業施行者以外の者が代替地を取得することは、差し支えないと考えられます。

211

■代替地の地目

Q194 公拡法第4条の届出又は第5条の土地の買取り希望の申出のあった土地を、収用適格事業用地の代替地の用に供することを目的として取得した場合、当該土地は買収予定地と同一の地目に必ず変更しなければなりませんか。

公拡法第9条第1項では、公拡法第6条の規定により地方公共団体等が先買いした土地の供用制限と善管注意義務について規定していますが、土地を代替地として提供する場合の地目に関する規定はありません。そのため、必ずしも買収予定地と同一の地目に変更する必要はありません。

■借地人へ代替地として提供できるか

Q195 収用適格事業用地を借地している借地人が、移転に伴って代替地の提供を希望した場合、公拡法に基づいて先買いした土地を当該事業用地の代替地として提供することはできますか。

A 収用適格事業用地を借地している借地権者に対しても、公拡法に基づいて先買いした土地を代替地として提供することができます。

土地収用法第82条において、「土地所有者又は関係人（先取特権を有する者、質権者、抵当権者及び第8条第4項の規定により、関係人に含まれるものを除く。（略））は、収用される土地又は土地に関する所有権以外の権利に対する補償金の全部又は一部に代えて土地又は土地に関する所有権以外の権利をもって、損失を補償することを収用委

員会に要求することができる。」と規定されていることから、借地権者であっても一定の要件を満たせば代替地の提供を受けることができると考えられます。

　ただし、当該土地の上に存する建物を賃借している借家人の場合は、土地収用法において、代替地を要求することはできないため、公拡法に基づいて先買いした土地を代替地として提供することはできないものと考えられます。

■狭小な土地を代替地として提供できるか

Q196　公拡法に基づき先買いした100㎡の土地を、収用適格事業用地の代替地として提供したいと考えています。200㎡未満の土地であっても、代替地として提供はできますか。

A　公拡法において、代替地として供する場合の面積基準は特に設定していないため、200㎡未満（届出又は申出の面積要件未満）の土地であっても、公拡法における代替地として提供できます。

第9条第2項

Q197 ■先買い土地の暫定利用

事業に供するまでの間、先買いした土地を、駐車場や駐輪場又は災害に備えた防災公園等の広場として利用することはできますか。

A 　公拡法第9条第2項において、「地方公共団体等は、第6条第1項の手続により買い取った土地をこの法律の目的に従つて適切に管理しなければならない。」とされています。公拡法第9条第1項に定められた供用の目的に先買いした土地を使用する際に、当該土地の管理が適切でないと、使用が不可能又は著しく困難になることがあり得ますので、事業に支障を及ぼすことのないように適切に管理しなければなりません。

　管理にあたっては、借地権その他の権利を設定しないとともに、土地の区画形質の変更、建物の建築は慎重に行うことなどに留意する必要がありますが、国民経済上の観点から、事業に支障のない範囲で、暫定的に駐車場や公園・広場等として積極的な利用を図ることは望ましいと考えられます。

　また、除草等の必要な管理を外部に委託することも可能であると考えられます。

第4編

公拡法　その他Q&A

第24条 国の援助 関係

■地方公共団体の資金の確保

地方公共団体が、公有地の拡大を促進するために必要な資金を確保するための措置としてどのようなものが認められていますか。

地方公共団体は、地方財政法第5条各号に掲げる場合に、地方債の発行が可能とされています。同条第5号において、公共用若しくは公用に供する土地又はその代替地としてあらかじめ取得する土地の購入費について、地方債をその財源とすることができると定められています。

また、都市開発資金の貸付けに関する法律に基づき、地方公共団体に対して用地先行取得資金の貸付けが行われてきましたが、同様に同法第1条第8項において、国は、土地開発公社に対し、公拡法第6条第1項の手続による土地の買取りに必要な資金を貸し付けることができるとしており、土地開発公社に対しても、国が資金の貸付けを行うことで、公有地の拡大の推進に必要な資金を確保することができます。また、平成4年に建設省経整発第42号建設事務次官通知により、「特定公共用地等先行取得資金融資制度」が創設され、土地開発公社が行う土地の先行取得事業を資金面から支援することによって公共事業の円滑な実施が可能になるよう措置しています。

■国による支援

Q199 国は、地方公共団体に対し、公有地の拡大を促進するための措置として、資金の確保のほか、どのような援助を行うのですか。

A　国は、地方公共団体による土地の取得が円滑に行われるように、必要な資金の確保その他援助に努めるものとされています。その他の援助措置としては、国有財産の無償貸付や譲与等があり、国有財産法第20条第1項において、普通財産は、第21条から第31条までの規定によりこれを貸し付け、交換し、売り払い、譲与し、信託し、又はこれに私権を設定することができるとされていますが、地方公共団体に対しては、一定の要件のもと、同法第22条の規定により無償貸付、同法第28条の規定により譲与ができることとされています。また、国有財産特別措置法においても地方公共団体に対し、一定の要件のもと、同法第2条の規定により無償貸付、同法第3条の規定により減額譲渡又は貸付ができることとされているなどの措置が講じられているところです。

さらに、地方公共団体の土地取得に関しては、税制上の特例措置（法人税、所得税、登録免許税、印紙税について非課税とする）が講じられています。このほか、技術的な助言を行うことなども国の援助として挙げられます。

第32条 (第5章 罰則) 関係

■過料の手続

過料に処す場合、どのような手続が必要ですか。

　公拡法により過料に処す場合は、地方自治法第255条の3及び非訟事件手続法第119条から第122条までの規定によりおこなわれるものと考えられます。

その他

■税制上の特例措置の概要

公拡法で土地が買い取られた場合に適用を受けることができる税制上の特例措置とはどのようなものですか。

　代表的な特例措置として、公拡法第6条第1項の規定による買取りの協議に基づいて、地方公共団体等に土地が買い取られた場合には、租税特別措置法の規定により、土地の譲渡に係る譲渡所得に課される所得税（法人の場合は法人税）について、1,500万円までの特別控除を受けることができるものがあります。同一年度に複数の地方公共団体等に土地を譲渡した場合でも、特別控除を受けることができる金額は1,500万円が上限です。

　また、この特別控除は、土地の買取りに係る所得にのみ適用されるため、土地の買取りと同時に建物等について買取りや移転が行われた場合、建物等の買取りや移転に係る所得に対しては適用されません。

　適用を受けるための具体的な手続については、お近くの税務署等にご確認ください。

■税制上の特例措置の適用要件

租税特別措置法による特別控除の適用要件は何ですか。

　租税特別措置法による特別控除の適用については、公拡法第6条第1項に規定する土地の買取りの協議に基づいて、地方公共団体等に買い取られることが要件とされています。買

取り協議の通知における買取りの目的や買い取られた土地の面積等にかかわらず、適用を受けることができます。

■税制上の特例措置に係る地方公共団体等による手続

土地所有者が租税特別措置法による特例措置を活用するにあたり、地方公共団体等が実施する手続はありますか。

地方公共団体等が買取りを行う前に、税務署に対して所要の資料を添えて事前協議を行う必要があります。また、土地の買取りを行った際には、公拡法第6条第1項の買取りの協議に基づいて買い取った旨を証する書類を土地所有者に発行する必要があります。

詳細は、税務署等にお問い合わせください。

■行政不服審査法の適用

公拡法第6条に規定する通知行為は、行政不服審査法の対象になりますか。

公拡法第6条第1項に規定する土地の買取りの協議を行う旨の通知と同法第6条第3項に規定する土地の買取りを希望する地方公共団体等がない場合の通知は行政手続法上の「処分」に該当し、行政不服審査法の対象になります。

公拡法第6条第1項の通知があった場合は、土地の譲渡の制限が課せられるため、このような場合に土地所有者が審査請求をすることが想定されますが、通知による譲渡制限は協議が成立しないことが明らかになったとき等には解除されるものであるため、審査を請求する実質上の利益は小さいと考えられます。

その他

■届出等に関する情報公開請求の対応

ある土地の届出日や譲渡予定価額等について、情報公開請求がありました。情報公開について公拡法独自の運用や取扱いはありますか。

　公拡法に基づく届出等に関する情報公開の取扱いについて、公拡法独自の運用や取扱いはありません。都道府県や市町村の情報公開条例や各団体の内規に則った対応を行ってください。

221

第5編

参考資料

5

第5編　参考資料

○公有地の拡大の推進に関する法律

（昭和47年6月15日法律第66号）

最近改正　令和6年6月19日法律第53号

公有地の拡大の推進に関する法律をここに公布する。

　　公有地の拡大の推進に関する法律

　　第1章　総則

（目的）

第1条　この法律は、都市の健全な発展と秩序ある整備を促進するため必要な土地の先買いに関する制度の整備、地方公共団体に代わつて土地の先行取得を行なうこと等を目的とする土地開発公社の創設その他の措置を講ずることにより、公有地の拡大の計画的な推進を図り、もつて地域の秩序ある整備と公共の福祉の増進に資することを目的とする。

　　　　（昭48法71・一部改正）

（用語の意義）

第2条　この法律において次の各号に掲げる用語の意義は、当該各号に定めるところによる。

　(1)　公有地　地方公共団体の所有する土地をいう。

　(2)　地方公共団体等　地方公共団体、土地開発公社及び政令で定める法人をいう。

　(3)　都市計画区域　都市計画法（昭和43年法律第100号）第4条第2項に規定する都市計画区域をいう。

　(4)　都市計画施設　都市計画法第4条第6項に規定する都市計画施設をいう。

　　　　（昭48法71・昭50法67・一部改正）

（公有地の確保及びその有効利用）

第3条　地方公共団体は、農林漁業との健全な調和を図りつつ、良好な都市環境の計画的な整備を促進するため、必要な土地を公有地として確保し、公有地の有効かつ適切な利用を図るように努めなければならない。

2　土地開発公社は、その設立の目的に従い、農林漁業との健全な調和に配慮しつつ公有地となるべき土地を確保し、これを適切に管理し、地方公共団体の土地需要に対処しうるように努めなければならない。

　　第2章　都市計画区域内の土地等の先買い

　　　　（昭48法71・平4法31・改称）

（土地を譲渡しようとする場合の届出義務）

第4条　次に掲げる土地を所有する者は、当該土地を有償で譲り渡そうとするときは、当該土地の所在及び面積、当該土地の譲渡予定価額、当該土地を譲り渡そうとする相手方その他主務省令で定める事項を、主務省令で定めるところにより、当該土地が町村の区域内に所在する場合にあつては当該町村の長を経由して都道府県知

224

事に、当該土地が市の区域内に所在する場合にあつては当該市の長に届け出なければならない。

(1) 都市計画施設（土地区画整理事業（土地区画整理法（昭和29年法律第119号）による土地区画整理事業をいう。以下同じ。）で第3号に規定するもの以外のものを施行する土地に係るものを除く。）の区域内に所在する土地

(2) 都市計画区域内に所在する土地で次に掲げるもの（次号に規定する土地区画整理事業以外の土地区画整理事業を施行する土地の区域内に所在するものを除く。）

    イ　道路法（昭和27年法律第180号）第18条第1項の規定により道路の区域として決定された区域内に所在する土地

    ロ　都市公園法（昭和31年法律第79号）第33条第1項又は第2項の規定により都市公園を設置すべき区域として決定された区域内に所在する土地

    ハ　河川法（昭和39年法律第167号）第56条第1項の規定により河川予定地として指定された土地

    ニ　イからハまでに掲げるもののほか、これらに準ずる土地として政令で定める土地

(3) 都市計画法第10条の2第1項第2号に掲げる土地区画整理促進区域内の土地についての土地区画整理事業で、都府県知事が指定し、主務省令で定めるところにより公告したものを施行する土地の区域内に所在する土地

(4) 都市計画法第12条第2項の規定により住宅街区整備事業の施行区域として定められた土地の区域内に所在する土地

(5) 都市計画法第8条第1項第14号に掲げる生産緑地地区の区域内に所在する土地

(6) 前各号に掲げる土地のほか、都市計画区域（都市計画法第7条第1項に規定する市街化調整区域を除く。）内に所在する土地でその面積が2,000平方メートルを下回らない範囲内で政令で定める規模以上のもの

2　前項の規定は、同項に規定する土地で次の各号のいずれかに該当するものを有償で譲り渡そうとする者については、適用しない。

(1) 国、地方公共団体等若しくは政令で定める法人に譲り渡されるものであるとき、又はこれらの者が譲り渡すものであるとき。

(2) 文化財保護法（昭和25年法律第214号）第46条（同法第83条において準用する場合を含む。）又は大都市地域における住宅及び住宅地の供給の促進に関する特別措置法（昭和50年法律第67号）第87条の規定の適用を受けるものであるとき。

(3) 都市計画施設又は土地収用法（昭和26年法律第219号）第3条各号に掲げる施設に関する事業その他これらに準ずるものとして政令で定める事業の用に供するために譲り渡されるものであるとき。

(4) 都市計画法第29条第1項又は第2項の許可を受けた開発行為に係る開発区域に含まれるものであるとき。

225

第5編　参考資料

(5)　都市計画法第52条の３第１項（同法第57条の４において準用する場合を含む。）の公告の日の翌日から起算して10日を経過した後における当該公告に係る市街地開発事業等予定区域若しくは同法第57条の２に規定する施行予定者が定められている都市計画施設の区域等内の土地の区域に含まれるものであるとき、同法第57条第１項の公告の日の翌日から起算して10日を経過した後における当該公告に係る同法第55条第１項に規定する事業予定地に含まれるものであるとき、又は同法第66条の公告の日の翌日から起算して10日を経過した後における当該公告に係る都市計画事業を施行する土地の区域に含まれるものであるとき。

(6)　生産緑地法（昭和49年法律第68号）第10条（同法第10条の５の規定により読み替えて適用される場合を含む。）の規定による申出に係るものであつて、同法第12条第１項の規定による買い取らない旨の通知があつた日の翌日から起算して１年を経過する日までの間において当該申出をした者により譲り渡されるものであるとき。

(7)　前項の届出に係るものであつて、第８条に規定する期間の経過した日の翌日から起算して１年を経過する日までの間において当該届出をした者により譲り渡されるものであるとき。

(8)　国土利用計画法（昭和49年法律第92号）第12条第１項の規定により指定された規制区域に含まれるものであるとき。

(9)　国土利用計画法第27条の４第１項又は第27条の７第１項に規定する土地売買等の契約を締結する場合に同法第27条の４第１項（同法第27条の７第１項において準用する場合を含む。次項において同じ。）の規定による届出を要するものであるとき。

(10)　その面積が政令で定める規模未満のものその他政令で定める要件を満たすものであるとき。

3　国土利用計画法第27条の４第１項の規定による届出は、第６条、第７条、第８条（同法第27条の５第１項若しくは第27条の８第１項の規定による勧告又は同法第27条の５第３項（同法第27条の８第２項において準用する場合を含む。以下この項において同じ。）の規定による通知を受けないで土地を有償で譲り渡す場合を除く。）、第９条及び第32条第３号（同法第27条の５第１項若しくは第27条の８第１項の規定による勧告又は同法第27条の５第３項の規定による通知を受けないで土地を有償で譲り渡した者を除く。）の規定の適用については、第１項の規定による届出とみなす。

　　　（昭47法86・昭48法71・昭49法67・昭49法68・昭49法92・昭50法67・昭51法28・昭62法47・昭63法41・平元法85・平２法62・平３法39・平４法31・平10法86・平11法87・平12法73・平16法61・平16法109・平18法46・平23法105・令６法53・一部改正）

（地方公共団体等に対する土地の買取り希望の申出）

226

第5条　前条第1項に規定する土地その他都市計画区域内に所在する土地（その面積が政令で定める規模以上のものに限る。）を所有する者は、当該土地の地方公共団体等による買取りを希望するときは、同項の規定に準じ主務省令で定めるところにより、当該土地が町村の区域内に所在する場合にあつては当該町村の長を経由して都道府県知事に対し、当該土地が市の区域内に所在する場合にあつては当該市の長に対し、その旨を申し出ることができる。

2　前項の申出があつた場合においては、前条第1項の規定は、当該申出に係る同項に規定する土地につき、第8条に規定する期間の経過した日の翌日から起算して1年を経過する日までの間、当該申出をした者については、適用しない。

　　　　　　（昭48法71・平11法87・平23法105・一部改正）

　（土地の買取りの協議）

第6条　都道府県知事又は市長は、第4条第1項の届出又は前条第1項の申出（以下「届出等」という。）があつた場合においては、当該届出等に係る土地の買取りを希望する地方公共団体等のうちから買取りの協議を行う地方公共団体等を定め、買取りの目的を示して、当該地方公共団体等が買取りの協議を行う旨を当該届出等をした者に通知するものとする。

2　前項の通知は、届出等のあつた日から起算して3週間以内に、これを行なうものとする。

3　都道府県知事又は市長は、第1項の場合において、当該届出等に係る土地の買取りを希望する地方公共団体等がないときは、当該届出等をした者に対し、直ちにその旨を通知しなければならない。

4　第1項の通知を受けた者は、正当な理由がなければ、当該通知に係る土地の買取りの協議を行なうことを拒んではならない。

5　第1項の通知については、行政手続法（平成5年法律第88号）第3章の規定は、適用しない。

　　　　　　（昭48法71・平5法89・平23法105・一部改正）

　（土地の買取価格）

第7条　地方公共団体等は、届出等に係る土地を買い取る場合には、地価公示法（昭和44年法律第49号）第6条の規定による公示価格を規準として算定した価格（当該土地が同法第2条第1項の公示区域以外の区域内に所在するときは、近傍類地の取引価格等を考慮して算定した当該土地の相当な価格）をもつてその価格としなければならない。

　　　　　　（昭48法71・全改、平16法66・一部改正）

　（土地の譲渡の制限）

第8条　第4条第1項又は第5条第1項に規定する土地に係る届出等をした者は、次の各号に掲げる場合の区分に応じ、当該各号に掲げる日又は時までの間、当該届出等に係る土地を当該地方公共団体等以外の者に譲り渡してはならない。

227

第5編　参考資料

(1)　第6条第1項の通知があつた場合　当該通知があつた日から起算して3週間を経過する日（その期間内に土地の買取りの協議が成立しないことが明らかになつたときは、その時）

(2)　第6条第3項の通知があつた場合　当該通知があつた時

(3)　第6条第2項に規定する期間内に同条第1項又は第3項の通知がなかつた場合　当該届出等をした日から起算して3週間を経過する日

　　　（昭48法71・一部改正）

（先買いに係る土地の管理）

第9条　第6条第1項の手続により買い取られた土地は、次に掲げる事業又はこれらの事業（第4号に掲げる事業を除く。）に係る代替地の用に供されなければならない。

(1)　都市計画法第4条第5項に規定する都市施設に関する事業

(2)　土地収用法第3条各号に掲げる施設に関する事業

(3)　前2号に掲げる事業に準ずるものとして政令で定める事業

(4)　第6条第1項の手続により買い取られた日から起算して10年を経過した土地であつて、都市計画の変更、同項の買取りの目的とした事業の廃止又は変更その他の事由によつて、将来にわたり前3号に掲げる事業又はこれらの事業に係る代替地の用に供される見込みがないと認められるものにあつては、前3号に掲げるもののほか、次に掲げる事業

　　イ　都市再生特別措置法（平成14年法律第22号）第46条第1項に規定する都市再生整備計画に記載された同条第2項第2号又は第3号の事業

　　ロ　地域再生法（平成17年法律第24号）第7条第1項に規定する認定地域再生計画に記載された同法第5条第2項第2号の事業（同条第4項第1号ロ又は第4号イ若しくはロの事業に限る。）

　　ハ　イ又はロに掲げるもののほか、都市の健全な発展と秩序ある整備に資するものとして政令で定める事業

2　地方公共団体等は、第6条第1項の手続により買い取つた土地をこの法律の目的に従つて適切に管理しなければならない。

　　　（昭48法71・昭63法41・平18法46・平19法15・平20法36・平23法105・平24法74
　　　・平28法30・一部改正）

　　第3章　土地開発公社

（設立）

第10条　地方公共団体は、地域の秩序ある整備を図るために必要な公有地となるべき土地等の取得及び造成その他の管理等を行わせるため、単独で、又は他の地方公共団体と共同して、土地開発公社を設立することができる。

2　地方公共団体は、土地開発公社を設立しようとするときは、その議会の議決を経て定款を定め、都道府県（都道府県の加入する一部事務組合又は広域連合を含む。

228

以下この項において同じ。）又は都道府県及び市町村が設立しようとする場合にあつては主務大臣、その他の場合にあつては都道府県知事の認可を受けなければならない。

　　　　　（昭48法71・昭63法41・平6法49・一部改正）

　（法人格）

第11条　前条の規定による土地開発公社は、法人とする。

　（名称）

第12条　土地開発公社は、その名称中に土地開発公社という文字を用いなければならない。

2　土地開発公社でない者は、その名称中に土地開発公社という文字を用いてはならない。

　（出資）

第13条　地方公共団体でなければ、土地開発公社に出資することができない。

2　土地開発公社の設立者である地方公共団体（以下「設立団体」という。）は、土地開発公社の基本財産の額の2分の1以上に相当する資金その他の財産を出資しなければならない。

　（定款）

第14条　土地開発公社の定款には、次に掲げる事項を規定しなければならない。

　⑴　目的

　⑵　名称

　⑶　設立団体

　⑷　事務所の所在地

　⑸　役員の定数、任期その他役員に関する事項

　⑹　業務の範囲及びその執行に関する事項

　⑺　基本財産の額その他資産及び会計に関する事項

　⑻　公告の方法

　⑼　解散に伴う残余財産の帰属に関する事項

2　定款の変更（政令で定める事項に係るものを除く。）は、設立団体の議会の議決を経て第10条第2項の規定の例により主務大臣又は都道府県知事の認可を受けなければ、その効力を生じない。

　（登記）

第15条　土地開発公社は、政令で定めるところにより、登記しなければならない。

2　前項の規定により登記しなければならない事項は、登記の後でなければ、これをもつて第三者に対抗することができない。

3　土地開発公社は、その主たる事務所の所在地において設立の登記をすることによつて成立する。

　（役員及び職員）

229

第5編　参考資料

第16条　土地開発公社に、役員として、理事及び監事を置く。

2　理事及び監事は、設立団体の長が任命する。

3　設立団体の長は、役員が心身の故障のため職務の執行に堪えないと認められる場合又は役員に職務上の義務違反その他役員たるに適しない非行があると認める場合には、その役員を解任することができる。

4　理事が数人ある場合において、定款に別段の定めがないときは、土地開発公社の事務は、理事の過半数で決する。

5　理事は、土地開発公社のすべての事務について、土地開発公社を代表する。ただし、定款の規定に反することはできない。

6　理事の代表権に加えた制限は、善意の第三者に対抗することができない。

7　理事は、定款によつて禁止されていないときに限り、特定の行為の代理を他人に委任することができる。

8　監事の職務は、次のとおりとする。

(1)　土地開発公社の財産の状況を監査すること。

(2)　理事の業務の執行の状況を監査すること。

(3)　財産の状況又は業務の執行について、法令若しくは定款に違反し、又は著しく不当な事項があると認めるときは、土地開発公社の業務を監督する主務大臣又は都道府県知事に報告をすること。

9　土地開発公社と理事との利益が相反する事項については、理事は、代表権を有しない。この場合には、監事が土地開発公社を代表する。

10　土地開発公社の役員及び職員は、刑法（明治40年法律第45号）その他の罰則の適用については、法令により公務に従事する職員とみなす。

　　　　　（平18法50・一部改正）

（業務の範囲）

第17条　土地開発公社は、第10条第1項の目的を達成するため、次に掲げる業務の全部又は一部を行うものとする。

(1)　次に掲げる土地の取得、造成その他の管理及び処分を行うこと。

　　イ　第4条第1項又は第5条第1項に規定する土地

　　ロ　道路、公園、緑地その他の公共施設又は公用施設の用に供する土地

　　ハ　公営企業の用に供する土地

　　ニ　都市計画法第4条第7項に規定する市街地開発事業その他政令で定める事業の用に供する土地

　　ホ　イからニまでに掲げるもののほか、地域の秩序ある整備を図るために必要な土地として政令で定める土地

(2)　住宅用地の造成事業その他土地の造成に係る公営企業に相当する事業で政令で定めるものを行うこと。

(3)　前2号の業務に附帯する業務を行うこと。

2　土地開発公社は、前項の業務のほか、当該業務の遂行に支障のない範囲内におい
　て、次に掲げる業務を行なうことができる。

⑴　前項第1号の土地の造成（一団の土地に係るものに限る。）又は同項第2号の
　事業の実施とあわせて整備されるべき公共施設又は公用施設の整備で地方公共団
　体の委託に基づくもの及び当該業務に附帯する業務を行なうこと。

⑵　国、地方公共団体その他公共的団体の委託に基づき、土地の取得のあっせん、
　調査、測量その他これらに類する業務を行なうこと。

3　土地開発公社は、第1項第1号ニに掲げる土地の取得については、地方公共団体
　の要請をまつて行うものとする。

4　土地開発公社は、その所有する土地を第1項第1号ニに掲げる土地として処分し
　ようとするときは、関係地方公共団体に協議しなければならない。ただし、前項の
　要請に従つて処分する場合は、この限りでない。

5　第3項の要請及び前項の協議に関し必要な事項は、政令で定める。

　　　　　　　　（昭48法71・全改、昭63法41・一部改正）

　（財務）

第18条　土地開発公社の事業年度は、地方公共団体の会計年度の例による。

2　土地開発公社は、毎事業年度、予算、事業計画及び資金計画を作成し、当該事業
　年度の開始前に、設立団体の長の承認を受けなければならない。これを変更しよう
　とするときも、同様とする。

3　土地開発公社は、毎事業年度の終了後2箇月以内に、財産目録、貸借対照表、損
　益計算書及び事業報告書を作成し、監事の意見を付けて、これを設立団体の長に提
　出しなければならない。

4　土地開発公社は、毎事業年度の損益計算上利益を生じたときは、前事業年度から
　繰り越した損失をうめ、なお残余があるときは、その残余の額は、準備金として整
　理しなければならない。

5　土地開発公社は、毎事業年度の損益計算上損失を生じたときは、前項の規定によ
　る準備金を減額して整理し、なお不足があるときは、その不足額は、繰越欠損金と
　して整理しなければならない。

6　土地開発公社は、債券を発行することができる。

7　土地開発公社は、次の方法によるほか、業務上の余裕金を運用してはならない。

⑴　国債、地方債その他主務大臣の指定する有価証券の取得

⑵　銀行その他主務大臣の指定する金融機関への預金

8　前各項に定めるもののほか、土地開発公社の財務及び会計に関し必要な事項は、
　主務省令で定める。

　　　　　　　　（昭63法41・平14法65・平17法102・一部改正）

　（監督）

第19条　設立団体の長は、土地開発公社の業務の健全な運営を確保するため必要があ

231

第5編　参考資料

ると認めるときは、土地開発公社に対し、その業務に関し必要な命令をすることが
できる。

2　主務大臣又は都道府県知事は、必要があると認めるときは、土地開発公社に対
し、その業務及び資産の状況に関し報告をさせ、又はその職員をして土地開発公社
の事務所に立ち入り、業務の状況若しくは帳簿、書類その他の必要な物件を検査さ
せることができる。

3　前項の規定により職員が立入検査をする場合においては、その身分を示す証明書
を携帯し、関係人にこれを提示しなければならない。

4　第2項の規定による立入検査の権限は、犯罪捜査のために認められたものと解し
てはならない。

5　主務大臣又は都道府県知事は、土地開発公社の業務の健全な運営を確保するため
必要があると認めるときは、設立団体又はその長に対し、第1項の規定による命令
その他必要な措置を講ずべきことを求めることができる。

　　　　（昭63法41・一部改正）

（役員及び職員の行為の制限）

第20条　土地開発公社の役員及び職員は、その取扱いに係る土地を譲り受け、又は自
己の所有物と交換することができない。

2　前項の規定に違反する行為は、これを無効とする。

（設立団体が2以上である場合の長の権限の行使）

第21条　設立団体が2以上である土地開発公社に係る第16条第2項及び第3項、第18
条第2項並びに第19条第1項に規定する権限の行使については、当該設立団体の長
が協議して定めるところによる。

（解散）

第22条　土地開発公社は、設立団体がその議会の議決を経て第10条第2項の規定の例
により主務大臣又は都道府県知事の認可を受けたときに、解散する。

2　土地開発公社は、解散した場合において、その債務を弁済してなお残余財産があ
るときは、土地開発公社に出資した者に対し、これを定款の定めるところにより分
配しなければならない。

（清算中の土地開発公社の能力）

第22条の2　解散した土地開発公社は、清算の目的の範囲内において、その清算の結
了に至るまではなお存続するものとみなす。

　　　　（平18法50・追加）

（清算人）

第22条の3　土地開発公社が解散したときは、理事がその清算人となる。ただし、定
款に別段の定めがあるときは、この限りでない。

　　　　（平18法50・追加）

（裁判所による清算人の選任）

232

第22条の4 前条の規定により清算人となる者がないとき、又は清算人が欠けたため損害を生ずるおそれがあるときは、裁判所は、利害関係人若しくは検察官の請求により又は職権で、清算人を選任することができる。

(平18法50・追加)

(清算人の解任)

第22条の5 重要な事由があるときは、裁判所は、利害関係人若しくは検察官の請求により又は職権で、清算人を解任することができる。

(平18法50・追加)

(清算人の届出)

第22条の6 清算人は、その氏名及び住所を土地開発公社の業務を監督する主務大臣又は都道府県知事に届け出なければならない。

(平18法50・追加)

(清算人の職務及び権限)

第22条の7 清算人の職務は、次のとおりとする。

(1) 現務の結了

(2) 債権の取立て及び債務の弁済

(3) 残余財産の引渡し

2 清算人は、前項各号に掲げる職務を行うために必要な一切の行為をすることができる。

(平18法50・追加)

(債権の申出の催告等)

第22条の8 清算人は、その就職の日から2箇月以内に、少なくとも3回の公告をもつて、債権者に対し、一定の期間内にその債権の申出をすべき旨の催告をしなければならない。この場合において、その期間は、2箇月を下ることができない。

2 前項の公告には、債権者がその期間内に申出をしないときは清算から除斥されるべき旨を付記しなければならない。ただし、清算人は、知れている債権者を除斥することができない。

3 清算人は、知れている債権者には、各別にその申出の催告をしなければならない。

4 第1項の公告は、官報に掲載してする。

(平18法50・追加)

(期間経過後の債権の申出)

第22条の9 前条第1項の期間の経過後に申出をした債権者は、土地開発公社の債務が完済された後まだ権利の帰属すべき者に引き渡されていない財産に対してのみ、請求をすることができる。

(平18法50・追加)

(裁判所による監督)

233

第5編　参考資料

第22条の10　土地開発公社の解散及び清算は、裁判所の監督に属する。

2　裁判所は、職権で、いつでも前項の監督に必要な検査をすることができる。

（平18法50・追加）

（清算結了の届出）

第22条の11　清算が結了したときは、清算人は、その旨を土地開発公社の業務を監督する主務大臣又は都道府県知事に届け出なければならない。

（平18法50・追加）

（解散及び清算の監督等に関する事件の管轄）

第22条の12　土地開発公社の解散及び清算の監督並びに清算人に関する事件は、その主たる事務所の所在地を管轄する地方裁判所の管轄に属する。

（平18法50・追加）

（不服申立ての制限）

第22条の13　清算人の選任の裁判に対しては、不服を申し立てることができない。

（平18法50・追加）

（裁判所の選任する清算人の報酬）

第22条の14　裁判所は、第22条の4の規定により清算人を選任した場合には、土地開発公社が当該清算人に対して支払う報酬の額を定めることができる。この場合においては、裁判所は、当該清算人及び監事の陳述を聴かなければならない。

（平18法50・追加）

（検査役の選任）

第22条の15　裁判所は、土地開発公社の解散及び清算の監督に必要な調査をさせるため、検査役を選任することができる。

2　前2条の規定は、前項の規定により裁判所が検査役を選任した場合について準用する。この場合において、前条中「清算人及び監事」とあるのは、「土地開発公社及び検査役」と読み替えるものとする。

（平18法50・追加、平23法53・旧第22条の16繰上・一部改正）

（一般社団法人及び一般財団法人に関する法律等の準用）

第23条　一般社団法人及び一般財団法人に関する法律（平成18年法律第48号）第4条及び第78条の規定は、土地開発公社について準用する。

2　不動産登記法（平成16年法律第123号）及び政令で定めるその他の法令については、政令で定めるところにより、土地開発公社を地方公共団体とみなしてこれらの法令を準用する。

（平16法124・平17法87・平18法50・一部改正）

第4章　補則

（国の援助）

第24条　国は、公有地の拡大を促進するため、地方公共団体による土地の取得が円滑に行なわれるように必要な資金の確保その他の援助に努めるものとする。

（土地開発公社に対する債務保証）

第25条 地方公共団体は、法人に対する政府の財政援助の制限に関する法律（昭和21年法律第24号）第3条の規定にかかわらず、土地開発公社の債務について保証契約をすることができる。

（土地開発公社に対する便宜の供与等）

第26条 地方公共団体の長その他の執行機関は、土地開発公社の運営に必要な範囲内において、その管理に係る土地、建物その他の施設を無償で土地開発公社の利用に供することができる。

2 地方自治法（昭和22年法律第67号）第92条の2、第142条（第166条第2項において準用する場合を含む。）及び第180条の5第6項の規定は、地方公共団体の職員が土地開発公社の役員となる場合における当該地方公共団体の職員については、適用しない。

  （平18法53・一部改正）

（不動産取得税の特例）

第27条 都道府県は、土地開発公社がその設立の際出資の目的として不動産を取得した場合における当該不動産の取得については、不動産取得税を課することができない。

（主務大臣）

第28条 この法律において、主務大臣は総務大臣及び国土交通大臣とし、主務省令は総務省令・国土交通省令とする。

  （平11法160・一部改正）

（権限の委任）

第28条の2 この法律に規定する国土交通大臣の権限は、政令で定めるところにより、その一部を地方整備局長又は北海道開発局長に委任することができる。

  （平11法160・追加）

（大都市の特例）

第29条 地方自治法第252条の19第1項の指定都市に対する第3章の規定の適用については、政令で定める。

  （平23法105・全改）

（事務の区分）

第29条の2 第4条第1項及び第5条第1項の規定により町村が処理することとされている事務は、地方自治法第2条第9項第2号に規定する第2号法定受託事務とする。

  （平11法87・追加、平23法105・一部改正）

（政令への委任）

第30条 この法律に定めるもののほか、第2章及び第3章の規定の適用その他この法律の実施のため必要な事項は、政令で定める。

235

第5編　参考資料

第5章　罰則

第31条　第19条第2項の規定による報告をせず、若しくは虚偽の報告をし、又は同項の規定による検査を拒み、妨げ、若しくは忌避した場合には、その違反行為をした土地開発公社の役員、清算人又は職員は、30万円以下の罰金に処する。

2　土地開発公社の役員、清算人又は職員がその土地開発公社の業務に関して前項の違反行為をしたときは、行為者を罰するほか、その土地開発公社に対して同項の刑を科する。

　　　　　（平18法46・一部改正）

第32条　次の各号のいずれかに該当する者は、50万円以下の過料に処する。

(1)　第4条第1項の規定に違反して、届出をしないで土地を有償で譲り渡した者

(2)　第4条第1項に規定する届出について、虚偽の届出をした者

(3)　第8条の規定に違反して、同条に規定する期間内に土地を譲り渡した者

　　　　　（平18法46・一部改正）

第33条　次の各号のいずれかに該当する場合には、その違反行為をした土地開発公社の役員又は清算人は、20万円以下の過料に処する。

(1)　定款に規定する業務以外の業務を行つたとき。

(2)　第15条第1項の規定に違反して、登記することを怠つたとき。

(3)　第18条第2項の規定に違反して、設立団体の長の承認を受けなかつたとき。

(4)　第18条第3項の規定に違反して、同項に規定する書類を提出することを怠り、又はそれらの書類に記載すべき事項を記載せず、若しくは不実の記載をしてこれを提出したとき。

(5)　第18条第4項、第5項又は第7項の規定に違反したとき。

(6)　第19条第1項の規定による命令に違反したとき。

(7)　第22条第2項の規定に違反して、残余財産を分配したとき。

(8)　第22条の8第1項の規定に違反して、公告することを怠り、又は虚偽の公告をしたとき。

(9)　第22条の8第1項に規定する期間内に債権者に弁済したとき。

　　　　　（平14法65・平18法46・平18法50・一部改正）

第34条　第12条第2項の規定に違反した者は、10万円以下の過料に処する。

　　　　　（平18法46・一部改正）

　　　附　　則

（施行期日）

第1条　この法律は、公布の日から起算して6月をこえない範囲内において政令で定める日から施行する。

　　　　　（昭和47年政令第283号で昭和47年9月1日から施行。ただし、第2章並びに第29

　　　　　条第1項及び第32条の規定は同年12月1日から施行）

（公益法人の土地開発公社への組織変更）

第2条 民法第34条の規定により設立された法人のうち、地方公共団体が基本財産たる財産の全部又は一部を拠出しているもので第17条に規定する業務に相当する業務を行なうことを目的とするもの（以下この条において「公益法人」という。）は、この法律の施行後2年内に限り、その組織を変更して土地開発公社となることができる。ただし、当該公益法人が社団法人であるときは、総社員の同意がある場合に限る。

2　前項の規定により公益法人がその組織を変更して土地開発公社となるには、設立団体となるべき地方公共団体の議会の議決を経て、その公益法人の定款又は寄附行為で定めるところにより、組織変更のために必要な定款又は寄附行為の変更をし、第10条第2項の規定の例により、主務大臣又は都道府県知事の認可を受けなければならない。

3　第1項の規定による土地開発公社への組織変更は、政令で定めるところにより、当該土地開発公社の主たる事務所の所在地において登記することによつて効力を生ずる。

4　公益法人が第1項の規定により事業年度の中途において土地開発公社に組織変更した場合における法人税法（昭和40年法律第34号）の規定及び地方税法（昭和25年法律第226号）中法人の事業税に関する規定の適用については、当該事業年度の開始の日から組織変更の日までの期間及び組織変更の日の翌日から当該事業年度の末日までの期間をそれぞれ一事業年度とみなす。

5　公益法人が第1項の規定により土地開発公社に組織変更した場合において、当該組織変更に伴い、当該公益法人を債務者とする担保権についてする債務者の表示の変更の登記又は登録については、政令で定めるところにより、登録免許税を課さない。

6　第17条に規定する業務に相当する業務に該当しない業務を行なうことをも目的とする公益法人が第1項の規定により土地開発公社に組織変更した場合において、当該業務に係る不動産に関する権利で政令で定めるものについて、地方公共団体が設立した法人で同条に規定する業務に相当する業務に該当しない業務を行なうものが受ける権利の移転の登記及び政令で定める債務を地方公共団体又は当該法人が引き受けたことによる担保権の変更の登記については、政令で定めるところにより、登録免許税を課さない。

　　　　　　（昭48法71・一部改正）
　　（名称の使用制限に関する経過措置）

第3条 この法律の施行の際現にその名称中に土地開発公社という文字を使用している者については、第12条第2項の規定は、この法律の施行後2年間は、適用しない。

　　（第17条第1項第1号ニに掲げる土地の取得を行う土地開発公社）

第4条 第17条第1項第1号ニに掲げる土地の取得は、当分の間、都道府県が設立す

第 5 編　参考資料

る土地開発公社及び主務大臣が指定する地方公共団体が設立する土地開発公社に限り行うことができる。

　　　　（昭63法41・全改）

　　附　則　（令和 6 年 6 月19日法律第53号）　抄

（施行期日）
第 1 条　この法律は、令和 7 年 4 月 1 日から施行する。ただし、次の各号に掲げる規定は、当該各号に定める日から施行する。
　⑴　第 2 条（就学前の子どもに関する教育、保育等の総合的な提供の推進に関する法律の一部を改正する法律附則第 5 条の改正規定（同条第 1 項中「、主幹保育教諭、指導保育教諭」を削る部分を除く。）に限る。）及び第 3 条（教育職員免許法附則第18項の改正規定に限る。）の規定並びに次条及び附則第 8 条の規定　公布の日
　⑵　第 1 条（母子保健法第17条の 2 第 1 項及び第19条の 2 の改正規定に限る。）、第 6 条及び第 9 条の規定並びに附則第 6 条、第 7 条、第10条（住民基本台帳法（昭和42年法律第81号）別表第 2 の 5 の12の項の改正規定（「交付」の下に「、同法第17条の 2 第 1 項の産後ケア事業の実施」を加える部分に限る。）及び同法別表第 4 の 4 の12の項の改正規定に限る。）及び第14条の規定　公布の日から起算して 3 月を経過した日

（公有地の拡大の推進に関する法律の一部改正に伴う経過措置）
第 6 条　第 9 条の規定による改正後の公有地の拡大の推進に関する法律第 4 条第 2 項（第 6 号に係る部分に限る。）の規定は、附則第 1 条第 2 号に掲げる規定の施行の日以後にされる生産緑地法（昭和49年法律第68号）第10条（同法第10条の 5 の規定により読み替えて適用される場合を含む。以下この条において同じ。）の規定による申出に係る土地について適用し、同日前にされた同法第10条の規定による申出に係る土地を譲渡しようとする場合の公有地の拡大の推進に関する法律第 4 条第 1 項の規定による届出義務については、なお従前の例による。

（罰則に関する経過措置）
第 7 条　第 9 条の規定の施行前にした行為及び前条の規定によりなお従前の例によることとされる場合における第 9 条の規定の施行後にした行為に対する罰則の適用については、なお従前の例による。

（政令への委任）
第 8 条　附則第 2 条から前条までに規定するもののほか、この法律の施行に関し必要な経過措置（罰則に関する経過措置を含む。）は、政令で定める。

238

○公有地の拡大の推進に関する法律施行令

（昭和47年 7 月17日政令第284号）

最近改正　令和 6 年 7 月31日政令第255号

公有地の拡大の推進に関する法律施行令をここに公布する。

公有地の拡大の推進に関する法律施行令

内閣は、公有地の拡大の推進に関する法律（昭和47年法律第66号）第 2 条、第 4 条第 1 項及び第 2 項、第 5 条第 1 項、第 9 条第 1 項、第10条第 1 項、第14条第 2 項、第23条第 2 項、第29条第 2 項並びに第30条の規定に基づき、この政令を制定する。

（法第 2 条第 2 号の政令で定める法人）

第 1 条　公有地の拡大の推進に関する法律（以下「法」という。）第 2 条第 2 号に規定する政令で定める法人は、港務局、地方住宅供給公社、地方道路公社及び独立行政法人都市再生機構とする。

　　　（昭49政279・昭50政248・昭56政268・平11政256・平16政160・一部改正）

（法第 4 条第 1 項の政令で定める土地及び規模）

第 2 条　法第 4 条第 1 項第 2 号ニに規定する政令で定める土地は、次に掲げる土地とする。

(1)　文化財保護法（昭和25年法律第214号）第109条第 1 項の規定により指定された史跡、名勝又は天然記念物に係る地域内に所在する土地で、都道府県知事（市の区域内にあつては、当該市の長。第 4 条において同じ。）が指定し、総務省令・国土交通省令で定めるところにより公告したもの

(2)　港湾法（昭和25年法律第218号）第 3 条の 3 第 9 項又は第10項の規定により公示された港湾計画に定める港湾施設の区域内に所在する土地

(3)　航空法（昭和27年法律第231号）第40条（同法第43条第 2 項及び第55条の 2 第 3 項において準用する場合を含む。）の規定により空港の用に供する土地の区域として告示された区域内に所在する土地

(4)　高速自動車国道法（昭和32年法律第79号）第 7 条第 1 項の規定により高速自動車国道の区域として決定された区域内に所在する土地

(5)　全国新幹線鉄道整備法（昭和45年法律第71号）第10条第 1 項（同法附則第13項において準用する場合を含む。）の規定により行為制限区域として指定された区域内に所在する土地

2　法第 4 条第 1 項第 6 号に規定する政令で定める規模は、次の各号に掲げる区域の区分に応じ、当該各号に定める面積とする。

(1)　都市計画法（昭和43年法律第100号）第 7 条第 1 項の規定による市街化区域又は大都市地域における宅地開発及び鉄道整備の一体的推進に関する特別措置法（平成元年法律第61号）第 4 条第 7 項の規定による同意を得た基本計画（同法第 5 条第 1 項の規定による変更の同意があつたときは、変更後のもの）に定める重

239

第 5 編　参考資料

　　点地域の区域　5,000平方メートル

　(2)　都市計画区域（前号に掲げる区域を除く。）　　1万平方メートル

　　　　（昭47政431・昭48政247・昭49政265・昭49政285・昭55政19・平 2 政120・平 3

　　　　政154・平10政290・平11政352・平12政312・平16政50・平16政422・平20政197・

　　　　平20政364・平23政363・一部改正）

　（法第 4 条第 2 項の政令で定める法人、事業、規模及び要件）

第 3 条　法第 4 条第 2 項第 1 号に規定する政令で定める法人は、法人税法（昭和40年
　法律第34号）別表第 1 に掲げる公共法人（法第 2 条第 2 号に規定する地方公共団体
　等を除く。）及び総務省令・国土交通省令で定める法人とする。

2　法第 4 条第 2 項第 3 号に規定する政令で定める事業は、鉱業法（昭和25年法律第
　289号）第105条の規定により採掘権者が他人の土地を収用することができる事業と
　する。

3　法第 4 条第 2 項第10号に規定する政令で定める規模は、200平方メートルとす
　る。ただし、当該地域及びその周辺の地域における土地取引等の状況に照らし、都
　市の健全な発展と秩序ある整備を促進するため特に必要があると認められるとき
　は、都道府県（市の区域内にあつては、当該市。次条において同じ。）は、条例
　で、区域を限り、100平方メートル（密集市街地における防災街区の整備の促進に
　関する法律（平成 9 年法律第49号）第 3 条第 1 項第 1 号に規定する防災再開発促進
　地区の区域（次条において「防災再開発促進地区の区域」という。）内にあつて
　は、50平方メートル）以上200平方メートル未満の範囲内で、その規模を別に定め
　ることができる。

4　法第 4 条第 2 項第10号に規定する政令で定める要件は、当該土地が農地若しくは
　採草放牧地であり、かつ、これらの土地の譲渡しにつき農地法（昭和27年法律第229
　号）第 3 条第 1 項の許可を受けることを要する場合（これらの土地の譲渡しが同項
　各号に掲げる場合に該当し、同項の許可を要しない場合を含む。）又は国土利用計
　画法施行令（昭和49年政令第387号）第17条の 2 第 1 項第 6 号に掲げる場合に該当
　することとする。

　　　　（昭49政388・平元政113・平 4 政257・平 9 政325・平10政284・平12政312・平14

　　　　政329・平15政523・平23政363・令 6 政255・一部改正）

　（法第 5 条第 1 項の政令で定める規模）

第 4 条　法第 5 条第 1 項に規定する政令で定める規模は、200平方メートルとする。
　ただし、当該地域及びその周辺の地域における土地取引等の状況に照らし、都市の
　健全な発展と秩序ある整備を促進するため特に必要があると認められるときは、都
　道府県知事は、都道府県の規則で、区域を限り、100平方メートル（防災再開発促
　進地区の区域内にあつては、50平方メートル）以上200平方メートル未満の範囲内
　で、その規模を別に定めることができる。

　　　　（平元政113・平 4 政257・平 9 政325・一部改正）

240

（先買いに係る土地がその用に供されなければならない事業）

第５条　法第９条第１項第３号に規定する政令で定める事業は、次に掲げる事業とする。

(1)　都市計画法第４条第７項に規定する市街地開発事業

(2)　地方公共団体、地方住宅供給公社、独立行政法人都市再生機構又は日本勤労者住宅協会が行う住宅の賃貸又は譲渡に関する事業

(3)　地方公共団体、地方住宅供給公社、土地開発公社、独立行政法人都市再生機構又は日本勤労者住宅協会が行う住宅の用に供する宅地の賃貸又は譲渡に関する事業

(4)　史跡、名勝又は天然記念物の保護又は管理に関する事業

2　法第９条第１項第４号ハに規定する政令で定める事業は、次に掲げる事業とする。

(1)　多極分散型国土形成促進法（昭和63年法律第83号）第11条第１項に規定する同意基本構想において定められた同法第７条第２項第３号に規定する中核的民間施設若しくは同項第４号に規定する中核的施設又は同法第26条に規定する同意基本構想において定められた同法第23条第２項第３号に規定する中核的民間施設若しくは同項第４号に規定する中核的施設の整備に関する事業

(2)　地方拠点都市地域の整備及び産業業務施設の再配置の促進に関する法律（平成４年法律第76号）第８条第１項に規定する同意基本計画において定められた同法第６条第２項第１号の事業

(3)　中心市街地の活性化に関する法律（平成10年法律第92号）第９条第14項に規定する認定基本計画において定められた同条第２項第２号から第５号までの事業（同号の事業にあつては、同法第49条第１項に規定する認定特定民間中心市街地活性化事業計画又は同法第51条第１項に規定する認定特定民間中心市街地経済活力向上事業計画に記載された同法第７条第２項に規定する商業基盤施設の整備に関する事業に限る。）

　　　　（昭48政247・昭49政279・昭50政248・昭50政306・昭56政268・平11政256・平11
　　　政276・平16政160・平18政273・平23政119・平23政282・平26政241・一部改正）

（議決及び認可を要しない定款の変更）

第６条　法第14条第２項に規定する政令で定める事項は、次に掲げる事項とする。

(1)　事務所の所在地の変更

(2)　土地開発公社の設立団体である地方公共団体の名称の変更

(3)　前２号に掲げるもののほか、主務大臣の指定する事項

　　　　（昭48政247・旧第７条繰上）

（法第17条第１項の政令で定める事業及び土地）

第７条　法第17条第１項第１号ニに規定する政令で定める事業は、観光施設事業とする。

第 5 編　参考資料

2　法第17条第 1 項第 1 号ホに規定する政令で定める土地は、次に掲げる土地とする。
(1)　当該地域の土地利用の将来の見通し及び自然的社会的諸条件からみて当該地域の自然環境を保全することが特に必要な土地
(2)　史跡、名勝又は天然記念物の保護又は管理のために必要な土地
(3)　航空機の騒音により生ずる障害を防止し、又は軽減するために特に必要な土地
3　法第17条第 1 項第 2 号に規定する政令で定める事業は、港湾整備事業（埋立事業に限る。）、地域開発のためにする臨海工業用地、内陸工業用地、流通業務団地及び事務所、店舗等の用に供する一団の土地の造成事業並びに造成地（土地開発公社が同号の規定により造成した土地をいう。以下この項において同じ。）について借地借家法（平成 3 年法律第90号）第 2 条第 1 号に規定する借地権（地上権を除き、同法第23条の規定の適用を受けるものに限る。）を設定し、当該造成地を業務施設（工場、事務所その他の業務施設をいう。以下この項において同じ。）、福祉増進施設（教育施設、医療施設その他の住民の福祉の増進に直接寄与する施設をいう。以下この項において同じ。）又は立地促進施設（業務施設又は福祉増進施設の立地の促進に資する施設をいう。）の用に供するために賃貸する事業とする。

（昭48政247・追　加、昭49政68・昭63政255・平 5 政127・平16政407・平19政390・一部改正）

（法第17条第 5 項の政令で定める事項）
第 8 条　法第17条第 3 項の要請及び同条第 4 項の協議は、次に掲げる事項を記載した文書でしなければならない。
(1)　当該土地の所在、地目及び面積
(2)　当該土地をその用に供する事業

（昭63政255・追加）

（他の法令の準用）
第 9 条　次の法令の規定については、土地開発公社を、都道府県が設立したもの（都道府県が他の地方公共団体と共同で設立したものを含む。）にあつては当該都道府県と、地方自治法（昭和22年法律第67号）第252条の19第 1 項の指定都市（以下「指定都市」という。）が設立したもの（指定都市が都道府県以外の他の地方公共団体と共同で設立したものを含む。）にあつては当該指定都市と、同法第252条の22第 1 項の中核市（以下この項において「中核市」という。）が設立したもの（中核市が都道府県及び指定都市以外の他の地方公共団体と共同で設立したものを含む。）にあつては当該中核市と、その他のものにあつては市町村とみなして、これらの規定を準用する。
(1)　森林法（昭和26年法律第249号）第10条の 2 第 1 項第 1 号
(2)　宅地建物取引業法（昭和27年法律第176号）第78条第 1 項
(3)　宅地造成及び特定盛土等規制法（昭和36年法律第191号）第15条第 1 項（同法

第16条第3項において準用する場合を含む。）及び第34条第1項（同法第35条第3項において準用する場合を含む。）

⑷　都市計画法第34条の2第1項（同法第35条の2第4項において準用する場合を含む。）、第58条の2第1項第3号及び第58条の7第1項

⑸　都市緑地法（昭和48年法律第72号）第8条第7項及び第8項並びに第14条第8項

⑹　幹線道路の沿道の整備に関する法律（昭和55年法律第34号）第10条第1項第3号

⑺　集落地域整備法（昭和62年法律第63号）第6条第1項第3号

⑻　絶滅のおそれのある野生動植物の種の保存に関する法律（平成4年法律第75号）第12条第1項第8号及び第54条

⑼　密集市街地における防災街区の整備の促進に関する法律第33条第1項第3号

⑽　土砂災害警戒区域等における土砂災害防止対策の推進に関する法律（平成12年法律第57号）第15条

⑾　特定都市河川浸水被害対策法（平成15年法律第77号）第35条（同法第37条第4項及び第39条第4項において準用する場合を含む。）、第60条（同法第62条第4項において準用する場合を含む。）及び第69条（同法第71条第5項において準用する場合を含む。）

⑿　景観法（平成16年法律第110号）第16条第5項及び第6項並びに第66条第1項から第3項まで及び第5項

⒀　不動産登記法（平成16年法律第123号）第16条、第116条及び第117条

⒁　地域における歴史的風致の維持及び向上に関する法律（平成20年法律第40号）第15条第6項及び第7項並びに第33条第1項第3号

⒂　津波防災地域づくりに関する法律（平成23年法律第123号）第76条第1項（同法第78条第4項において準用する場合を含む。）及び第85条（同法第87条第5項において準用する場合を含む。）

⒃　登記手数料令（昭和24年政令第140号）第18条

⒄　文化財保護法施行令（昭和50年政令第267号）第4条第5項

⒅　不動産登記令（平成16年政令第379号）第7条第1項第6号（同令別表の73の項に係る部分に限る。）、第16条第4項、第17条第2項、第18条第4項及び第19条第2項

⒆　景観法施行令（平成16年政令第398号）第22条第2号（同令第24条において準用する場合を含む。）

2　前項の規定により登記手数料令第18条の規定を準用する場合においては、同条中「国又は地方公共団体の職員」とあるのは、「土地開発公社の役員又は職員」と読み替えるものとする。

3　勅令及び政令以外の命令であつて総務省令・国土交通省令で定めるものについて

243

第5編　参考資料

は、総務省令・国土交通省令で定めるところにより、土地開発公社を地方公共団体とみなして、これらの命令を準用する。

> （昭49政3・昭49政357・昭50政2・昭50政293・昭55政273・昭56政144・昭63政25・一部改正、昭63政255・旧第8条繰下、昭63政322・平2政323・平5政17・平5政170・平6政398・平7政240・平9政325・平12政312・平13政84・平13政98・平14政329・平14政331・平16政168・平16政396・平16政399・平17政24・平17政182・平17政262・平17政372・平18政310・平18政350・平20政338・平23政363・平24政158・平27政6・平30政19・令2政268・令3政296・令4政249・令4政393・一部改正）

（権限の委任）

第9条の2　法第19条第2項の規定による国土交通大臣の権限は、地方整備局長及び北海道開発局長に委任する。ただし、国土交通大臣が自らその権限を行うことを妨げない。

> （平12政312・追加）

（指定都市等の特例）

第10条　指定都市又は特別区に対する法第10条第2項、第14条第2項及び第22条第1項の規定の適用については、当該指定都市を都道府県と、当該特別区を市とみなす。

> （昭63政255・旧第9条繰下）

　　　附　　則

（施行期日）

第1条　この政令は、昭和47年9月1日から施行する。ただし、第2条から第5条まで及び附則第10条の規定は、同年12月1日から施行する。

（組織変更の登記）

第2条　法附則第2条第1項の規定により同項の公益法人がその組織を変更して土地開発公社となるときは、同条第2項の認可のあつた日から主たる事務所の所在地においては2週間以内に、従たる事務所の所在地においては3週間以内に、公益法人については解散の登記、土地開発公社については組合等登記令（昭和39年政令第29号）第3条に定める登記をしなければならない。

2　前項の規定により土地開発公社についてする登記の申請書には、定款及び代表権を有する者の資格を証する書面を添附しなければならない。

3　商業登記法（昭和38年法律第125号）第19条、第55条第1項、第71条及び第73条の規定は、第1項の登記について準用する。

（組織変更の際の登録免許税の非課税）

第3条　法附則第2条第5項の規定の適用を受けようとする者は、当該組織変更の日から起算して1年以内に、当該登記又は登録の申請書に組織変更があつたことを証する書面を添附して、その登記又は登録の申請をしなければならない。

244

2 法附則第2条第6項に規定する不動産に関する権利で政令で定めるものは、法第17条に規定する業務に相当する業務に該当しない業務に係る不動産に関する権利で、当該法人が譲り受けることが適当であると主務大臣（都道府県及び指定都市以外の地方公共団体が設立した法人にあつては、都道府県知事。以下この条において同じ。）が認めたものとする。

3 法附則第2条第6項に規定する政令で定める債務は、同項の公益法人が前項の権利の取得に関して負担した債務で、当該地方公共団体又は当該法人が引き受けることが適当であると主務大臣が認めたものとする。

4 法附則第2条第6項の規定の適用を受けようとする者は、当該組織変更の日から起算して1年以内に、当該登記の申請書に組織変更があつたこと及び前2項の規定による主務大臣の認定があつたことを証する書面を添附して、その登記の申請をしなければならない。

　　　　（昭48政247・一部改正）

　　附　則　　（令和6年7月31日政令第255号）

この政令は、地域の自主性及び自立性を高めるための改革の推進を図るための関係法律の整備に関する法律附則第1条第2号に掲げる規定の施行の日から施行する。

　　　　（施行の日＝令和6年9月19日）

○公有地の拡大の推進に関する法律施行規則

　　　　　　　　　　　　　　（昭和47年8月17日建設省・自治省令第1号）

　　　　　　最近改正　令和2年12月23日総務省・国土交通省令第1号

公有地の拡大の推進に関する法律（昭和47年法律第66号）第4条第1項、第5条第1項及び第18条第7項並びに公有地の拡大の推進に関する法律施行令（昭和47年政令第284号）第2条第1項、第3条第1項及び第8条第3項の規定に基づき、公有地の拡大の推進に関する法律施行規則を次のように定める。

　　　　公有地の拡大の推進に関する法律施行規則

（有償譲渡の届出事項等）

第1条　公有地の拡大の推進に関する法律（以下「法」という。）第4条第1項に規定する主務省令で定める事項は、次に掲げるものとする。

　(1)　当該土地の地目

　(2)　当該土地に所有権以外の権利があるときは、当該権利の種類及び内容並びに当該権利を有する者の氏名及び住所

　(3)　当該土地に建築物その他の工作物があるときは、当該工作物並びに当該工作物につき所有権を有する者の氏名及び住所

　(4)　前号の工作物に所有権以外の権利があるときは、当該権利の種類及び内容並びに当該権利を有する者の氏名及び住所

245

第5編　参考資料

2　法第4条第1項の届出は、別記様式第1の土地有償譲渡届出書の正本一部及び写し一部を提出してしなければならない。

3　前項の土地有償譲渡届出書には、当該土地の位置及び形状を明らかにした図面を添付しなければならない。

（史跡等に係る指定の公告）

第2条　公有地の拡大の推進に関する法律施行令（以下「令」という。）第2条第1項第1号の規定による公告は、次に掲げる事項について都道府県知事（市の区域内にあつては、当該市の長。以下この条において同じ。）の定める方法で行うものとする。

(1)　史跡、名勝又は天然記念物の別及び名称

(2)　令第2条第1項第1号の規定による都道府県知事の指定に係る土地の区域

（平23総省国交令3・一部改正）

（土地区画整理事業に係る指定の公告）

第3条　法第4条第1項第3号の規定による公告は、土地区画整理事業の名称及び施行地区について都府県知事の定める方法で行なうものとする。

（平18国交令83・一部改正）

（令第3条第1項の総務省令・国土交通省令で定める法人）

第4条　令第3条第1項の総務省令・国土交通省令で定める法人は、次に掲げる法人とする。

(1)　削除

(2)　削除

(3)　日本勤労者住宅協会

(4)　市街地再開発組合

(5)　港湾法（昭和25年法律第218号）第55条の7第1項の特定用途港湾施設の建設を主たる目的とし、かつ、基本財産の全額が地方公共団体の出資に係る法人で、主務大臣の指定するもの

（昭60建自省令1・平12自省令2・平16総省国交令1・一部改正）

（買取り希望の申出事項等）

第5条　法第5条第1項の申出は、次に掲げる事項を記載した別記様式第2の土地買取希望申出書の正本一部及び写し一部を提出してしなければならない。

(1)　当該土地の所在、地目及び面積

(2)　当該土地の買取り希望価額

(3)　当該土地に所有権以外の権利があるときは、当該権利の種類及び内容並びに当該権利を有する者の氏名及び住所

(4)　当該土地に建築物その他の工作物があるときは、当該工作物並びに当該工作物につき所有権を有する者の氏名及び住所

(5)　前号の工作物に所有権以外の権利があるときは、当該権利の種類及び内容並び

246

に当該権利を有する者の氏名及び住所

2　前項の土地買取希望申出書には、当該土地の位置及び形状を明らかにした図面を添付しなければならない。

（経理原則）

第6条　土地開発公社は、その財政状態及び経営成績を明らかにするため、財産の増減及び異動並びに収益及び費用をその発生の事実に基づいて経理しなければならない。

（平12建自省令1・旧第7条繰上）

（勘定区分）

第7条　土地開発公社の会計においては、貸借対照表勘定及び損益勘定を設け、貸借対照表勘定においては資産、負債及び資本を計算し、損益勘定においては収益及び費用を計算する。

（平12建自省令1・旧第8条繰上）

（不動産登記規則の準用）

第8条　不動産登記規則（平成17年法務省令第18号）第43条第1項第4号（第51条第8項、第65条第9項、第68条第10項及び第70条第7項において準用する場合を含む。）、第63条第3項、第64条第1項第1号及び第4号、第182条第2項並びに附則第15条第4項第1号及び第3号の規定については、土地開発公社を地方公共団体とみなして、これらの規定を準用する。

（平17総省国交令1・全改）

附　則

この省令は、昭和47年9月1日から施行する。ただし、第1条から第6条までの規定は、同年12月1日から施行する。

附　則　（令和2年12月23日総務省・国土交通省令第1号）

（施行期日）

1　この省令は、令和3年1月1日から施行する。

（経過措置）

2　この省令の施行の際現にあるこの省令による改正前の様式による用紙は、当分の間、これを取り繕って使用することができる。

○公有地の拡大の推進に関する法律第18条第6項第1号に規定する主務大臣の指定する有価証券

（昭和63年9月1日建設省・自治省告示第1号）

最近改正　平成20年9月29日総務省・国土交通省告示第1号

公有地の拡大の推進に関する法律（昭和47年法律第66号）第18条第6項第1号に規定する主務大臣の指定する有価証券は、次のとおりとする。

1　政府保証債券（その元本の償還及び利息の支払いについて政府が保証する債券を

247

第5編　参考資料

いう。）
2　次に掲げる金融機関が発行する債券
　イ　農林中央金庫
　ロ　株式会社商工組合中央金庫
　ハ　長期信用銀行法（昭和27年法律第187号）第2条に規定する長期信用銀行
　ニ　全国を地区とする信用金庫連合会

　　　改正文 $\left(\begin{array}{l}平成20年9月29日\\総務省・国土交通省告示第1号\end{array}\right)$ 抄

平成20年10月1日から施行する。

○公有地の拡大の推進に関する法律第18条第7項第2号に規定する主務大臣の指定する金融機関

（昭和47年9月1日建設省・自治省告示第1号）

最近改正　平成28年3月31日総務省・国土交通省告示第1号

　公有地の拡大の推進に関する法律（昭和47年法律第66号）第18条第7項第2号に規定する主務大臣の指定する金融機関は、次のとおりとする。
1　信用金庫及び信用金庫連合会
2　信用協同組合及び信用協同組合連合会
3　農業協同組合、農業協同組合連合会及び特定承継会社（農林中央金庫及び特定農水産業協同組合等による信用事業の再編及び強化に関する法律（平成8年法律第118号）附則第26条第1項に規定する特定承継会社をいう。）
4　漁業協同組合及び漁業協同組合連合会
5　農林中央金庫

　　　附　則 $\left(\begin{array}{l}平成28年3月31日\\総務省・国土交通省告示第1号\end{array}\right)$

　この告示は、農業協同組合法等の一部を改正する等の法律の施行の日（平成28年4月1日）から施行する。

○公有地の拡大の推進に関する法律附則第4条に規定する主務大臣が指定する地方公共団体

（昭和63年9月1日建設省・自治省告示第2号）

最近改正　平成5年4月1日建設省・自治省告示第1号

　公有地の拡大の推進に関する法律（昭和47年法律第66号）附則第4条に規定する主務大臣が指定する地方公共団体は、次のとおりとする。
　市及び市の加入する一部事務組合

○昭和47年建設省／自治省告示第2号（公有地の拡大の推進に関する法律施行規則第4条第5号の規定に基づく主務大臣が指定する法人）

（昭和47年12月1日建設省／自治省告示第2号）

公有地の拡大の推進に関する法律施行規則（昭和47年建設省令・自治省令第1号）第4条第5号の規定に基づき主務大臣が指定する法人は、次に掲げるものとする。

1　名古屋フェリー埠頭公社

2　大阪フェリー埠頭公社

3　東京港フェリー埠頭公社

4　神戸市フェリー埠頭公社

5　堺泉北フェリー埠頭公社

▽公有地の拡大の推進に関する法律の施行について

昭和47年8月25日建設省都政発第23号・自治画第92号
都道府県知事、指定都市の長あて建設事務次官、自治事務次官通達

　さる第68回国会（常会）で成立をみた公有地の拡大の推進に関する法律（昭和47年法律第66号）は昭和47年6月15日に、同法施行令（昭和47年政令第284号）は昭和47年7月17日に、同法施行規則（昭和47年建設省令・自治省令第1号）は昭和47年8月17日に、それぞれ、公布された。同法の施行期日は、公有地の拡大の推進に関する法律の施行期日を定める政令（昭和47年政令第283号）により昭和47年9月1日とされているが、同法第2章に係る部分については、先買いについて国民に対する周知徹底を図る必要があるので、同年12月1日とされているところである。

　公有地の拡大の推進に関する法律は、最近における公共用地等の取得難に対処し、農林漁業との健全な調和を図りつつ良好な都市環境の計画的な整備を促進するため、当面の措置として、市街化区域内の土地の先買いに関する制度の整備、地方公共団体に代わつて土地の先行取得を行なうことを目的とする土地開発公社の創設その他の措置を講ずることにより、公有地の拡大の計画的な推進を図り、もつて地域の秩序ある整備と公共の福祉の増進に資することを目的とするものである。

　かかる本法制定の趣旨に従い、その施行にあたつては、左記の点に十分留意して遺憾なきを期せられたく、命により通達する。

　なお、貴下市町村についても、この旨、通知されたい。

記

1　公有地の確保および有効利用について

　各地方公共団体は、本法の目的に従い、農林漁業との健全な調和を図りつつ良好な都市環境の計画的な整備を促進するため、公有地の計画的な確保とその有効かつ

第5編　参考資料

適切な利用を図ること。この場合において、地方公共団体が自ら積極的に公有地の確保を図るとともに、法第3章に規定する土地開発公社を活用し、当該地方公共団体の土地需要に対処しうるよう指導、監督すること。なお、公有地取得の現状にかんがみ、財源難等の理由によりみだりに公有地を処分することは厳に慎むべきものであること。

2　市街化区域内の土地の先買いについて

法第2章の市街化区域内の土地の先買いについては、民間における土地取引の安全を害することのないよう次の諸点に留意して制度の適切かつ円滑な運用を図ること。

(1)　法第4条第1項の届出または法第5条第1項の申出（以下「届出等」という。）は、規則第6条の規定により市町村長（特別区の存する区域にあつては、特別区の区長。以下本項において同じ。）を経由してしなければならないこととされているが、この場合における法第6条第2項に規定する「届出等のあつた日」および法第8条第3号に規定する「届出等をした日」は市町村長において届出等を受理した日であること。したがつて、市町村長は届出等を受理したときは、届出等に係る書類の写しを保管するとともに、届出等に係る書類の正本をただちに都道府県知事に送付し、事務処理の迅速化に努めること。

(2)　届出等に係る土地については、法第8条に規定する期間の経過した日の翌日から起算して1年を経過する日までの間、当該届出等をした者について法第4条第1項の規定の適用が免除されているので、都道府県知事および市町村長は届出等に係る書類の正本および写しをそれぞれ整理して、特定の土地に係る法第4条第1項の規定の適用の有無について正確に把握し、事務処理の円滑化に努めること。

(3)　都道府県知事および指定市の長は、あらかじめ法第4条第1項第1号から第3号までの土地の区域について関係行政機関から図面等を提出させること等により、都市計画の決定等の状況を正確に把握しておくとともに、地方公共団体等（法第2条第2号に規定する地方公共団体等をいう。以下同じ。）から用地取得計画を提出させる等の措置により市街化区域における地方公共団体等の土地取得の要望を適確に把握し、法第6条第1項または第3項の通知の迅速化に努めること。

(4)　法第4条第1項の届出に係る土地の買取りの協議の運用にあたつては、民間自力建設住宅の比重の大きいことにかんがみ、民間による良好な住宅団地の建設等について十分配慮を行ない、民間の宅地、住宅の供給事業に不当な支障を生ずることのないよう留意すること。

(5)　市街化区域内の土地の先買い制度は、民間における土地取引を制限するものであることにかんがみ法第2章の施行に際し、あらかじめ本法の趣旨、内容等について宅地建物取引業者、関係住民等に十分周知させるよう努めること。

250

また、法第４条第１項第１号から第３号までに係る土地について、都市計画を決定する場合等においては、当該土地の所有者に対して、本法による届出義務等の内容について周知措置をとるよう特段の配慮を払うこと。

(6) 都道府県知事および指定市の長は地方公共団体等からなる連絡協議会の設置、事務処理要領の制定等法第２章に係る事務の執行体制の整備を図ること。

3　土地開発公社について

(1) 土地開発公社の設立について

ア　土地開発公社は、各地方公共団体において設立することができることとなっているが、公共施設の整備等公有地需要の著しい地域においては、所要の手続きを経て、土地開発公社を発足させるよう努めること。

なお、既存の民法上の公益法人である地方公社で、公共用地等の取得、造成および処分を行なつているもの等その業務内容からみて今後、土地開発公社として運営してゆくことが適当と認められるものについては、法附則第２条の規定による組織変更の方法を活用して土地開発公社への切換えを図るよう検討すること。

イ　土地開発公社は、各地方公共団体が単独に設立することができるが、本法は共同設立の途をも開いており、市町村においては広域的見地からの公共施設の整備等のため必要な土地について総合的かつ効率的な取得を図るため、広域的な生活圏域内の市町村が共同して設立することが望ましいこと。なお、大都市、大都市周辺都市等で人口の増加および地価の上昇が著しい地域、その他特別の事情が認められる地域においてはこの限りでないこと。

ウ　土地開発公社への出資金の額は、土地開発公社の経営の健全化に寄与するとともに、土地開発公社に出資する各地方公共団体の財政事情等も勘案して定めること。

(2) 土地開発公社の役員および職員について

ア　土地開発公社の役員については、土地開発公社の業務の適正かつ能率的な運営を図るため、慎重に選任すること。

イ　土地開発公社の役員および職員は、刑法その他の罰則の適用については、法令により公務に従事する職員とみなされている趣旨にかんがみ、役職員の身分および職務の公共性について厳重に注意を喚起し、規律の向上を図るように指導すること。

ウ　土地開発公社の役職員の数は、事業量等を勘案して過大となることのないよう配慮すること。

(3) 土地開発公社の業務について

ア　土地開発公社の業務の執行にあたつては、土地開発公社が地方公共団体に代わつて土地の取得等を行なうという性格にかんがみ、都市計画、農業上の土地利用計画、その他地方公共団体の各種計画との調整が担保されるよう緊密な連

第5編　参考資料

けいを確保し、その適正な運営を図ること。

　なお、土地開発公社は各種公共施設等の用地の確保に積極的に対処するとともに、国その他の公共的団体から土地の取得のあっせん等について委託があつた場合には委託に係る事業の公共性等を十分考慮のうえ、これに応ずることとするよう指導すること。

イ　土地開発公社が事業計画を作成するにあたつては、土地開発公社の組織、資金事情等を勘案して土地の取得、管理、処分等について事業の計画的かつ円滑な実施が図られるよう努めることとし、処分価格についても適正であるよう十分に指導すること。

ウ　土地開発公社が資金計画を作成するにあたつては、事業の資金の確保を図るため、土地開発公社が負担する債務について設立団体が債務保証を行なうこと等により良好な条件で民間資金が導入できるよう協力すること。

　なお、土地開発公社に対しては、公営企業金融公庫の融資の途が開かれているので当該制度を活用させ、あわせて農協系統資金の利用についての制限が緩和されることとなつているところであるので留意すること。

エ　従来の民法上の公益法人である地方公社においてはややもすればその運営に適切を欠くことによつて赤字を生じ、設立地方公共団体にその負担が転嫁されることがあつたが、土地開発公社についてはこのようなことのないよう健全な運営を図ること。

オ　土地開発公社は耕作目的での土地の取得または農地としての代替地の取得は行なわないこととし、転用目的で取得した農地は原則として次の収穫期までに非農地化するよう指導すること。

(4)　土地開発公社の監督について

　市町村の設立に係る土地開発公社に対しては、業務の健全な運営を確保するため適切な指導に努めるとともに、随時報告を求める等によつて十分監督すること。

▽公有地の拡大の推進に関する法律の施行について（土地開発公社関係）

$$\left(\begin{array}{c}\text{昭和47年8月28日建設省都政発第24号・自治画第93号}\\\text{都道府県知事、指定都市の長あて建設省都市局長、自治大臣官房長通達}\end{array}\right)$$

最近改正　平成17年1月21日総行地第147号・国総国調第116号

公有地の拡大の推進に関する法律（昭和47年法律第66号）の施行については、昭和47年8月25日付け建設省都政発第23号、自治画第92号をもつて建設事務次官および自治事務次官から通達されたが、土地開発公社に関する部分については、左記事項についても十分留意のうえ、その事務処理に遺憾なきを期せられたい。この旨管下市町村

252

にも通知されたい。

記

1　土地開発公社の設立の手続きについて

　(1)　市町村における土地開発公社の設立については、次官通達３の(1)のイによること。

　　　特に、安定的な業務量の確保、人材の有効活用等を図る上で必要であると判断される場合には、既設の土地開発公社についても共同化を推進すること。

　(2)　土地開発公社を設立する議会の議決に当たっては、設立の主旨及び定款（案）を議案書として議会に提出すること。

　(3)　理事又は監事となるべき者は、主務大臣又は都道府県知事に設立の認可申請をする前に指名しておくこと。

　(4)　土地開発公社の設立の認可申請書の様式は、別添(1)によること。

　(5)　土地開発公社の設立の主務大臣認可を受けようとするときは、建設大臣・自治大臣宛の認可申請書を建設大臣及び自治大臣にそれぞれ提出すること。また、都道府県知事が土地開発公社を認可したときは、認可書の写し及び認可申請書の副本を建設大臣及び自治大臣にそれぞれ提出すること。

　(6)　土地開発公社を共同して設立した場合には、各設立団体において協議会等を設けて、土地開発公社の指導、監督等で重要な事項について協議調整することが望ましいこと。この場合に、出資するだけで設立団体とならない地方公共団体がある場合には、当該地方公共団体をも協議会等に加入させることが適当であること。

2　基本財産及び出資について

　(1)　基本財産の額は、予定される業務の量等により個々的に判断すべきであるが、主務大臣の認可を受けようとするものにあっては概ね2,000万円から3,000万円、都道府県知事の認可を受けようとするものにあっては概ね500万円から1,000万円を基準とすること。

　(2)　出資の方法は現金によると現物によるとを問わないこと。なお、その払込みは、設立の場合にあっては、設立の認可後設立登記までの間に代表理事となるべき者に対して行うこと。

　(3)　設立団体以外の地方公共団体が出資する場合の出資額については、当該地方公共団体の土地需要、財政事情等を勘案して妥当と認められる限度を超えないよう定めること。

3　土地開発公社の役職員等について

　(1)　土地開発公社の役員については、法第16条に定めるもののほか、民法（明治29年法律第89号）の規定が準用されているところであるが、定款において理事長制をとる等によって、責任体制を明らかにしておくことが望ましいものであること。

253

第5編　参考資料

　　　ただし、設立団体の長が土地開発公社の理事長を兼ねることは、設立団体との
　　土地売買契約等の締結に際し双方代理となるおそれもあり、責任関係をより明確
　　にする観点から、設立団体の長以外の者をもって理事長とすることが望ましいも
　　のであること。
　(2)　土地開発公社は、定款に定めるもののほか、組織、服務、財務等に関する内部
　　規程を整理しておくべきものであること。
　(3)　土地開発公社の役員及び職員は、法第20条の定めるところにより、その取扱い
　　に係る土地を譲り受け、又は自己の所有物と交換できないところであるが、な
　　お、本条に該当しない場合においても土地の取得処分等について疑惑を生ずるこ
　　とのないよう、常に留意すべきものであること。
4　土地開発公社の業務について
　(1)　土地開発公社は、法第17条に定める業務を行うものであるが、その業務の運営
　　に当たっては、国、地方公共団体等の土地利用計画を十分配慮しつつ行うべきも
　　のであること。
　(2)　土地開発公社は、設立団体の必要とする土地をはじめ、国、他の地方公共団体
　　等の用地の取得を行う場合においては、これらによる買取りの見通し等について
　　十分検討の上、これらとの間で、関係法令に従い、買取予定時期、買取予定価額
　　及び用途を明示した用地取得依頼契約を書面で締結すべきものであること。
　　　　特に、「公共公益施設用地」、「諸用地」等の名目で、その用途が不明確なまま
　　土地取得を行うことは、厳に慎むべきものであること。
　　　　また、代替地の取得については、特にその必要性を十分に検討し、代替地とし
　　て活用されることが確実である範囲にとどめるとともに、近隣の地方公共団体、
　　土地開発公社等と代替地の融通を図るなど、既に保有する代替地の一層の活用に
　　努めるべきものであること。
　(3)　地方公共団体が、土地開発公社と用地取得依頼契約を締結する際には、地方自
　　治法（昭和22年法律第67号）第214条の規定により、予算で債務負担行為として
　　定めておかなければならないこと。
　　　　なお、債務負担行為の設定に当たっては、「債務負担行為の運用について」（昭
　　和47年9月30日自治導第139号）1において、債務負担行為に基づく支出額と公
　　債費との合算額が地方債許可方針により起債制限を受けることとなる公債費相当
　　額を超えることのないよう特に配慮することとされていることにも十分配慮する
　　こと。
　(4)　土地開発公社が取得した土地について、国、地方公共団体等が、災害復旧等真
　　にやむを得ない場合を除き、買い取ることなく供用の開始をすることや、買取り
　　に要した費用を長期にわたり繰り延べることは、土地開発公社の健全な運営を図
　　る観点等から不適切であることから、その改善に努めること。
　(5)　法第17条第1項第1号に基づき土地開発公社が行う「造成」は、同号に規定する

254

土地の先行取得に伴い実施するものであり、道路、公園等の築造、整備事業とは異なるものであること。

　　しかしながら、この場合の「造成」の範囲については、画一的に判断、決定するのではなく、当該土地の用途及び土地開発公社の業務遂行能力等を踏まえ、処分相手先の意向を十分尊重して弾力的に運用すべきものであること。

(6)　法第17条第1項第1号ロに規定する「公共施設」は、必ずしも不特定又は多数の住民が直接利用できる施設に限定されるものではなく、土地収用法（昭和26年法律第219号）第3条各号に掲げられている施設を参考として、地域の実情を踏まえて判断すべきものであること。ただし、その場合、以下の点に留意すべきものであること。

　ア　土地開発公社の性格にかんがみ、当該施設が直接住民の利益になるものであること。

　イ　当該事業の実施によって、土地開発公社の本来業務である公有地の先行取得業務の実施の妨げになることがないこと。

　ウ　事業の実施に当たっては、設立団体と十分協議の上行うこと。

(7)　土地開発公社が地域の開発、整備を図るために工業用地造成事業、住宅用地造成事業等を行う場合の土地の処分に当たっては、地方公共団体と十分協議の上行うこととすること。なお、地方住宅供給公社を設立している団体にあっては、住宅用地造成事業は地方住宅供給公社によって行われるよう土地開発公社を指導すること。ただし、次の場合において、地方住宅供給公社と十分調整の上行うときは、この限りでないこと。

　ア　土地開発公社が法第17条第1項第1号の業務として取得した土地をやむを得ない理由により目的を変更し、かつ、地方住宅供給公社が当該土地を買い取れない場合に限り、法令の範囲内で住宅用地として処分する場合

　イ　土地開発公社がその相当部分を公有地等の取得のための代替地として処分する目的で住宅用地の造成を行う場合

　ウ　土地開発公社が工業用地等の造成と併せて当該工業用地等に立地する企業がその従業員に対して提供する社宅、独身寮等の用地の造成を行う場合

　エ　地方住宅供給公社の業務量が過大である場合等土地開発公社が住宅用地の造成を行うことが適当な場合

　オ　土地開発公社が取得した土地を地方住宅供給公社に提供する場合

　カ　地方住宅供給公社が地方拠点都市地域の整備及び産業業務施設の再配置の促進に関する法律（平成4年法律第76号）第47条の地方住宅供給公社の設立の特例に基づいて設立されたものであるとき。

(8)　土地開発公社は、取得した土地をその用途に供するまでの間、いたずらに放置することなく、積極的な利用について検討すべきであり、そのために必要な範囲内であれば、当該土地に簡易な施設を建設し、管理することもさしつかえないも

255

第5編　参考資料

のであること。また、法第17条第1項第1号の規定により取得した土地について
は、更に、外部へ管理委託、賃貸又は信託（以下「賃貸等」という。）を行うこ
ともさしつかえないものであること。ただし、その際、以下の点に留意すべきも
のであること。また、信託を行う場合には、その性質にかんがみ、設立団体は、
あらかじめ当局（主務大臣の認可に係る土地開発公社については建設省及び自治
省、都道府県知事の認可に係る土地開発公社については都道府県。以下同じ。）
と十分協議すること。

　ア　賃貸等の期間及び内容については、当該土地の最終的な利用の妨げとなるこ
　　とのないよう、妥当なものとすること。

　イ　賃貸等の目的は、必ずしも公共的なものに限定する必要はないが、土地開発
　　公社の保有地の活用方策として、いたずらに社会的な批判を招くものにならない
　　よう配慮すること。

(9)　土地開発公社は、法第17条第1項第1号の規定により取得した後に、事情変更
　等により、当初の目的に使用する必要がなくなった土地についても、原則とし
　て、同号に規定する用途に用いるべきものであること。

　　ただし、将来にわたり、当該土地の利用の見通しがなく、また、保有を継続す
　ることが土地開発公社の経営上の理由等により困難であると判断される場合に
　は、当該土地が本法の規定による先買い制度により取得された場合を除き、他の
　目的により処分することもやむを得ないものであること。その場合、処分の目的
　は、極力「地域の秩序ある整備を図る」という土地開発公社の目的に沿うよう配
　慮するとともに、あらかじめ設立団体又は当該土地の取得を依頼した地方公共団
　体と十分協議し、処分に当たって社会的な批判を招くことのないよう配慮すべき
　ものであること。

　　なお、当該土地が、本法の規定による先買い制度により取得された場合におい
　ても、「公有地の拡大の推進に関する法律の施行について（土地の先買い制度関
　係）」（昭和47年11月11日建設省都政発第26号・自治画第104号）4の(1)ただし書
　のとおり、取得後の事情の変更により、住宅の用に供する宅地の譲渡に関する事
　業等、法第9条第1項の規定の範囲内で用途を変更することはさしつかえないも
　のであること。

(10)　(9)ただし書に従って他の目的により処分する場合には、当該土地の取得を依頼
　した地方公共団体が、依頼の状況等を踏まえた上で、その対応策を検討するこ
　と。

(11)　地方公共団体は、その依頼に基づき土地開発公社が取得した土地のうち、当該
　土地開発公社による保有期間が10年を超えたものについて、保有期間が10年を超
　えた年度の次の年度中（保有期間が平成12年3月31日時点で10年を超えているも
　のについては、平成12年度中）に、当該土地開発公社に協議した上で、当該土地
　の用途及び処分方針を再度検討すること。

256

⑿　法第17条第2項第2号に定める「これらに類する業務」とは、土地の取得、管理に関連する業務で、具体的には、土地の利用に係る設計事務、土地の管理に係る事務等であること。

⒀　土地開発公社が農村地域工業等導入促進法（昭和46年法律第112号）第2条に規定する農村地域において工業団地の造成事業の用に供する土地を取得する場合には、原則として工業等導入地区又は工業等導入地区となることが確実と認められる地区の区域内において行うよう配慮すること。

⒁　土地開発公社は、原則として保安林（予定森林を含む。）及び保安施設地区（予定地を含む。）に係る土地の取得を行わないものとし、公益上やむを得ない事情によりこれらの土地を取得するときは、あらかじめ、森林法（昭和26年法律第249号）に規定する監督行政庁に十分協議するよう指導すること。

⒂　土地開発公社が市街化区域内において、土地改良区の地区内にある農地、採草放牧地を取得する場合には、その農地等の所有者が当該農地等を譲渡する旨をあらかじめ当該土地改良区に通知したことを確認した上で行うよう指導すること。

⒃　建物等が存在する土地を取得する場合には、原則として、建物等は支障物件として移転し、又は取り壊し、更地として取得するべきものであること。ただし、建物等が当該土地の利用計画上又は取得目的に照らし必要と判断される場合はこの限りでないものであること。

5　土地開発公社の財務について

(1)　会計における勘定区分については、公有地の拡大の推進に関する法律施行規則（昭和47年建設省・自治省令第1号）第8条の規定により、貸借対照表勘定においては資産、負債及び資本を計算し、損益勘定においては収益及び費用を計算することとされているが、このうち、貸借対照表勘定においては、次により細分して計算すること。

　　ア　資産勘定
　　　　流動資産及び固定資産
　　イ　負債勘定
　　　　流動負債及び固定負債
　　ウ　資本勘定
　　　　資本金及び準備金

(2)　予算の作成及び執行については、別添(2)「土地開発公社予算基準」を基準とすること。

　　なお、予算は、法第18条第2項の規定により設立団体の長の承認を受けなければならないこととされているので、予算の作成及び執行の方法に関しては、土地開発公社の内部規程の整備等について設立団体と土地開発公社の間で十分に調整する必要があること。

(3)　設立団体等は、土地開発公社が長期借入金を借り入れるときは必要に応じ債務

257

第5編　参考資料

保証契約をすること。

(4)　土地開発公社が、債務保証に係る長期借入金を借り入れようとするときは、あらかじめ、借入れを必要とする理由、借入金の額、借入先、利率、償還の方法及び期間、利息の支払方法並びにその他必要な事項を設立団体等に協議すべきものであること。

(5)　土地開発公社が資金調達を行う際には、例えば借入先決定に当たって入札制度を導入する等、金利等の借入条件の改善に努力すべきものであること。特に、国庫債務負担行為による直轄事業又は補助事業の用に供する土地を先行取得する場合については、建設省の指導利率は買取時における上限となる利率を設定しているものであり、今後とも当該利率以下で借入を行うよう努力すべきものであること。

(6)　設立団体等の長は、土地開発公社に対して、本法の定めるところにより監督等を行うほか、地方自治法第221条等の規定により調査権等を行使することができるものであるが、土地開発公社の事業計画及び決算については、地方自治法第243条の3第2項の規定により議会に提出しなければならないこと。

　　また、設立団体等の長が、同項の規定により土地開発公社の決算を議会に提出する際には、損益計算書、貸借対照表に加え付属明細書を提出することが望ましいこと。

(7)　土地開発公社は地域の秩序ある整備を図るため設立された団体であり、利益の確保を目的とした業務運営を行うことは適切ではないが、保有地価格の上昇に伴う売買差益や土地開発公社自身の経営努力等により利益が発生した場合には、原則としてこれを内部留保し、再投資に充てるべきものであること。ただし、以下の条件を満たす場合には、当局と事前に十分協議の上、寄付等の方法により設立団体に対して還元することができるものであること。

　ア　設立団体による関連公共施設の整備等、当該利益の発生について設立団体の寄与が認められること。

　イ　土地開発公社において当面資金需要が予想されず、また、利益の還元によって、中長期的に土地開発公社の経営基盤を害するおそれがないこと。

　ウ　土地開発公社の経営努力を阻害するおそれがないこと。

6　情報公開について

　　土地開発公社の公的性格にかんがみ、土地開発公社の情報公開についても可能な限り設立団体と同等の情報公開を行うことが求められているところであり、設立団体として、土地開発公社の積極的な情報公開が図られるよう努力すること。

別添(1)

番　　　　号

年　　月　　日

建設大臣　○○○○

殿

自治大臣　○○○○

○○県知事　○○○○

（○○市　長　○○○○）

○○県土地開発公社認可申請書（設立）

　公有地の拡大の推進に関する法律第10条第2項の規定により○○県土地開発公社の設立の認可を受けたいので、下記の書類を添えて申請いたします。

記

1　設立および出資に関する議会の議決書の写

2　定款

3　理事および監事となるべき者の氏名および履歴書

4　出資財産目録（別紙）

（別紙）

出資財産の種類	出資額または評価額	出資財産の内容	備　　　　　　　　考
（現　　　　金）	千円		
（有 価 証 券）	千円		
（土　　　　地）	千円		
（建　　　物）	千円		

（注）

　1　出資財産の内容の欄には、出資財産が有価証券の場合は、銘柄および券面額を、土地の場合は、所在地、地目、面積および利用状況を、建物の場合は、所在地、種類、構造、面積および利用現況を記入すること。

　2　出資財産が土地または建物の場合は位置図、平面図（縮尺適宜）および登記簿謄本を添付すること。

259

第5編　参考資料

別添(2)

土地開発公社予算基準

第1　予算の基本的性格

予算は、当該事業年度の事業計画に定める業務の実施に伴い発生する収入及び支出の大綱を定めるものとする。

第2　予算に記載する事項

1　予算には、次に掲げる事項を記載するものとする。

(1)　収入及び支出に関する事項

(2)　継続費に関する事項

(3)　債務負担行為に関する事項

(4)　公社債の発行及び長期借入金に関する事項

(5)　その他必要な事項

2　1の(1)の収入及び支出は、収益的収入及び支出と資本的収入及び支出に大別し、さらにこれらを款項に区分するものとする。

第3　収入及び支出の所属事業年度区分の基準

収入及び支出の所属する事業年度の区分は、その事業が発生すると予定される時期の属する事業年度を基準として決定するものとする。

第4　収入及び支出の款項の区分

収入及び支出の款項の区分の基準は、別表のとおりとする。

第5　収益的収入及び支出の予定額

1　収益的収入の予定額には、当該事業年度に所属する収益のすべてを計上するものとする。

2　収益的支出の予定額には、当該事業年度に所属する費用のすべてを計上するものとする。

第6　資本的収入及び支出の予定額等

1　資本的収入の予定額には、当該事業年度の資本的支出の予定額に充当しなければならない当該事業年度に所属する外部からの収入すべてを計上するものとする。

2　資本的支出の予定額には、当該事業年度に所属する次に掲げる支出のすべてを計上するものとする。

(1)　公有地取得事業（公有地の拡大の推進に関する法律（昭和47年法律第66号。以下「法」という。）第17条第1項第1号に掲げる事業のうち同号イからハ及びホに掲げる土地に係るものをいう。以下同じ。）に必要な支出

(2)　開発事業用地取得事業（法第17条第1項第1号に掲げる事業のうち同号ニに掲げる土地に係るものをいう。以下同じ。）に必要な支出

(3)　土地造成事業（法第17条第1項第2号に掲げる事業をいう。以下同じ。）に必要な支出

260

⑷　関連施設整備事業（法第17条第２項第１号に掲げる事業をいう。以下同じ。）に必要な支出

⑸　固定資産の取得に必要な支出

⑹　公社債及び長期借入金の償還に必要な支出

3　当該事業年度の現金収入に係る資本的収入の予定額が当該事業年度の現金支出に係る資本的支出の予定額に不足する場合には、その不足する額の補てんの方法を予算に記載するものとする。

第7　予備費の計上

収益的支出又は資本的支出には、その予定額を越える支出又は予定外の支出に充てるため、予備費を計上することができるものとする。

第8　継続費の設定等

1　次に掲げる事業でその完成又は完了に数年度を要するものについては、その経費を数年度にわたって支出することができるものとする。

⑴　公有地取得事業

⑵　開発事業用地取得事業

⑶　土地造成事業

⑷　関連施設整備事業

⑸　固定資産の取得

2　⑴の定めにより数年度にわたって支出することができる経費を継続費とする。

3　各事業年度の継続費の総額及び年割額は、予算の定めるものとする。

4　継続費の年割額のうち当該事業年度において支出しなかった金額は、継続年度の終わりまで逓次繰り越して支出することができるものとする。

第9　債務負担行為の設定

1　支出の予定額又は継続費の総額の範囲内におけるもののほか、債務を負担する行為（以下「債務負担行為」という。)をすることができるものとする。

2　各事業年度の債務負担行為をすることができる事項、期間及び限度額は、予算に定めるものとする。

第10　公社債の発行及び長期借入金の限度額等

1　公社債の発行及び長期借入金の各事業年度の限度額は、予算に定めるものとする。

2　公社債の発行及び長期借入金の限度額のうち当該事業年度において発行又は借入れを行わなかった金額で次に掲げる支出に充てるものについては、翌事業年度以後に繰り越して発行又は借入れを行うことができる。

⑴　第８の４に定める継続費の逓次繰越に係る支出

⑵　第15の１に定める資本的支出の繰越に係る支出

⑶　翌事業年度に支出を要する未払金に係る支出

261

第5編　参考資料

第11　支出予定額の流用

　　支出の予定額は、予算又は規程（理事会の議決を経て定められた規程に限る。）の定めるところにより、各項の間において相互にこれを流用できるものとする。

第12　予定額を超える収入

　　当該事業年度の収入の予定額を超える収入がある場合には、第5の1又は第6の1の定めにかかわらず、その予定額を超えて収入することができるものとする。ただし、公社債の発行及び長期借入金による収入は、その限度額を超えることはできないものとする。

第13　業務量の増加に伴う予算の弾力運用

　　業務量の増加により、業務のための直接必要な経費に不足を生じた場合には、第5の2又は第6の2の定めにかかわらず、定款又は予算に定めるところにより、当該事業年度の支出の予定額を超えて、当該業務量の増加により増加する収入に相当する金額を当該経費に使用することができるものとする。

第14　現金の支出を伴わない支出の特例

　　現金の支出を伴わない経費は、第5の2又は第6の2の定めにかかわらず、必要がある場合には、当該事業年度の支出の予定額を超えてこれを支出することができるものとする。

第15　予算の繰越

　1　資本的支出の予定額（第6の2の(1)から(6)までに掲げる支出に係るものに限る。）のうち当該事業年度内に支出しなかった金額は、翌事業年度に繰り越して支出することができるものとする。

　2　1の定めによる場合を除くほか、支出の予定額は、翌事業年度において支出することはできないものとする。

　　　ただし、支出予定額のうち、年度内において支出の原因となる行為をし、避け難い事故のため年度内に支出しなかったものについては、これを翌事業年度に繰り越して使用することができるものとする。

第16　予算の説明書類等の作成

　1　予算の作成と併せて、次に掲げる予算の説明書類を作成するものとする。

　(1)　継続費に関する調書

　(2)　債務負担行為に関する調書

　(3)　当該事業年度の予定貸借対照表

　(4)　前事業年度の予定損益計算書及び予定貸借対照表

　(5)　その他参考となる書類

　2　次の表の左欄に掲げる場合には、それぞれ同表の右欄に掲げる書類を作成するものとする。

262

(1) 第8の4の定めにより、継続費の年割額を逐次繰り越した場合	継続費繰越計算書
(2) 第8の定めによる継続費に係る継続年度が終了した場合	継続費清算報告書
(3) 第15の定めにより、支出の予定額を繰り越した場合	繰越計算書

第17　予算等の様式

　次の表の左欄に掲げる書類の様式は、それぞれ同表の右欄に掲げる様式に準ずるものとする。

(1)　予算	地方公営企業法施行規則（昭和27年総理府令第73号。以下「規則」という。）別表第5号の予算様式
(2)　継続費に関する調書	規則別表第8号の3の継続費に関する調書様式
(3)　債務負担行為に関する調書	規則別表第8号の4の債務負担行為に関する調書様式
(4)　継続費繰越計算書	規則別表第8号の5の継続費繰越計算書様式
(5)　継続費清算報告書	規則別表第8号の6の継続費清算報告書様式
(6)　繰越計算書	規則別表第9号の繰越計算書様式

第5編　参考資料

別表（第4関係）収入及び支出の款項の区分の基準
　　　1　収益的収入及び支出
　　　　（1）　収益的収入

款	項
1　事業収益	1　公有地取得事業収益 2　開発事業用地取得事業収益 3　土地造成事業収益 4　附帯等事業収益 5　関連施設整備事業収益 6　あっせん等事業収益 7　補助金等収益
2　事業外収益	1　受取利息 2　有価証券利息 3　受取配当金 4　雑収益
3　特別利益	1　前期損益修正益 2　投資有価証券売却益 3　固定資産売却益 4　その他の特別利益

　　　　（2）　収益的支出

款	項
1　事業原価	1　公有地取得事業原価 2　開発事業用地取得事業原価 3　土地造成事業原価 4　附帯等事業原価 5　関連施設整備事業原価 6　あっせん等事業原価
2　販売費及び一般管理費	1　販売費及び一般管理費
3　事業外費用	1　支払利息 2　繰延資産償却 3　雑損失
4　特別損失	1　前期損益修正損 2　土地評価損 3　投資有価証券売却損 4　固定資産売却損 5　災害による損失 6　その他の特別損失
5　予備費	1　予備費

264

2 資本金的収入及び支出

(1) 資本的収入

款	項
1 資本的収入	1 固定資産売却代金 2 前受金 3 公社債及び長期借入金

(2) 資本的支出

款	項
1 資本的支出	1 公有地取得事業費 2 開発事業用地取得事業費 3 土地造成事業費 4 関連施設整備事業費 5 固定資産取得費 6 公社債償還金及び長期借入金償還金 7 予備費

（備考）　項の欄に定める項のほか、収入又は支出の種類により、その名称を付した項を設けることができるものとする。

第5編　参考資料

▽公有地の拡大の推進に関する法律の施行について（土地の先買い制度関係）

昭和47年11月11日建設省都政発第26号・自治画第104号
都道府県知事、指定都市の長あて建設省都市局長、自治大臣官房長通達

　公有地の拡大の推進に関する法律（以下「法」という。）の施行については、昭和47年8月25日付け建設省都政発第23号・自治画第92号をもつて建設事務次官および自治事務次官から通達されたところであるが、土地の先買い制度の運用については、さらに左記の諸点に留意し、その事務処理に遺憾なきを期せられたい。

　なお、貴管下関係市町村についても、この旨通知されたい。

記

1　法第4条第1項の届出および法第5条第1項の申出について

　(1)　法第4条第1項の「有償で譲り渡そうとするとき」とは、売買のほか、交換、代物弁済等の契約に基づく有償譲渡を行なおうとするときをいうものであること。したがつて、寄附、贈与等の無償譲渡および競売、滞納処分、相続等の契約に基づかない所有権の移転は含まないものであること。

　(2)　法第4条第1項第3号の指定は、新たな市街地の造成を目的とする土地区画整理事業で、地方公共団体または日本住宅公団が施行区域内の土地の一部をあらかじめ取得する必要があるもの（施行者または施行者となるべき者が個人または土地区画整理組合であるものを除く。）について行なうものとすること。

　(3)　法第4条第1項第3号および公有地の拡大の推進に関する法律施行令（以下「令」という。）第2条第1項第1号の指定にあたつては、それぞれ土地区画整理事業の施行者または施行者となるべき者および都道府県教育委員会（指定市にあつては、市教育委員会）と十分協議するものとすること。

　(4)　法第4条第1項第4号、同条第2項第7号および第5条第1項の土地の面積は、実測面積によることとし、実測面積が知れていないときは、土地登記簿に記載された面積によることもさしつかえないものであること。なお、これらの規定の適用については、一団としての土地の面積により判断するものとすること。

　(5)　法第4条第1項の届出の義務を免除されている法人には、公有地の拡大の推進に関する法律施行規則第4条第5号の規定に基づき、次のものが指定される予定であること。

　　　名古屋フェリー埠頭公社、大阪フェリー埠頭公社、東京港フェリー埠頭公社、神戸市フェリー埠頭公社、堺泉北フェリー埠頭公社

　(6)　土地有償譲渡届出書および土地買取希望申出書に添付すべき図面は、方位、土地の境界、周辺の公共施設等により土地の位置および形状を明らかにした見取図等とするものとし、法第4条第1項の届出または法第5条第1項の申出（以下「届出等」という。）をする者に対して過重な負担を課するのであつてはならな

いものであること。

(7) 法第4条第1項については、新都市基盤整備法（昭和47年法律第86号）の施行（昭和47年12月予定）により、同法附則第4項をもって、新都市基盤整備事業の施行区域として定められた土地の区域内に所在する土地が届出の対象として追加されることとなるので留意すること。

2 届出等に係る事務の迅速化について

(1) 都道府県知事は、法第4条第1項第1号から第3号までの土地の区域に係る図面等を関係行政機関から提出させたときは、当該図面等を整備するとともに、その図面等の写しを関係の市町村長（指定市の長を除き、特別区の区長を含む。以下同じ。）に送付して、法第4条第1項の届出の受理の円滑化に努めるものとすること。

(2) 市町村長が届出等を受理したときは、受理書の交付、受理印による確認等により、当該届出等を受理した日を届出等をした者との間において明確にしておくものとすること。

(3) 次官通達記2(1)の市町村長が「届出等に係る書類の正本をただちに都道府県知事に送付」するとは、できる限り当該届出等のあった日またはその翌日に当該正本を都道府県知事に送付しなければならないとする趣旨であること。なお、その市町村に当該届出等に係る土地の買取りについての意見があるときは、当該正本の送付とは別に都道府県知事に申し出るものとすること。

(4) 市町村長が届出等を受理したときは、ただちに、その内容をその市町村の設立または出資に係る土地開発公社または地方住宅供給公社に通知するものとし、都道府県知事が届出等に係る書類の正本の送付をうけたときは、ただちにその内容をその都道府県の設立に係る土地開発公社、地方住宅供給公社及び地方道路公社並びに港務局及び日本住宅公団に通知するものとすること。

(5) 地方公共団体等は、届出等の内容を知ったときは、当該届出等に係る土地について買取りの希望の有無をすみやかに都道府県知事に申し出るものとすること。

(6) 指定都市にあっては、(1)前段、(2)、(4)及び(5)に準じて行なうものとすること。なお、(4)については、当該指定都市の存する道府県にも通知すること。

3 法第6条第1項の買取りの協議等について

(1) 都道府県知事または指定都市の長は、届出等に係る土地についての地方公共団体等の買取りの希望に基づき、法第6条第1項の買取りの協議を行なう地方公共団体等を決定するものとし、当該決定にあたっては、買取りの目的の必要性、届出等に係る土地の状況等を十分に勘案して適正な運用を図るものとすること。

(2) 法第6条第1項の通知は、原則として買取りの協議を行なう地方公共団体等および買取りの目的を記載した文書により行なうものとすること。

(3) 法第6条第2項の「2週間以内に、これを行なう。」とは、通知が2週間以内に届出等をした者に到達しなければならないとする趣旨であること。

第 5 編　参考資料

(4)　法第 6 条第 1 項の買取りの協議は、法第 6 条第 1 項の通知があつた日から起算して 2 週間を経過する日以降において継続して行なうことが可能であり、この場合にも租税特別措置法（昭和32年法律第26号）第34条の 2 第 2 項第 4 号および第65条の 4 第 1 項第 4 号の規定の適用があるものであること。

4　先買いに係る土地の管理について

(1)　法第 6 条第 1 項の手続きにより買い取つた土地については、原則として法第 6 条第 1 項の通知に記載した買取りの目的に供するものとすること。ただし、その後の事情の変更により法第 9 条第 1 項の規定の範囲内で用途を変更することはさしつかえないものであること。

(2)　地方公共団体等は、法第 5 条第 1 項の申出に係る土地を買い取つた場合においては、農地として、代替地の用に供さないものとすること。

▽公有地の拡大の推進に関する法律の一部を改正する法律の施行について

（昭和48年 9 月 1 日建設省都政発第30号・自治政第 8 号
各都道府県知事・各政令指定都市の長あて建設事務次官・自治事務次官通達）

　公有地の拡大の推進に関する法律の一部を改正する法律（昭和48年法律第71号。以下「改正法」という。）は、第71回国会において成立し、公有地の拡大の推進に関する法律の一部を改正する法律の一部の施行期日を定める政令（昭和48年政令第246号。以下「施行期日を定める政令」という。）及び公有地の拡大の推進に関する法律施行令の一部を改正する政令（昭和48年政令第247号。以下「改正令」という。）とともに、それぞれ、昭和48年 8 月30日公布された。

　改正法及び改正令の施行期日は、土地の先買いに関する部分以外の部分については、改正法及び改正令により、同年 9 月 1 日と、土地の先買いに関する部分については、国民に周知徹底を図る必要があるところから、施行期日を定める政令により、同年12月 1 日とされたところである。

　今回の改正は、土地の先買いの対象区域を市街化区域から都市計画区域に拡大する等土地の先買い制度を整備するとともに、土地開発公社が地方公共団体の委託に基づき、土地の造成とあわせて整備されるべき公共施設等の整備の業務を行うことができる等、土地開発公社の業務を拡充整備し、もつて最近における土地需給の動向に即応して公有地を計画的に拡大するとともに、地域の秩序ある整備をより一層推進することを目的とするものである。

　ついては、このような改正の趣旨にかんがみ、その施行にあたつては、「公有地の拡大の推進に関する法律の施行について」（昭和47年 8 月25日、建設省都政発第23号・自治画第92号）によるほか、左記の点に十分留意して遺憾なきを期せられたく、命により通達する。

268

なお、貴管下市町村についても、この旨、通知されたい。

記

1　土地の先買いについて

　(1)　土地の先買いの対象区域が都市計画区域全域に拡大されたことに伴い、公有地の確保及びその利用にあたつては農林漁業との健全な調和が図られるよう一層の配慮をされたいこと。

　(2)　今回の改正に伴い、関係地方公共団体等が大幅に増加することから、事務の迅速化及び執行体制の整備について特段の配慮をされたいこと。

　(3)　本制度の趣旨、内容及び改正点等について、宅地建物取引業者、関係住民等に十分周知徹底を図り、改正法の施行に遺憾なきを期せられたいこと。

2　土地開発公社の業務について

　(1)　土地開発公社の業務の範囲に関する規定の整備を行い、従来からの業務についてその範囲を明確にするとともに、今回新たに、地方公共団体の委託により、土地の造成等とあわせて整備されるべき公共施設等の整備を行うことができることとしたこと。

　(2)　土地開発公社の業務の範囲が拡充されたことに伴い、土地開発公社の業務の健全な運営については遺憾のないようなお一層の指導に努めること。

▽公有地の拡大の推進に関する法律の一部を改正する法律の施行について

（昭和48年9月1日建設省都政発第31号・自治政第9号
各都道府県知事・各政令指定都市の長あて建設省都市局長・自治大臣官房長通達）

　公有地の拡大の推進に関する法律の一部を改正する法律（昭和48年法律第71号）の施行については、昭和48年9月1日付け建設省都政発第30号・自治政第8号をもつて建設事務次官及び自治事務次官から通達されたが、左記事項にも十分留意のうえ、その事務処理に遺憾なきを期せられたい。

　なお、貴管下市町村についても、この旨、通知されたい。

記

1　土地の先買いについて

　(1)　公有地の拡大の推進に関する法律（以下「法」という。）第4条第1項第3号の規定による都道府県知事の指定は、地方公共団体又は日本住宅公団が、市街化区域内において施行する土地区画整理事業で施行区域内の土地の一部を取得する必要があるものについて行うよう運用すること。

　(2)　地方公共団体等が市街化調整区域又は市街化区域及び市街化調整区域に関する都市計画が定められていない都市計画区域のうち用途地域以外の地域において農地又は採草放牧地を公有地の拡大の推進に関する法律施行令（以下「令」とい

269

第5編　参考資料

う。）第5条第2号または第3号に掲げる事業の用に供する目的で取得する場合
には、法第6条第1項の規定による通知前にあらかじめ都市計画上及び農林行政
上の調整を関係行政庁と了した後行うものとすること。

(3)　法第4条第1項の届出に係る土地を買い取つた場合においても、「公有地の拡
大の推進に関する法律の施行について（土地の先買い制度関係）」（建設省都政発
第26号・自治画第104号）の記4(2)に準じて取り扱うこと。

(4)　改正後の法第6条、第8条及び第9条の規定は、本年12月1日以降になされた
届出等について適用され、同日前になされた届出等については、改正前の規定が
適用されること。

また、新たに本制度の適用の対象となる区域において本年12月1日前にすでに
有償譲渡に関する契約を締結しているものについては、届出を要しないものであ
ること。

2　土地開発公社の定款の変更について

(1)　土地開発公社の業務の範囲に関する規定の改正に伴い、土地開発公社の定款の
変更を行う場合には、法第14条第2項の規定による設立団体の議会の議決、及び
主務大臣又は都道府県知事の認可（以下「議決等」という。）を得る必要がある
こと。

この場合、法第17条第1項各号関係の業務のみに係る定款の変更については、
業務の範囲の実質的変更を伴なわないものであるので、昭和48年9月1日付け
で、令第6条第3号の規定による建設大臣、自治大臣告示を行い、議決等を得る
必要がないものであることとしたこと。

なお、法第17条第2項第1号の規定による業務を新たに行おうとする場合の定
款の変更については、従来の土地開発公社の業務の範囲を拡大するものであるの
で、議決等が必要であること。

(2)　土地開発公社の業務の範囲に係る定款の変更に伴い、組合等登記令（昭和39年
政令第29号）第6条第1項の規定により、同令第2条第1号の業務に係る登記事
項の変更の登記をすることが、必要であること。

3　土地開発公社の業務について

(1)　土地開発公社が、毎年度の事業計画を作成するに際しては、当該事業の円滑な
遂行を期するため、必要に応じ、設立団体等と十分協議するとともに、事業の遂
行にあたつては、環境の保全にも十分留意して行うこと。

(2)　土地開発公社は、住宅用地の造成事業のほか、公営企業に相当する事業とし
て、港湾整備事業（埋立事業に限る。）並びに地域開発のためにする臨海工業用
地、内陸工業用地及び流通業務団地の造成事業を行うことができること。

(3)　土地開発公社は、法第17条第2項第1号の規定により、地方公共団体の委託に
より、土地の造成等とあわせて整備されるべき公共施設等の整備の業務を行うこ
とができることとなつたが、これらの業務を行う場合には、あらかじめ委託しよ

270

うとする地方公共団体と、事業計画等について十分協議をし、委託関係を明確にしたうえで行うこと。

なお、同号中「あわせて整備されるべき公共施設又は公用施設の整備」とは、いわゆる関連公共施設等の整備であり、造成される土地の利用目的からみて、土地の造成等とあわせて整備されることが望ましい公共施設又は公用施設の整備に限られるものであること。

(4) 地方公共団体は、関連公共施設等の整備を土地開発公社に委託する場合には、補助金等の見通しをはじめ、当該団体の財政状況を十分に検討して慎重に行うこと。

なお、地方公共団体は、教育施設たる関連公共施設の整備について委託しようとする場合には、当該地方公共団体の教育委員会の意見に基づいて行うようにすること。

4 地方税法および同法施行令の改正について

(1) 土地開発公社の業務の範囲を明確化したことに伴い、地方税法及び同法施行令を改正し、不動産取得税及び固定資産税の非課税の範囲を明確化したこと。

ア 不動産取得税の非課税の範囲は、地方税法施行令第37条の9の7に規定したとおりであり、法第17条第1項第2号に規定する住宅用地の造成事業以外の政令で定める事業（港湾整備事業（埋立事業に限る。）並びに地域開発のためにする臨海工業用地、内陸工業用地及び流通業務団地の造成事業）の用に供する土地の取得は非課税の対象とならないこと。

イ 固定資産税の非課税の範囲は、法第17条第1項第1号に掲げる土地に限られ、同項第2号の事業の用に供する土地については、非課税の対象とならないこと。

▽公有地の拡大の推進に関する法律の一部を改正する法律の施行にあたつて留意すべき事項について

昭和48年9月17日
各都道府県総務部（局）長（地方課扱い）・土地の先買制度主管部（局）長・各指定都市土地開発公社主管部（局）長あて建設省都市局都市政策課長・自治大臣官房地域政策課長通知

公有地の拡大の推進に関する法律の一部を改正する法律（昭和48年法律第71号）の施行にあたり、その円滑な運用を期するため、左記の点についても、十分留意されたい。

記

1 市街化調整区域または市街化区域および市街化調整区域に関する都市計画が定められていない都市計画区域においては、公有地の拡大の推進に関する法律（以下

第5編　参考資料

「法」という。）第6条第1項の手続により農地または採草放牧地を買取り、宅地に造成し、法第9条第1項に規定する代替地として提供することは行わないよう運用されたいこと。

2　設立団体の長は、土地開発公社の事業計画を承認する場合において、当該事業計画に教育委員会の所掌に属する事務に係る事業が含まれるときは、あらかじめ設立団体の教育委員会の意見を聴せられたいこと。

3　土地開発公社が、流通業務団地の造成事業を行おうとするときは、当該事業の計画の策定段階において、あらかじめ所轄陸運局長と協議せられたいこと。

4　土地開発公社が、法第17条第1項および第2項の業務を、港湾法第1条第3項の港湾区域または同条第4項の臨時地区内において行なう場合には、あらかじめ、当該港湾を管理する港湾管理者と協議せられたいこと。

　　特に、公有地の拡大の推進に関する法律施行令第7条第2項の港湾整備事業（埋立事業に限る。）ならびに地域開発のためにする臨海工業用地および流通業務団地の造成事業については、あらかじめ当該港湾管理者から要請を受けて行われたいこと。

　　なお、ここで港湾整備事業とは、公営企業金融公庫法施行令第1条第6号に掲げる港湾整備事業をいうものであること。

▽国土利用計画法の施行に係る公有地の拡大の推進に関する法律等の運用について

（　　　　　昭和50年3月10日建設省計用発第12号・自治政第22号
　　各都道府県知事・指定都市市長あて建設省計画局長・自治大臣官房長通知）

　第72国会において成立した国土利用計画法（昭和49年法律第92号。以下「国土法」という。）は、昭和49年12月20日公布された同法施行令（昭和49年政令第387号。以下「国土法施行令」という。）及び同法の施行に伴う関係政令の整理等に関する政令（昭和49年政令第388号。以下「整理政令」という。）並びに同月21日公布された同法施行規則（昭和49年総理府令第72号）とともに、同法の一部の施行期日を定める政令（昭和49年政令第385号）において定められた昭和49年12月24日から施行されたが、これらの法令において、公有地の拡大の推進に関する法律（昭和47年法律第66号。以下「公有地法」という。）及び同法施行令（昭和47年政令第284号。以下「公有地法施行令」という。）の一部が改正されるとともに、土地開発公社に関する規定が設けられたので、これらの法令の運用にあたつては、左記の事項に留意して遺憾なきを期されたい。

　なお、貴管下市町村についても、この旨通知されたい。

記

1　土地の先買い制度関係

(1) 国土法附則第12条の規定により、公有地法第４条第２項の規定が改正され、国土法第12条第１項の規定により指定された規制区域（以下「規制区域」という。）に含まれる土地を譲り渡す場合については、公有地法第４条第１項の規定に基づく届出（以下「公有地法の届出」という。）を要しないものとされたこと。

なお、公有地法の届出（公有地法の届出とみなされた国土法第23条第１項の規定に基づく届出（以下「国土法の届出」という。）を含む。）又は申出がされた後において規制区域の指定がされた場合においても引き続き公有地法の規定に基づく買取りの手続きを進めることができ、実際に買取りの契約をするときは国土法第18条の規定による協議が必要になること。

(2) 国土法附則第12条の規定により公有地法第４条第２項の規定が改正され、国土法の届出を要する場合については、公有地法の届出を要しないものとされたこと。

なお、公有地法第４条第１項第１号から第５号までに掲げる土地については、国土法の届出を要しない場合であつても公有地法の届出要件を満たす場合は、公有地法の届出が必要であること。

(3) 国土法附則第12条の規定により公有地法第４条第３項の規定が設けられ、公有地法第６条、第７条、第８条（有償で譲り渡す場合を除く。）第９条及び第32条第３号（有償で譲り渡した者を除く。）の規定の適用については、国土法の届出を公有地法の届出とみなすという規定が設けられたこと。なお、この場合、次の事項に留意すること。

イ　国土法の届出で公有地法の届出とみなされるものは、公有地法が本来的に届出を必要としている範囲のものであること。

したがつて、都市計画区域外に所在する土地に係るもの、所有権以外の土地についての権利の移転又は設定に係るもの、土地を譲り渡そうとする者についてみたとき公有地法の面積規模要件を満たさないこととなる場合に係るものその他公有地法が届出を要しないこととしている場合に係るものについては、公有地法の届出とみなされないものであること。

ロ　国土法の届出のあつた土地について公有地法の買取り手続きを進めるにあたつては、次の点に留意して国土法による措置等と必要な調整を図るものとすること。

(イ)　公有地法の届出とみなされる国土法の届出に係る届出書を送付された国土法所管部局は、直ちに、届出書の副本一部を添えて、その旨を公有地法所管部局に連絡するものとされていること。したがつて、公有地法所管部局はこの連絡を受けたときは、直ちに土地開発公社等に通知する等公有地法の届出の場合と同じく処理するものとすること。

(ロ)　公有地法第６条第３項の通知をする際又は土地開発公社等が国土法の届出

第5編　参考資料

　　　が受理された日から6週間を経過する日までの間に土地の買取り協議を打ち
　　　切る際には、国土法第23条第3項の規定による土地売買等の契約についての
　　　制限が解除されるものでないことを明らかにするものとすること。
　　(ハ)　公有地法の届出とみなされる国土法の届出について国土法第24条第1項の
　　　規定に基づく勧告が行われる場合においては、買取り協議を行つている土地
　　　開発公社等にこの旨を通知し、所要の調整を行うものとする。
　ハ　公有地法第8条及び第32条第3号の適用にあたつて土地を有償で譲り渡す場
　　合を除外することとした趣旨は、国土法第23条第3項の規定により、国土法の
　　届出が受理された日から6週間を経過するまでの間は土地売買等の契約を締結
　　してはならないこととされ、また、これに違反したときは国土法第48条の規定
　　により罰金が課せられることとなつているため、公有地法第32条の規定に基づ
　　く過料と併科されることがないようにするものであること。
(4)　整理政令第3条の規定により公有地法施行令第3条第4項の規定が改正され、
　　国土法施行令第17条第9号に規定する場合（規制区域に係る土地について許可申
　　請がされ、若しくは許可を受け、又は許可があつたものとみなされており、か
　　つ、当該規制区域の指定が解除され、又は指定期間が満了した後、当該土地につ
　　いて当該許可申請又は当該許可に係る事項のうち土地に関する権利の移転の予定
　　対価の額の変更等をしないで土地売買等の契約が締結される場合）に該当するこ
　　とにより国土法の届出を要しない場合については、公有地法による届出を要しな
　　いものとされたこと。
2　土地開発公社関係
(1)　国土法第18条及び国土法施行令第14条の規定により、土地開発公社は、規制区
　　域内において行う土地売買等の契約について、都道府県知事との協議の成立をも
　　つて国土法第14条第1項の許可があつたものとみなされる法人とされたこと。
(2)　国土法第23条及び国土法施行令第17条の規定により、土地開発公社が規制区域
　　外で行う土地売買等の契約は、国土法の届出を要しないものとされたこと。
(3)　国土法第32条の規定により、土地開発公社は、遊休土地の買取り協議を行うこ
　　とができる者とされたこと。

▽公有地の拡大の推進に関する法律第4条第3項の運用について

$$\left(\begin{array}{l}\text{昭和61年2月24日建設省経整発第12号・自治省自治政第12号}\\\text{各都道府県・指定都市の担当部長あて建設省建設経済局調整課長・自治大臣官房地域政}\\\text{策課長通知}\end{array}\right)$$

　公有地の拡大の推進に関する法律（昭和47年法律第66号。以下「公有地法」とい
う。）第4条第3項の運用については、昭和50年3月10日付け建設省計用発第12号・
自治政第22号建設省計画局長・自治大臣官房長通知「国土利用計画法の施行に係る公

274

有地の拡大の推進に関する法律等の運用について」記1⑶において、通知されている
ところであるが、その円滑な運用を期するため、左記の事項にも留意のうえ、その事
務を取り扱われたく連絡する。

　なお、貴管下市町村についても、この旨周知されたい。

記

　公有地法第4条第3項においては、国土利用計画法（昭和49年法律第92号。以下
「国土法」という。）第23条第1項の規定に基づく届出（以下「国土法の届出」とい
う。）を公有地法第4条第1項の規定に基づく届出（以下「公有地法の届出」とい
う。）とみなす旨の規定をしているところであるが、公有地法の届出とみなされた国
土法の届出がなされた後において、当該国土法の届出が取り下げられた場合にあつて
は、国土法と公有地法の立法趣旨が異なること、届出を行う者の要件が異なること等
に鑑み、次の事項に留意して事務処理を行うこと。

1　公有地法第6条第1項の規定に基づき届出に係る土地の買取りを希望する地方公
　共団体等が買取りの協議を行う旨の当該届出をした者に対する通知（以下「公有地
　法の通知」という。）がなされるまでの期間にあつては、国土法の届出を取り下げ
　た者（公有地法の届出を行つたとみなされる者に限る。）について公有地法の届出
　の取下げについての意思を確認することとし、公有地法の届出を取り下げる旨の意
　思が確認された場合にあつては、当該届出を経由した市町村長にその旨を連絡する
　とともに、当該届出に係る土地の買取りを希望する地方公共団体等があるときには
　当該地方公共団体等に併せてその旨を連絡すること。

　　なお、公有地法の届出を行つたとみなされる者の意思を確認することが困難な場
　合には、国土法の届出の取下げをもつて、公有地法の届出も取り下げられたものと
　推定して処理すること。

2　公有地法の通知がなされた後は、当該届出に係る土地の買取りの協議が成立しな
　いことが明らかになつたものとして取り扱うことはともかく、公有地法の届出の取
　下げそのものはできないものとして取り扱うこと。

▽公有地の拡大の推進に関する法律の一部を改正する法律の施行について

> 昭和63年9月1日建設省経整発第55号・自治政第74号
> 各都道府県知事、各政令指定都市市長あて建設省建設経済局長、自治大臣官房総務審議
> 官通達

　公有地の拡大の推進に関する法律の一部を改正する法律（昭和63年法律第41号）
は、第112回国会において成立し、昭和63年5月17日に公布され、公有地の拡大の推
進に関する法律施行令の一部を改正する政令（昭和63年政令第255号）は昭和63年8
月26日に公布され、それぞれ同年9月1日から施行されたところである。

275

第5編　参考資料

　今回の改正は、土地開発公社が新たに地方公共団体の要請を受けて実施する市街地開発事業等の用に供する土地の取得、管理及び処分の業務を行うことができるようにする等、所要の措置を講じ、もって最近の地方公共団体等における土地需要に即応し、地域の秩序ある整備をより一層推進することを目的とするものである。

　ついては、このような改正の趣旨にかんがみ、その施行に当たっては、左記の諸点に十分留意のうえ関係土地開発公社を指導するとともに、その事務処理に遺憾なきを期せられたい。

　なお、各都道府県知事にあっては、貴管下市町村についても、この旨通知されたい。

記

1　土地開発公社の定款の変更について
　(1)　土地開発公社は、公有地の拡大の推進に関する法律（以下「法」という。）第17条第1項第1号ニの規定により、都市計画法（昭和43年法律第100号）第4条第7項に規定する市街地開発事業及び公有地の拡大の推進に関する法律施行令（以下「令」という。）第7条第1項に規定する観光施設事業の用に供する土地の取得等の業務（以下「新規業務」という。）を行うことができることとなったが、新規業務を行う場合にはあらかじめ土地開発公社の定款の変更を行う必要があること。

　　　この場合の定款の変更については、従来の土地開発公社の業務の範囲を拡大するものであるので、法第14条第2項の規定による設立団体の議会の議決及び主務大臣又は都道府県知事の認可を得る必要があること。

　　　なお、土地開発公社の業務の範囲に関する規定の改正に伴い、業務の範囲を変更しない土地開発公社についても、業務の範囲を明確にするため、定款の変更を行うよう指導すること。

　(2)　土地開発公社は、法第18条第6項第1号の規定により、主務大臣の指定する有価証券を取得することができることとなったが、これらの有価証券を取得する場合には、あらかじめ土地開発公社の定款の変更を行う必要があること。

　　　この場合の定款の変更については、法第14条第2項の規定による設立団体の議会の議決及び主務大臣又は都道府県知事の認可を得る必要があること。

　(3)　土地開発公社の業務の範囲に係る定款の変更に伴い、組合等登記令（昭和39年政令第29号）第6条第1項の規定により、同令第2条第1号の業務に係る登記事項の変更の登記をする必要があること。

2　土地開発公社の業務について
　(1)　新規業務を行うことができる土地開発公社は、法附則第4条の規定により、当分の間、都道府県及び主務大臣の指定する地方公共団体が設立する土地開発公社に限ることとしたこと。

　　　なお、当該地方公共団体として、昭和63年9月建設省・自治省告示第2号によ

276

り、地方自治法（昭和22年法律第67号）第252条の19第１項の指定都市（以下「指定都市」という。）を指定したこと。

(2) 土地開発公社が、新規業務を行うに当たっては、法第17条第３項の規定により、地方公共団体の要請をまって行うこととされているが、同項の「地方公共団体」には、当該土地をその区域に含む市町村が含まれること。

また、同項の要請は、土地開発公社の公的性格にかんがみ、当該新規業務に係る事業が地域の秩序ある整備を図るという観点から必要であると判断される場合に限り、かつ、関係部局及び国の関係機関と十分調整のうえで行うこと。

なお、当該土地の地方公共団体による取得が都市開発資金の融資対象に該当する場合には、同項の要請に先立って都市開発資金の積極的な活用が図られるよう十分配慮すること。

(3) 市街地開発事業に係る要請を行うに当たっては、当該土地は以下の範囲となるようにすること。

イ 市街化区域及び市街化調整区域の区域区分のある都市計画区域にあっては、市街化区域内の土地

ロ イ以外の都市計画区域にあっては、市街地開発事業として実施し得る範囲の土地

(4) 土地開発公社が、新規業務を行うに当たっては、環境の保全に十分留意して行うよう指導すること。

(5) 土地開発公社が、新規業務を行うに当たっては、適正な地価の形成が図られるよう配慮するとともに、あらかじめ関係都道府県又は指定都市の国土利用計画法（昭和49年法律第92号）担当部局と、同法第23条第１項の届出に準じ十分協議するよう指導すること。

(6) 土地開発公社が、新規業務のうち市街地開発事業の用に供する土地の処分を行うに当たっては、当該土地について市街地開発事業に関する都市計画が定められた後に当該土地を処分するよう指導すること。

(7) 土地開発公社が、法第17条第４項に規定する協議を行う必要があるのは、以下の場合であること。

イ 新規業務のうち１の事業の用に供する土地として取得した土地を、新規業務のうち他の事業の用に供する土地として処分しようとするとき

ロ 新規業務以外の目的で取得した土地を、新規業務に係る土地として処分しようとするとき

なお、同項の「関係地方公共団体」には、当該土地開発公社の設立団体及び当該土地の取得に関し法第17条第３項の要請を行った地方公共団体等が含まれること。

当該土地の用途変更については、公益上やむを得ない事情がある場合に限りこれを行うこととし、みだりに当該土地の用途を変更して処分することは、厳に慎

第5編　参考資料

しむよう指導するとともに、設立団体の長は当該用途変更に係る協議に同意しよ
うとする場合には、あらかじめ当局と十分協議すること。

3　土地開発公社の財務について

土地開発公社の業務上の余裕金の運用先を拡大したことに伴い、土地開発公社が
業務上の余裕金を運用するに当たっては、資金の需要見通し等について十分検討の
上、最善の条件で行うよう指導すること。

4　土地開発公社の監督について

市町村の設立に係る土地開発公社に対しては、業務の健全な運営を確保するため
必要があると認めるときは、都道府県知事は、設立団体又はその長に対し、法第19
条第1項の規定による命令その他必要な措置を講ずべきことを求めることができる
こととなったが、土地開発公社の業務の健全な運営については遺憾のないようなお
一層の指導に努めること。

5　税法上の特例措置について

(1)　土地開発公社の業務の範囲が拡大されたことに伴い、地方税法施行令（昭和25
年政令第245号）を改正し、新規業務のうち市街地開発事業の用に供する土地に
ついては、不動産取得税、固定資産税、特別土地保有税及び都市計画税を非課税
とし、観光施設事業の用に供する土地については、非課税とならないこととした
こと。

(2)　土地開発公社の業務の範囲が拡大されたことに伴い、租税特別措置法（昭和32
年法律第26号）及び同法施行令（昭和32年政令第43号）を改正し、新規業務に係
る土地取得に伴う譲渡益については、同法に基づく特例の対象とならないことと
したこと。

▽公有地の拡大の推進に関する法律の一部を改正する法律の施行に当たって留意すべき事項について

> 昭和63年9月1日建設省経整発第56号・自治政第75号
> 各都道府県・各政令指定都市総務部（局）長（地方課扱い）・土地開発公社主管部
> （局）長あて建設省建設経済局調整課長・自治大臣官房地域政策課長通知

公有地の拡大の推進に関する法律の一部を改正する法律（昭和63年法律第41号）の
施行に当たり、その円滑な運用を図るため、左記の諸点についても、十分留意のうえ
関係土地開発公社を指導するとともに、その事務処理に留意されたい。

なお、各都道府県総務部（局）長にあっては、貴管下市町村についても、この旨通
知されたい。

記

1　土地開発公社に対し、公有地の拡大の推進に関する法律（以下「法」という。）
第17条第3項に規定する要請を行うに当たって、調整すべき関係部局及び国の関係

機関には、事案の性格に応じ、財政担当部局、都市計画担当部局、自然保護担当部局及び都道府県公安委員会並びに国立公園管理事務所、地方運輸局及び港湾管理者が含まれること。

2　土地開発公社が、法第17条第1項第1号ニに規定する市街地開発事業の用に供する土地の処分を行うに当たり、当該土地を市街地開発事業の施行者又は市街地開発事業の施行者となることができる公団・公社以外の者に処分しようとするときは、あらかじめ関係地方公共団体の都市計画部局に連絡するよう指導すること。

3　土地開発公社の業務の範囲に関する規定の改正に伴い必要となる土地開発公社の業務の範囲に関する規定の修正でその範囲を変更することのないものについては、公有地の拡大の推進に関する法律施行令第6条第3号の規定による建設大臣・自治大臣告示を行い、議決等を要しないものとする予定であること。

4　業務追加に伴い、経理基準等についても、現在進められている全国都道府県土地開発公社連絡協議会における検討作業の結果をも踏まえ、改正を行う予定であること。

▽公有地の拡大の推進に関する法律及び都市開発資金の貸付けに関する法律の一部を改正する法律並びに公有地の拡大の推進に関する法律施行令の一部を改正する政令の施行について

平成4年8月21日建設省経整発第61号・自治政第74号
各都道府県知事・各指定都市長あて建設省建設経済局長・自治大臣官房総務審議官通知

　公有地の拡大の推進に関する法律及び都市開発資金の貸付けに関する法律の一部を改正する法律（平成4年法律第31号。以下「改正法」という。）は、第123国会において成立し、公有地の拡大の推進に関する法律及び都市開発資金の貸付けに関する法律の一部を改正する法律の施行期日を定める政令（平成4年政令第256号）により平成4年9月1日より施行されることとなったところである。

　公共用地等の先行取得については、公有地の拡大の推進に関する法律（以下「公有地法」という。）に基づく届出又は申出（以下「届出等」という。）により都市計画区域内の土地を先買いする制度が存するところであるが、近年、都市間を連絡する高速自動車国道など都市計画区域外において設置される都市計画施設が増加しており、これらの施設の区域内の土地についても積極的に先買いを推進することが必要となってきているところである。

　改正法はこのような状況にかんがみ、公有地法に基づく届出等の対象として新たに都市計画区域外の都市計画施設の区域内の土地を加えるとともに、土地の先買いを推進するため、先買いに係る土地の買取りについて土地開発公社に対し都市開発資金を貸付けることができることを内容としている。

　また、公有地の拡大の推進に関する法律施行令の一部を改正する政令（平成4年政

279

令第257号。以下「改正令」という。）が平成4年7月24日に公布され、平成4年9月1日に改正法と同時に施行されることとなったところである。

改正令は、最近、大都市圏を中心として土地取引の小規模化が進展し、これらの地域においては、公有地法に基づく届出等に係る土地の面積の下限を現行の200㎡から引き下げることが適当となる場合があること等にかんがみ、都道府県知事が都道府県の規則で面積の下限を100㎡まで引き下げることができることを内容としている。

改正法と改正令は公有地法に基づく届出等の対象となる土地の範囲を拡大したものであり、現下の公共用地等の取得難にかんがみ、地方公共団体等による土地の先買い制度の拡充を図り、もって都市の健全な発展と秩序ある整備をより一層推進することを目的としたものである。

ついては、このような改正法及び改正令の趣旨にかんがみ、その施行に当たっては、左記の点に十分留意して遺憾なきを期せられたい。

なお、貴管下関係市町村についても、この旨周知徹底されたい。

1　改正法関係

(1)　土地の先買いの対象が都市計画区域外の都市計画施設の区域内の土地にまで拡大されたことに伴い、都道府県知事及び指定都市の長は、都市計画区域外の都市計画施設についても、あらかじめ、市町村から図面等を提出させること等により、都市計画決定の状況を正確に把握しておくとともに、地方公共団体等から用地取得計画を提出させる等の措置により地方公共団体等の土地取得の要望を適確に把握し、公有地法第6条第1項又は同条第3項の通知の迅速化に努めること。

(2)　公有地法第4条第3項により、公有地法第6条、第7条、第8条（一定の場合を除く。）、第9条及び第32条第3号（一定の場合を除く。）の規定の適用については、国土利用計画法第23条第1項の規定による届出は、公有地法の届出とみなされているところであるが、今回、都市計画区域外の都市計画施設の区域内の土地についても新たに公有地法の届出等の対象となったことに伴い、国土利用計画法所管部局から公有地法所管部局への連絡について遺憾なきを期せられたいこと。

(3)　土地の先買いの対象が都市計画区域外の都市計画施設の区域内の土地にまで拡大されたことに伴い、地方公共団体の事務が増加することとなることにかんがみ、各地方公共団体において業務の円滑な運営が図られるよう一層の配慮をされたいこと。

(4)　土地の先買いの対象が都市計画区域外の都市計画施設の区域内の土地にまで拡大されたことにより新たに民間の土地取引を制限することとなる区域が拡大することとなることにかんがみ、土地の先買い協議制度の趣旨及び内容等について、宅地建物取引業者、関係住民等に十分周知徹底を図られたいこと。

2　改正令関係

(1)　届出等に係る面積の下限の引き下げは、土地取引等の状況が地域により大きく

異なること等にかんがみ、政令により全国一律に規定することはせずに、地域の実情に詳しい都道府県知事又は指定都市の長が都道府県の規則又は指定都市の規則を定めることによって行うこととしたものであるが、規則を定めるに当たっては、届出に係る面積の下限の引下げは民間の土地取引の自由に対して新たに制限を加えることとなること等に配慮し、必要性を慎重に検討の上必要な区域について100㎡以上200㎡未満の範囲内で必要な面積を定めること。

(2)　今回の改正は、土地取引の小規模化の進展に対応して届出等に係る面積の下限の引き下げを可能とすることにより、公有地法に基づく土地の先買い制度の実効性を確保することを主眼とするものであり、届出等に係る面積の下限の引き下げを行う場合には、届出及び申出の双方について行うものとすること。

(3)　届出等に係る面積の下限の引き下げを行った場合には、公有地法所管部局は、その区域及び面積について国土利用計画法所管部局に直ちに通知し、国土利用計画法所管部局から公有地法所管部局への連絡について遺憾なきを期せられたいこと。

(4)　届出等に係る面積の下限を引き下げた場合、地方公共団体の事務が増加することとなることにかんがみ、1(3)と同様に各地方公共団体において業務の円滑な運営が図られるよう一層の配慮をされたいこと。

(5)　届出等に係る面積の下限の引き下げを行う区域については、届出に係る土地の面積の下限の引き下げに伴い、民間における土地取引に対する制限の程度が従前より大きくなることにかんがみ、1(4)と同様に、土地の先買い協議制度の趣旨、内容並びに面積引下を行う区域及び面積等について、宅地建物取引業者、関係住民等に十分周知徹底を図られたいこと。

▽公有地の拡大の推進に関する法律及び都市開発資金の貸付けに関する法律の一部を改正する法律並びに公有地の拡大の推進に関する法律施行令の一部を改正する政令の施行に当たって留意すべき事項について

平成4年8月21日建設省経整発第62号・自治政第75号
各都道府県土地先買い制度主管部長・各指定都市土地開発公社主管部長あて建設省建設経済局調整課長・自治大臣官房地域政策室長通知

　公有地の拡大の推進に関する法律及び都市開発資金の貸付けに関する法律の一部を改正する法律（以下「改正法」という。）並びに公有地の拡大の推進に関する法律施行令の一部を改正する政令（以下「改正令」という。）の施行に当たり、その円滑な運用を期するため、左記の点についても、十分留意されたい。

記

1　改正法関係
　　新たに土地の先買いの対象となった都市計画区域外の都市計画施設の区域内の土

第5編　参考資料

地について、本年9月1日前にすでに有償譲渡に関する契約を締結しているものについては、届出を要しないものであること。また、本年9月1日前に都市計画区域外の都市計画施設の区域内の土地について、公有地法によらない土地の買取り希望の申出があり、9月1日において協議中である場合で、申出者が公有地法に定めるところにより地方公共団体等による土地の買取りを希望する場合には、新たに公有地法第5条に定めるところにより、土地の買取りの希望の申出を行うことが必要となること。

2　改正令関係

(1)　都道府県知事及び指定都市の長は、届出又は申出に係る面積の下限を引き下げるため規則を制定するに当たっては、面積規模別の土地取引状況及び土地保有状況、公共事業実施に伴って必要となる公有地等の総量、事業化の見込み等を総合的に勘案し、必要な区域を限り必要な面積を設定すること。

(2)　届出に係る面積の下限の引下げは民間における土地取引に対する制限の程度が増加することとなることにかんがみ、規則の公布後1月程度の周知期間をおくことが望ましいこと。

(3)　規則の制定に当たっては、別添の例を参考とされたいこと。

(4)　規則を制定したときは、遅滞なく建設省建設経済局調整課あてその旨を告示した規則の写しとともに報告されたいこと。また、規則の変更の場合についても同様に取り扱われたいこと。

(5)　1(1)と同様に、新たに都道府県の規則により届出又は申出に係る面積の下限が引き下げられた区域において、当該規則が施行される前に、当該規則によれば届出が必要となる面積の土地について有償譲渡に関する契約を締結しているものについては、届出を要しないものであること。また、当該規則が施行される前に、当該規則によれば土地の買取り希望の申出ができる面積の土地について、公有地法によらない土地の買取り希望の申出があり、当該規則が施行された時点において協議中である場合で、申出者が公有地法に定めるところにより地方公共団体等による土地の買取りを希望する場合には、新たに公有地法第5条に定めるところにより、土地の買取りの希望の申出を行うことが必要となること。

3　その他

地方公共団体等（都道府県を除く。）が公有地の拡大の推進に関する法律（以下「公有地法」という。）第6条第1項の手続きにより農地を取得するに当たっては、農地法上、基本的に許可が必要とされており、また、許可が一定の場合に限定されているので、個別の事例に際して農地法の解釈・運用上疑義が生じた場合には、あらかじめ農地転用部局に確認することにより遺憾なきを期せられたいこと。

○○○県規則○○○号

公有地の拡大の推進に関する法律（昭和47年法律第66号）第4条第2項第9号及び公有地の拡大の推進に関する法律施行令（昭和47年政令第284号）第3条第3項並び

に同法第5条第1項及び同施行令第4条の規定に基づき、○○○県における同法に基づく届出又は申出の面積の下限を定める規則を次のように定める。

　　　　　　　　　　　　　　　　　　平成○○年○○月○○日
　　　　　　　　　　　　　　　　　　○○○県知事○○○○
　　　　○○○県における公有地の拡大の推進に関する法律に基づく届出又は申出の面積の下限を定める規則

（記載例1）
　　　公有地の拡大の推進に関する法律第4条第2項第9号及び公有地の拡大の推進に関する法律施行令第3条第3項並びに同法第5条第1項及び同施行令第4条の規定に基づき○○○県の規則で定める面積は、○○○市の区域については○○○平方メートルとする。

（記載例2）
　　　公有地の拡大の推進に関する法律第4条第2項第9号及び公有地の拡大の推進に関する法律施行令第3条第3項並びに同法第5条第1項及び同施行令第4条の規定に基づき○○○県の規則で定める面積は、○○○市の区域のうち、都市計画法（昭和43年法律第100号）第7条第1項に規定する市街化区域については○○○平方メートルとする。

（記載例3）
　　　公有地の拡大の推進に関する法律第4条第2項第9号及び公有地の拡大の推進に関する法律施行令第3条第3項並びに同法第5条第1項及び同施行令第4条の規定に基づき○○○県の規則で定める面積は、○○○市の区域のうち、都市計画法（昭和43年法律第100号）第20条第1項の規定に基づき告示した○○○県告示第○○○号に係る○○○都市計画道路○・○・○号○○○線の区域については○○○平方メートルとする。

　　　　　附　　則
この規則は平成○○年○○月○○日から施行する。

▽公有地の拡大の推進に関する法律施行令の一部を改正する政令の施行及び公有地の拡大の推進に関する法律附則第4条に規定する主務大臣が指定する地方公共団体を定める件の改正について

平成5年4月1日建設省経整発第24号・自治政第41号
各都道府県知事・各指定都市市長あて建設省建設経済局長・自治大臣官房総務審議官通知

　公有地の拡大の推進に関する法律施行令の一部を改正する政令（平成5年政令第127号）は、平成5年4月1日公布され、同日から施行されたところである。
　また、公有地の拡大の推進に関する法律附則第4条に規定する主務大臣が指定する地方公共団体を定める件（昭和63年建設省自治省告示第2号）は、平成5年4月1日

第5編　参考資料

の告示（平成5年建設省自治省告示第1号）により改正されたところである。

　今回の改正は、それぞれの地域の特色を活かした自主的・主体的な活力ある地域づくりを推進するため、土地開発公社が事務所、店舗等の用に供する一団の土地の造成事業を行うことができるよう、土地開発公社の業務を拡充するとともに、地方公共団体の要請を受けて実施する市街地開発事業等の用に供する土地の取得、管理及び処分の業務を行うことができる土地開発公社の範囲を拡大し、もって地域の秩序ある整備を一層推進することを目的とするものである。

　ついては、このような改正の趣旨にかんがみ、その施行に当たっては、左記の点に留意して遺憾なきを期せられたい。

　なお、貴管下市町村についても、この旨通知されたい。

記

1　土地開発公社の定款変更について

　(1)　土地開発公社は、公有地の拡大の推進に関する法律（以下「法」という。）第17条第1項第2号の規定により、事務所、店舗等の用に供する一団の土地の造成事業（以下「新規事業」という。）を行うことができることとなったが、新規事業を行う場合は、あらかじめ定款変更を行う必要があること。

　　　また、市が設立する土地開発公社は、新たに法第17条第1項第1号ニの規定により、都市計画法（昭和43年法律第100号）第4条第7項に規定する市街地開発事業及び公有地の拡大の推進に関する法律施行令第7条第1項に規定する観光施設事業の用に供する土地の取得等の業務（以下「ニ業務」という。）を行うことができることとなったが、ニ業務を行う場合は、あらかじめ定款変更を行う必要があること。

　　　これらの場合の定款変更については、従来の土地開発公社の業務の範囲を拡大するものであるので、法第14条第2項の規定による設立団体の議会の議決及び主務大臣又は都道府県知事の認可を得る必要があること。

　　　なお、今回の政令改正後においても従来の業務の範囲を変更しない土地開発公社については、その旨を明確にしておくため必要がある場合には所要の定款規定の整備を行うよう指導すること。

　(2)　土地開発公社の業務の範囲に係る定款の変更に伴い、組合等登記令（昭和39年政令第29号）第6条第1項の規定により、同令第2条第1項の業務に係る登記事項の変更の登記をする必要があること。

2　土地開発公社の業務について

　(1)　新規事業について

　　①　今回の政令改正は、公共・公用施設とも一体となった計画的、総合的なまちづくりを円滑化することを主な目的としているものであり、新規事業については、このような地域開発のために必要な場合に実施するよう、土地開発公社を十分指導すること。

284

また、新規事業においては、法第17条第１項第２号による従来の造成事業におけると同様、土地開発公社が本格的な造成行為を行うことが必要であること。

② 今回の政令改正の主目的にかんがみ、「事務所、店舗等」の具体的内容は、事務所、店舗のほか、営業所、倉庫、研究施設、見本市会場、コンベンションホール等であり、農林漁業施設（例えばカントリーエレベーター、畜舎）は含まれないこと。また、新規事業には、農林地の創出は含まれないこと。

③ 土地開発公社が新規事業を行うに当たっては、環境の保全に十分留意して行うよう指導すること。

④ 土地開発公社が新規事業を行うに当たっては、適正な地価の形成が図られるよう配慮するとともに、あらかじめ関係都道府県又は地方自治法（昭和22年法律第67号）第252条の19第１項の指定都市の国土利用計画法（昭和49年法律第92号）担当部局と、同法第23条第１項の届出に準じ十分協議するよう、指導すること。

⑤ 新規事業に係る土地の取得が地方公共団体に対する都市開発資金の融資の対象に該当する場合には、土地開発公社による当該土地の取得に先立ち、都市開発資金の積極的活用が図られるよう十分配慮すること。

(2) ニ業務について

今回の告示改正により、ニ業務を行うことができる土地開発公社の範囲が、市及び市の加入する一部事務組合まで拡大されたが、ニ業務の実施に当たっては、「公有地の拡大の推進に関する法律の一部を改正する法律の施行について」（昭和63年９月１日建設省経政発第55号・自治政第74号）の２を十分に踏まえること。

3 税法上の特例措置について

土地開発公社が行う新規事業のために土地を譲渡する者が当該譲渡により有する所得については、法第17条第１項第２号による従来の造成事業の場合と同様、租税特別措置法（昭和32年法律第26号）及び地方税法（昭和25年法律第226号）に基づく課税の特例が適用されること。

第5編　参考資料

▽公有地の拡大の推進に関する法律施行令の一部を改正する政令の施行及び公有地の拡大の推進に関する法律附則第4条に規定する主務大臣が指定する地方公共団体を定める件の改正に当たって留意すべき事項について

平成5年4月1日建設省経整発第25号・自治政第42号
各都道府県・各指定都市総務部（局）長・（地方課扱い）土地開発公社主管部（局）長
あて建設省建設経済局調整課長・自治大臣官房地域政策室長通知

　公有地の拡大の推進に関する法律施行令の一部を改正する政令（平成5年政令第127号）の施行及び公有地の拡大の推進に関する法律附則第4条に規定する主務大臣が指定する地方公共団体を定める件の一部を改正する件（平成5年建設省自治省告示第1号）の告示に当たり、その円滑な運用を図るため、左記の諸点についても十分留意するとともに、関係土地開発公社を指導されたい。

記

1　土地開発公社が、公有地の拡大の推進に関する法律（以下「法」という。）第17条第1項第2号の規定による事務所、店舗等の用に供する一団の土地の造成事業（以下「新規事業」という。）を、港湾法第2条第3項の港湾区域又は同条第4項の臨港地区内において行う場合には、あらかじめ、当該港湾を管理する港湾管理者と協議するとともに、当該港湾管理者から新規事業の実施の要請を受けて行うものとすること。

2　土地開発公社が、法第17条第1項第1号ニの規定により、都市計画法（昭和43年法律第100号）第4条第7項に規定する市街地開発事業及び公有地の拡大の推進に関する法律施行令第7条第1項に規定する観光施設事業の用に供する土地の取得等の業務（以下「ニ業務」という。）を行うに当たっては、「公有地の拡大の推進に関する法律の一部を改正する法律の施行について」（昭和63年9月1日建設省経整発第55号・自治政第74号）の1及び2を十分に踏まえること。

3　地方公共団体が法第17条第3項の要請を行う場合には、土地開発公社の円滑な資金調達を確保するため、個別事業ごとに債務保証を行うことを含め、土地開発公社の実情に応じた適切な措置を講ずるよう努めること。

4　今回の政令改正に伴い必要となる土地開発公社の業務の範囲に関する定款の規定の修正でその範囲を変更することのないものについては、公有地の拡大の推進に関する法律施行令第6条第3号の規定による建設省自治省告示を行い、議決等を要しないものとする予定であること。

286

▽地方自治法の一部を改正する法律による中核市制度の創設に伴う公有地の拡大の推進に関する法律第2章の土地の先買い制度の運用について

（平成8年3月22日建設省経整発第22号、自治政第23号）
各都道府県公有地法担当部長あて建設省建設経済局調整課長、自治大臣官房地域政策室
長通知

　地方自治法の一部を改正する法律（平成6年法律第48号）による中核市制度の創設に伴い、地方自治法の一部を改正する法律の施行に伴う関係法律の整備に関する法律（平成6年法律第49号）第28条の規定により公有地の拡大の推進に関する法律（昭和47年法律第66号。以下「公有地法」という。）第29条が改正され、公有地法第2章の土地の先買い制度に関する事務は、地方自治法第252条の22第1項の中核市の指定に関する政令（平成7年政令第408号）により指定された中核市においては、本年4月1日から、当該中核市の長が行うこととされている。

　ついては、今後の公有地法の事務の執行に当たっては、下記の事項に留意のうえ、遺憾のないよう期されたい。

　また、貴管下の中核市の公有地法担当部局にこの旨通知するとともに、今後、新たに中核市が指定された場合にも、同様の周知を図られたい。

　なお、本通知については、国土庁とも協議済みであるので、念のため申し添える。

記

1　中核市の長が行う事務について

　(1)　公有地法第2章の土地の先買い制度に関し、中核市の長が行う事務の内容は次のとおりであること。

　　①　都市計画施設の区域内の土地等を譲渡しようとする場合の届出を受理すること（公有地法第4条第1項）。

　　②　史跡等に係る地域内に所在する土地であって譲渡に当たり届出を要するものを指定・公告すること（公有地法第4条第1項第2号ニ、同法施行令第2条第1項第1号、同法施行規則第2条）。

　　③　新たな市街地の造成を目的とする土地区画整理事業であってその施行区域内に所在する土地について譲渡に当たり届出を要するものを指定・公告すること（公有地法第4条第1項第3号、同法施行規則第3条）。

　　④　譲渡に届出を要する土地の規模を定める規則を制定すること（公有地法第4条第2項第9号、同法施行令第3条第3項）。

　　⑤　都市計画施設の区域内の土地等の地方公共団体等による買取り希望の申出を受理すること（公有地法第5条第1項）。

　　⑥　買取り希望の申出ができる土地の規模を定める規則を制定すること（公有地法第5条第1項、同法施行令第4条）。

287

第5編　参考資料

⑦　土地の買取りの協議を行う地方公共団体等の決定及びその旨を通知すること
又は買取りを希望する地方公共団体等がない旨を通知すること（公有地法第6
条第1項、同条第3項）。

(2)　公有地法第2章の土地の先買い制度の運用については、従来、「公有地の拡大
の推進に関する法律の施行について（昭和47年8月25日付け都道府県知事等あて
建設・自治事務次官通達、建設省都政発第23号・自治省自治画第92号）」等によ
り通知しているところであるが、前記(1)の事務を中核市の長が行うに当たって
も、これらの通知の趣旨に従い、事務の適切な執行を図ること。

2　国土利用計画法との関係について

(1)　国土利用計画法（昭和49年法律第92号。以下「国土法」という。）第23条第1
項の規定による届出のうち、公有地法第4条第1項各号に掲げる土地に係るもの
は、同条第3項の規定により同条第1項の規定による届出とみなされること。

しかしながら、中核市の区域に所在する土地であっても、国土法の届出に関す
る事務は引き続き都道府県知事が行うこととされていることから、「中核市の区
域に所在する土地に関する権利の移転等の届出に係る事務処理について（平成8
年3月22日付け都道府県土地対策担当部長あて国土庁土地局土地利用調整課長通
達、8国土利第111号）」により、公有地法の届出とみなされる国土法の届出に係
る届出書を経由機関として受理した中核市の長は、直ちに、当該届出書の副本一
部を添えて、その旨を当該中核市の公有地法担当部局に連絡することとされてい
ること。

(2)　国土法に基づき都道府県知事が勧告又は勧告を行わない旨の通知を行う場合の
公有地法担当部局との所要の連絡・調整は、中核市の区域に所在する土地に係る
ものについては、当該中核市の公有地法担当部局と行われることになるので、あ
らかじめ、都道府県及び中核市の関係部局間で連絡・調整体制の確立を図るこ
と。

3　平成8年3月31日以前に行われた届出等の取扱いについて

平成8年3月31日以前に都道府県知事に対してなされた公有地法第4条第1項の
届出及び同法第5条第1項の申出又は同日前に都道府県知事が行った上記1(1)の事
務のうち中核市の区域内に係るものについては、地方自治法第252条の19第1項又
は第252条の22第1項の規定による指定都市又は中核市の指定があった場合におけ
る必要な事項を定める政令（昭和38年政令第11号）第8条において準用する同令第
2条第1項の規定により、平成8年4月1日以後は、当該中核市の長に対してなさ
れたもの又は当該中核市の長が行ったものとみなされることとされている。このた
め、当該届出等に係る事務については、速やかに当該中核市の公有地法担当部局に
引き継ぐとともに、その後も十分な連絡調整を行い、公有地法の適正な執行を図る
こと。

なお、今後新たに中核市の指定があった場合にも、同様の取扱いとなることに留

意すること。

▽密集市街地における防災街区の整備の促進に関する法律第3条第1項に規定する防災再開発促進地区の区域内における公有地の拡大の推進に関する法律における土地の先買い制度に係る面積の下限を定める規則の制定範囲の拡大について

（平成9年11月8日建設省経整発第75号）
（各都道府県知事、各指定都市の長、各中核市の長あて建設省建設経済局長通知）

　密集市街地における防災街区の整備の促進に関する法律（平成9年法律第49号。以下「密集市街地整備法」という。）については平成9年11月8日施行されたところであるが、この施行に係る「密集市街地における防災街区の整備の促進に関する法律及び密集市街地における防災街区の整備の促進に関する法律の施行に伴う関係法律の整備等に関する法律の施行に伴う関係政令の整備等に関する政令」（平成9年政令第325号）第18条の規定により公有地の拡大の推進に関する法律施行令（昭和47年政令第284号）第3条第3項及び第4項が改正され、土地の先買い制度（届出又は申出）に係る面積の下限を密集市街地整備法第3条第1項に規定する防災再開発促進地区（以下単に「防災再開発促進地区」という。）の区域内にあつては都道府県の規則により50㎡まで引下げることができることとされ、同日施行されたところである。

　この面積の下限に関する制度改正に係る運用については、下記に十分留意する他、平成4年8月21日付建設省経整発第61号自治政第74号及び同日付建設省経整発第62号自治政第75号記の2によりその円滑な実施を確保されたい。

　なお、貴管下関係市町村についても、この旨周知されたい。

記

1　密集市街地整備法は、老朽化した木造の建築物が密集しかつ十分な公共施設がないため大規模地震時に市街地大火を引き起こすなど防災上危険な状況にある密集市街地について、計画的な再開発による防災街区の整備を促進し、防災に関する機能の確保と土地の合理的かつ健全な利用を図ることを目的とする。

　　また、防災再開発促進地区は、密集市街地のうち特に一体的かつ総合的に市街地の再開発を促進すべき相当規模の地区として都市計画の市街化区域の整備、開発又は保全の方針に定められるものである。

　　この目的及び趣旨にかんがみ、土地の先買い制度の面積の下限に係る本制度改正がされたものであるので、その運用に当たっては密集市街地整備法所管部局と十分に連絡調整を行うこと。

2　本制度改正の運用に当たっても、上記建設省経整発第61号自治政第74号のうち2(2)［面積の下限の引下げを行う場合には届出及び申出の双方について行う旨］は、基本的には踏襲されるべきである。

第5編　参考資料

　　ただし、密集市街地においては借家関係等の権利関係が錯綜しており、都市計画
　施設等が計画・決定されていない区域も少なくないこと等の地域の特性を考慮すれ
　ば、防災再開発促進地区（予定地区を含む。）における地方公共団体等の土地の取
　得形態の実績、再開発の計画、関係住民の意向等の状況を総合的に検討した結果届
　出に係る面積の下限を引下げる必要がないと判断される場合にはこの限りでない。
3　この他本制度改正の運用に当たっては、届出に係る面積の下限の引下げは民間の
　土地取引の自由に対して新たな制限を加えることとなること、新たな事務が増大す
　ること等を考慮し、必要性を慎重に検討の上必要な地域について必要な面積を定め
　ること。
　　また、面積の下限の引下げを行う場合、その趣旨、区域及び面積等について宅地
　建物取引業者、関係住民等に十分周知すること。

▽標準事務処理要領の改正について

平成11年3月31日建設省経整発第25号
各都道府県・各指定都市・各中核市公拡法主管部局長あて建設省建設経済局調整課長通知

改正　令和2年12月24日国不用第39号

　公有地の拡大の推進に関する法律（昭和47年法律第66号）第2章に係る事務を円滑
かつ適切に行うため、昭和50年3月10日付け建設省計画局公共用地課長通知「標準事
務処理要領の改正について」により、標準事務処理要領を改正し、送付したところで
あるが、国土利用計画法の一部を改正する法律（平成10年法律第92号）、国土利用計
画法施行令の一部を改正する政令（平成10年政令第284号）の施行に伴い、これを別
添のとおり改正し、送付するので事務処理要領の改正にあたつては、これを参考にさ
れたい。
（別添）
　　公有地の拡大の推進に関する法律第2章に係る○○県事務処理要領
　　　第1章　総則
　（目的）
第1条　この要領は、公有地の拡大の推進に関する法律（昭和47年法律第66号。以下
　「法」という。）第2章に係る事務を円滑かつ適切に行うため必要な事項を定める
　ことを目的とする。
　（要領の遵守）
第2条　地方公共団体等（法第2条第2号の地方公共団体等をいう。以下同じ。）及
　び地方公共団体の長は、この要領を遵守して法第2章に係る事務の円滑かつ適切な
　運用に努めるものとする。
　　　第2章　届出等に係る事務
　（法第4条第1項に掲げる土地の区域等を示す図面の整備）

290

第3条　法第4条第1項第1号、第2号、第4号及び第5号に掲げる土地の区域等に係る決定若しくは指定又は変更をした者は、すみやかにその内容を示す○○分の1以上（注1）の図面及び書類（以下「図面等」という。）を○○県知事（以下「知事」という。）に提出するものとする。

2　知事は、前項の図面等を受理したときは、当該図面等を整備し、その写しを市町村長に送付するものとする。

3　市町村長は、前項の規定により図面等の写しの送付を受けたときは、当該写しを公衆の閲覧に供するものとする。

（注1）　「2,500分の1」とすることが望ましいこと。

（法第4条第1項第3号等の指定）

第4条　知事は、法第4条第1項第3号及び公有地の拡大の推進に関する法律施行令（昭和47年政令第284号）第2条第1項第1号の指定をしようとするときは、それぞれ土地区画整理事業の施行者又は施行者となるべき者及び○○県教育委員会に協議するものとする。

2　知事は、前項の指定をしたときは、公有地の拡大の推進に関する法律施行規則（昭和47年建設省令、自治省令第1号。以下「規則」という。）第2条及び第3条の定めるところにより、公告するものとする。

3　前条第2項及び第3項の規定は、第1項の指定に準用する。

（用地取得計画の作成等）

第5条　地方公共団体等（○○県（以下「県」という。）にあつては関係部局）は、法第4条第1項第6号に規定する届出に係る土地について、用地取得計画を作成し、知事に提出するものとする。

2　前項の用地取得計画は、次の各号に掲げる事項を記載した別記様式第1によるものとする。

　⑴　法第4条第1項第6号に規定する届出に係る土地について、法第9条第1項各号に規定する事業又はその代替地の用に供するため法第6条の手続による買取りを希望する土地の面積、区域（区域が不確定の場合においては、所在地域）及び用途並びに当該事業の施行者（施行者が未定の場合においては、施行予定者）、及び施行年度。

　⑵　その他参考となるべき事項

3　前2項の規定は、地方公共団体等が用地取得計画を変更しようとしたときに準用する。

（届出書等の用紙の備付け）

第6条　市町村長は、土地有償譲渡届出書及び土地買取希望申出書（以下「届出書等」という。）の用紙を常時備え付けておくものとする。

（届出書等に添付すべき図面）

第7条　届出書等の正本及び写しに添付すべき図面は、次の各号に掲げる事項による

291

第5編　参考資料

届出等（法第6条第1項に規定する届出等をいう。以下同じ。）に係る土地の位置
及び形状を明らかにしたおおよそ○○分の1（注2）の見取図とする。

(1)　方位

(2)　届出等に係る土地の所在、地盤及び境界

(3)　届出等に係る土地の周辺の道路、公園、河川その他公共施設及び公用施設

（注2）　「500分の1」とすることが望ましいこと。

（受理書の交付等）

第8条　市町村長は、届出等を受理したときは、当該届出等をした者に受理書を交付
するとともに、文書処理台帳に受理年月日、登録番号等所要の事項を記入して登録
するものとする。ただし、当該届出等が国土利用計画法（昭和49年法律第92号。以
下「国土法」という。）第27条の4第1項（第27条の7第1項において準用する場
合を含む。）の規定に基づく届出で法第4条第3項の規定により法に基づく届出と
みなされるもの（以下「国土法の届出」という。）であるときの受理書の交付は、
国土法の手続きによって行うものとする。

（届出等に係る書類の送付等）

第9条　市町村長は、届出等を受理したときは、届出書等の正本及びそれに添付され
た図面をできる限り当該届出等があつた日又はその翌日に知事に送付するものとす
る。なお、その市町村に当該届出等に係る土地の買取りについての意見があるとき
は、当該正本の送付とは別に知事に申し出るものとする。

2　知事は、前項の規定により届出書等の正本及びそれに添付された図面の送付を受
けたとき又は国土法の届出に係る届出書の副本（以下「国土法の届出書」とい
う。）の送付を受けたときは、前条の基準に準じて、文書処理台帳を作成するもの
とする。

（届出書等の内容の通知等）

第10条　市町村長は、届出等を受理したときは、ただちにその内容を当該市町村長の
統轄する市町村の設立又は出資に係る土地開発公社及び地方住宅供給公社並びに当
該市町村を所管区域とする県（土木）事務所に通知するものとする。

2　知事は、前条の規定により届出書等の正本及びそれに添付された図面の送付を受
けたとき又は国土法の届出書の送付を受けたときは、ただちにその内容を県の関係
部局に連絡するとともに、県の設立に係る土地開発公社、地方住宅供給公社及び地
方道路公社並びに港務局、住宅・都市整備公団及び地域振興整備公団に通知するも
のとする。

3　前2項の通知は、用地取得計画に照らし、当該届出に係る土地の買取りを希望し
ないことが明らかであると認められる地方公共団体等については、なすことを要し
ないものとする。

4　第1項及び第2項の通知は、次の各号の一に該当する場合等、地方公共団体等が
届出等に係る土地の買取りを希望しないことが明らかであると認められる場合につ

292

いては、これを行わないとすることができる。

(1) 譲渡後も、その土地の上に存する建物等を利用し、継続して業務を行うことを前提とした譲渡

(2) 譲渡担保及び代物弁済の予約

(3) 現物出資

(4) 親会社・子会社相互間の譲渡

5 知事は、地方公共団体等について、第1項及び第2項の通知がされないときは、土地の買取りを希望する地方公共団体等がない旨を直ちに当該届出をした者に通知するものとする。

6 前項の通知は、法第4条第1項第6号に規定する届出については、届出があつた日から起算して1週間以内に行うよう努めるものとする。

（届出等に係る土地の買取り希望の申出）

第11条 地方公共団体等（県にあつては関係部局）は、届出等の内容を知ったときは、速やかに（○日以内に）当該届出に係る土地についての買取り希望の有無を知事に申し出るものとする。

2 知事は、前項に規定する買取り希望の有無の申出を回答期限までに行わない地方公共団体等がある場合は、当該地方公共団体等における買取り希望がないものとみなす。

（買取り協議を行う地方公共団体等の決定等）

第12条 知事は、前条の申出を勘案して、法第6条第1項の買取り協議を行う地方公共団体等を決定し、その旨を届出等をした者及び当該地方公共団体等に届出等があつた日から起算して3週間以内に通知するものとする。

2 知事は、前条の申出に基づき、地方公共団体等が届出等に係る土地の買取りを希望しないことが明らかになったときは、直ちにその旨を当該届出等をした者に通知するものとする。この場合において、当該届出等が国土法の届出であるときは、国土法第27条の4第3項（第27条の7第1項において準用する場合を含む。）の規定に基づく譲渡の制限が解除されるものではないことを付記するものとする。

3 前項の通知は、法第4条第1項第6号に規定する届出については、届出のあった日から起算して2週間以内に、これを行うよう努めるものとする。

4 知事は、第1項又は第2項の通知をしたときは、その旨当該届出等を受理した市町村長に連絡するものとする。

5 第1項の通知は、別記様式第4(イ)及び(ロ)の通知書により、第2項の通知は、別記様式第5の通知書により行うものとする。

（届出書等の保管）

第13条 市町村長及び知事は、届出書等及びそれに添付された図面を少なくとも法第8条に規定する期間の経過した日の翌日から起算して1年を経過する日まで保管するものとする。

293

第5編　参考資料

第3章　買取り協議等

（買取り協議）

第14条　第12条第1項の通知をうけた地方公共団体等は、速やかに届出等をした者と
当該届出等に係る土地の買取りについて協議するものとする。

　　なお、国土法第27条の4第3項（第27条の7第1項において準用する場合を含
む。）に規定する期間内に協議を打ち切るときは、同条に基づく譲渡制限が解除さ
れるものでないことを明示するものとする。

2　知事は、国土法第27条の5第1項又は第27条の8第1項の規定に基づく勧告がさ
れるときは、あらかじめその内容を第12条第1項の通知をした地方公共団体等に通
知するものとする。この場合地方公共団体等は、直ちに協議の状況を知事に報告す
るものとする。

（買取り協議の結果の報告）

第15条　地方公共団体等は、前条第1項の協議が成立したとき又は成立しないことが
明らかになつたときは、遅滞なくその旨知事に報告するものとする。

第16条　地方公共団体等は、法第6条の手続により届出等に係る土地を買い取つたと
きは、法第4条第1項の届出に係る土地、国土法の届出に係る土地、法第5条第1
項の申出に係る土地の別を明らかにした用地台帳を作成し、法第9条の定めるとこ
ろにより、管理するものとする。

2　前項の用地台帳は、別記様式第6によるものとする。

294

別記様式第1

用　地　取　得　計　画

平成　年　月　日

地方公共団体等名

用途	買取りを希望する土地の所在地域	買取りを希望する土地の面積	事業施行（予定）者	事業施行（予定）年度	備考

別記様式第2

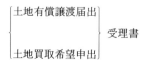

　下記の土地につき、公有地の拡大の推進に関する法律 {第4条第1項の届出 / 第5条第1項の申出} を

受理いたしました。

　　　　　　　　　　　　　　　　　　　平成　　年　　月　　日
　　　　　　　　　　　　　　　　　　　○○市長　○○○○

　　　　殿

　　　　　　　　　　　　記

登録番号
届出（申出）に係る土地の所在及び地番
届出（申出）に係る土地の面積

別記様式第3

公有地先買関係文書処理台帳

平成　年　月　日　現在
地方公共団体等名

市町村長受理年月日	受理した市町村名	届出・国土法の届出・申出の別	届出等をした者の氏名及び住所	届出等に係る土地			県知事に送付した年月日	買取り協議				買取り協議の成立又は不成立及び成立(不成立)の年月日	備考
				所在地	地番	地積		法第6条第1項又は第3項の通知の別・通知年月日	買取り協議主体	買取り協議客体	買取り目的		

第5編　参考資料

別記様式第4(イ)

通　知　書

公有地の拡大の推進に関する法律〔第4条第1項〕〔第5条第1項〕の規定に基づき〔届出〕〔申出〕

国土利用計画法　　　　　第27条の4第1項
（第27条の7第1項において準用する場合を含む。）

のあつた下記の土地につき、公有地の拡大の推進に関する法律第6条の規定に基づき買取りの協議を行うことを通知します。

平成　　年　　月　　日

○　○　県　知　事　○　○　○　○

殿

記

登録番号
届出（申出）に係る土地の所在及び地番
届出（申出）に係る土地の面積
買取り協議を行う地方公共団体等
買取りの目的

別記様式第4(ロ)

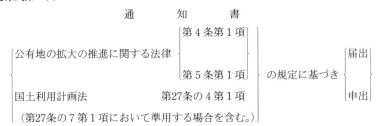

のあつた下記の土地につき、貴殿を公有地の拡大の推進に関する法律第6条第1項の買取りを行う地方公共団体等として定めたので通知します。

　　　　　　　　　　　　　　　　　　平成　年　月　日
　　　　　　　　　　　　　　　　　○○県知事○○○○

　　　　　殿

　　　　　　　　　　記

届出（申出）に係る土地の所在及び地番
届出（申出）に係る土地の面積
届出（申出）に係る土地の所有者の氏名及び住所
買取りの目的

別記様式第5

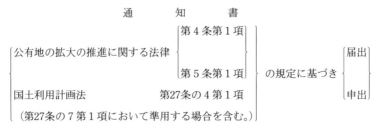

のあつた下記の土地につき、土地の買取りを希望する地方公共団体等がないので通知します。

なお、国土利用計画法第27条の4第3項（第27条の7第1項において準用する場合を含む。）の規定により、届出をした日から起算して6週間を経過する日までの間は、土地売買等の契約を締結してはならないこととされていますので、念のため申し添えます。

平成　年　月　日
○○県知事○○○○

殿

記

登録番号
届出（申出）に係る土地の所在及び地番
届出（申出）に係る土地の面積

別記様式第 6

用　　地　　台　　帳

(1) 法第 4 条第 1 項の届出に係るもの

所　在	地　番	地　積	地　目	買取りの目的	買取りの年月日	土地の買取り価格	建物その他の工作物の補償費	譲渡人の氏名及び住所

(2) 国土法の届出に係るもの

所　在	地　番	地　積	地　目	買取りの目的	買取りの年月日	土地の買取り価格	建物その他の工作物の補償費	譲渡人の氏名及び住所

(3) 法第 5 条第 1 項の申出に係るもの

所　在	地　番	地　積	地　目	買取りの目的	買取りの年月日	土地の買取り価格	建物その他の工作物の補償費	譲渡人の氏名及び住所

第5編　参考資料

▽公有地の拡大の推進に関する法律の運用について（土地の先買い制度関係）

平成12年4月21日建設省経整発第27号、自治政第28号
各都道府県知事、各政令指定都市、各中核市市長あて建設省建設経済局長、自治大臣官房総務審議官通知

　公有地の拡大の推進に関する法律に基づく第2章の運用については、これまで適切な対応をお願いしているところでありますが、今後、より一層計画的かつ適正な運営を図るため、下記の点を参考にしつつ、その事務を取り扱われるようお願いします。

　なお、この旨を管内市区町村に通知するとともに、その趣旨の徹底をお願いします。

記

1　法第4条第1項の届出等に係る面積の下限の設定については、土地取引等の状況が地域により大きく異なること等にかんがみ、政令により全国一律に規定することはせずに、地域の実情に詳しい都道府県等がその規則を定めることによって行うこととされています。

　　近年の地価の持続的な下落、地方公共団体等の土地保有状況等の社会経済情勢の変化を踏まえ、また、民間における土地取引の自由に対する制限が大きいこと等にかんがみ、法第4条第1項の届出等に係る面積の下限の設定については、この点に十分に配慮して、運用するようお願いします。

2　届出等に係る土地について、買取りの希望に基づき法第6条第1項の買取りの協議を行う地方公共団体等を決定するに当たっては、買取りの目的の必要性、届出等に係る土地の状況、事業化の見込みの確実性、地方公共団体等の資金状況等を十分に踏まえ、適正な運用を図るようお願いします。

3　法第6条第1項の通知は、具体的な買取りの目的（具体的な事業の種別及び施設名）を記載した文書により行うものとし、単に「公共公益施設」、「諸用地」又は「代替地」とすることは行わないようお願いします。

4　法第6条第1項の手続により事業用地として買い取ることについては、都市計画決定等により当該事業の実施が確実と見込まれるものについて行うようお願いします。

5　法第6条第1項の手続により代替地として買い取ることについては、具体的な事業について地権者の意向調査等が既に行われ、当該地区について代替地として活用されることが確実である場合を除き行わないようお願いします。

6　「公有地の拡大の推進に関する法律の施行について」（昭和47年8月25日、建設省都政発第23号・自治省自治画第92号）の記2(6)のとおり、都道府県等は、地方公共団体等からなる連絡協議会を設置する等により、法第2章に係る事務の執行体制の整備を図るようお願いします。

302

▽企業の再編に伴う土地譲渡等に関する届出の取扱いについて（技術的助言）

平成22年3月30日国土用第82号
各都道府県・各指定都市・各中核市公拡法主管部局長あて国土交通省土地・水資源局総務課長通知

　公有地の拡大の推進に関する法律（昭和47年法律第66号。以下「法」という。）の土地の先買い制度の運用については、「公有地の拡大の推進に関する法律の施行について（土地の先買い制度関係）」（昭和47年11月11日付け建設省都政発第26号・自治画第104号）等により円滑かつ適切な運用をお願いしているところです。

　今般、平成22年1月12日の行政刷新会議において、「ハトミミ・ｃｏｍ「国民の声」の受付開始及び規制改革要望の棚卸しについて」が報告され、「規制改革集中受付期間」（平成21年6月）において提出された全国規模の規制改革要望を検討した結果、各府省において実施するとされた事項要望として、「企業の再編に伴う土地譲渡に関する届出」について別紙のとおりとされました。

　つきましては、企業再編に伴う土地譲渡に関する法第4条及び第6条の取扱いについて、下記のとおり定めたところですので、その円滑な運用をお願いします。

　また、都道府県におかれては、貴管内の市区町村（指定都市及び中核市を除く。）にもこの旨を周知されるようお願いします。

　なお、本通知は、地方自治法（昭和22年法律第67号）第245条の4（技術的助言）の規定に基づくものです。

記

1　事業譲渡、現物出資等に伴い土地の所有権が移転する場合

　　事業譲渡、現物出資等に伴い土地の所有権が移転する場合は、標準事務処理要領（「標準事務処理要領の改正について」（平成11年3月31日付け建設省経整発第25号建設省経済局調整課長通知）別添「公有地の拡大の推進に関する法律第2章に係る○○県事務処理要領」をいう。）第10条第4項乃至第6項の規定を参考にした取扱い等を実施することにより、事務処理の迅速化・合理化による譲渡制限期間の短縮を図るようお願いします。

2　法人の合併、分割等に伴い土地の所有権が移転する場合

　　法人の合併、分割等に伴い土地の所有権が移転する場合は、合併、分割等により消滅等する法人の権利義務の全部又は一部が存続等する法人に包括的に承継されるものであることから、法第4条に規定する土地の有償譲渡には該当せず、同条に基づく届出は不要であること。

（別紙）

　　ハトミミ・ｃｏｍ「国民の声」の受付開始及び規制改革要望の棚卸しについて

　　（平成22年1月12日）

第5編　参考資料

別紙2　「特区、地域再生、規制改革集中受付月間」において提出された全国規模の
　　　　規制改革要望を検討した結果、各府省において実施するとされた事項（抜粋）

事項名	規制の根拠法令等	規制改革の概要	実施時期
企業再編に伴う土地譲渡に関する届出	公有地の拡大の推進に関する法律（昭和47年法律第66号）第4条、第8条	公有地の拡大の推進に関する法律第4条に基づく届出について、企業再編のための事業譲渡、現物出資等については、都道府県等の運用実態も踏まえ、事務処理の迅速化・合理化等による譲渡制限期間の短縮について検討し、周知する。併せて、会社の合併及び分割による土地所有権の移転については、当該届出は不要である旨周知する。	平成21年度

▽地域の自主性及び自立性を高めるための改革の推進を図るための関係法律の整備に関する法律の施行に伴う公有地の拡大の推進に関する法律第2章の土地の先買い制度の運用について（技術的助言）

平成24年1月20日国土用第32号・総行地第4号
各都道府県公有地法担当部長、各指定都市公有地法担当部長あて国土交通省土地・建設産業局地価調査課長、総務省自治行政局地域振興室長通知

　地域の自主性及び自立性を高めるための改革の推進を図るための関係法律の整備に関する法律（平成23年法律第105号。以下「第2次一括法」という。）第125条、地域の自主性及び自立性を高めるための改革の推進を図るための関係法律の整備に関する法律の一部の施行に伴う国土交通省関係政令等の整備等に関する政令（平成23年政令第363号）第15条及び公有地の拡大の推進に関する法律施行規則の一部を改正する省令（平成23年総務省・国土交通省令第3号）による公有地の拡大の推進に関する法律（以下「公有地法」という。）、同法施行令及び同法施行規則の一部改正により、公有地法第2章の土地の先買い制度に関する事務は、一部を除き、市の区域内に係るものについては、本年4月1日から市及び市の長が行うこととされました。

　つきましては、今後の公有地法の事務の執行に当たって、下記の事項に留意のうえ、その円滑な運用をお願いします。

　また、都道府県におかれては、貴管内の市（指定都市を除く。）の公有地法担当部局にもこの旨を周知されるようお願いします。

　なお、本通知は、地方自治法（昭和22年法律第67号）第245条の4（技術的助言）の規定に基づくものであり、国土利用計画法（昭和49年法律第92号。以下「国土法」という。）の所管課（土地・建設産業局不動産市場整備課）とも協議済みですので、

304

念のため申し添えます。

記

1　市及び市の長が行う事務について

　(1)　公有地法第2章の土地の先買い制度に関し、市及び市の長が行う事務の内容は
　　　次のとおりであること。

　　①　都市計画施設の区域内の土地等を譲渡しようとする場合の届出を受理するこ
　　　　と（公有地法第4条第1項）。

　　②　史跡等に係る地域内に所在する土地であって譲渡に当たり届出を要するもの
　　　　を指定・公告すること（公有地法第4条第1項第2号ニ、同法施行令第2条第
　　　　1項第1号、同法施行規則第2条）。

　　③　譲渡に届出を要する土地の規模を定める条例を制定すること（公有地法第4
　　　　条第2項第9号、同法施行令第3条第3項）。

　　④　都市計画施設の区域内の土地等の地方公共団体等による買取り希望の申出を
　　　　受理すること（公有地法第5条第1項）。

　　⑤　買取り希望の申出ができる土地の規模を定める規則を制定すること（公有地
　　　　法第5条第1項、同法施行令第4条）。

　　⑥　土地の買取りの協議を行う申出ができる地方公共団体等の決定及びその旨を
　　　　通知すること又は買取りを希望する地方公共団体等がない旨を通知すること
　　　　（公有地法第6条第1項、同条第3項）。

　(2)　公有地法第2章の土地の先買い制度の運用については、従来、「公有地の拡大
　　　の推進に関する法律の施行について（昭和47年8月25日付け都道府県知事等あて
　　　建設・自治事務次官通達、建設省都政発第23号・自治省自治画第92号）」等によ
　　　り通知しているところであるが、前記(1)の事務を市及び市の長が行うに当たって
　　　も、これらの通知の趣旨に従って、事務の適切な執行を図っていただきたいこ
　　　と。

2　国土法との関係について

　　国土法第27条の4第1項（同法第27条の7第1項において準用する場合を含
　　む。）の規定による届出のうち、公有地法第4条第1項各号に掲げる土地に係るも
　　のは、従前のとおり、同条第3項の規定により同条第1項の規定による届出とみな
　　されること。

　　都道府県及び指定都市については、「国土利用計画法に基づく土地取引の規制に
　　関する措置等の運用指針について」（平成20年11月10日付け国土利第55号）別添Ⅱ
　　4(1)において、公有地法担当部局と国土法担当部局との間で密に連絡を取り合うべ
　　きであるとされているところであるが、今般の公有地法の一部改正を踏まえ、市
　　（指定都市を除く。）の公有地法担当部局におかれては、当該市及び当該市の区域
　　を管轄する都道府県の国土法担当部局との間で連携を図っていただきたいこと。

3　平成24年3月31日以前に行われた届出等の取扱について

第5編　参考資料

　平成24年3月31日以前に都道府県知事に対してなされた公有地法第4条第1項の届出又は同法第5条第1項の申出に係る土地の買取り協議については、第2次一括法附則第61条の経過措置により、なお従前の例によることとされていること。

▽土地開発公社経営健全化対策について

平成25年2月28日総行地第9号・総財公第18号
各都道府県知事、各指定都市市長あて総務副大臣通知

　土地開発公社の経営については、その設立者又は出資者である地方公共団体（以下「設立・出資団体」という。）の責任において健全化が図られるべきものですが、独力では健全化の達成が困難と考えられる設立・出資団体も見受けられることから、「土地開発公社経営健全化対策について」（平成16年12月27日付け総行地第142号・総財地第266号総務事務次官通知）により、経営健全化対策を講じているところです。しかしながら、設立・出資団体の財政事情の変化や事業の見直し等によって保有土地に占める長期保有土地の割合が増加傾向にある等、依然として土地開発公社の経営環境は厳しいものとなっております。

　このため、別紙のとおり、新たな経営健全化対策を講ずることとしましたので、十分留意の上、本対策を活用することにより、土地開発公社の経営の健全化に積極的に取り組まれるよう、お願いします。

　なお、「土地開発公社経営健全化対策について」（平成16年12月27日付け総行地第142号・総財地第266号）は、廃止します。

　おって、貴都道府県内の市区町村に対しても通知願います。

（別紙）
　　土地開発公社経営健全化対策措置要領
第1　目的
　　この要領は、地方公共団体が、土地開発公社の経営の健全化に関する計画に基づき、当該地方公共団体の債務保証等により借り入れた資金によって保有されている土地の縮減その他土地開発公社の経営の健全化を促進することにより、地域の秩序ある整備と地方財政の健全性の確保に資することを目的とする。
第2　対象団体
　　この要領の対象となる地方公共団体は、土地開発公社の設立・出資団体のうち、当該土地開発公社の経営の抜本的な健全化を図る必要がある団体であって、次のいずれかに該当するものとする。
(1)　第1種公社経営健全化団体
　　　設立・出資団体の財政状況等により当該団体の独力では経営の抜本的な健全化の達成が困難であると考えられる土地開発公社（以下「第1種経営健全化公社」という。）の設立・出資団体

306

(2)　第2種公社経営健全化団体

　　　経営の抜本的な健全化が達成されておらず、早急に経営の健全化に取り組まな
　　ければ当該団体の独力ではその達成が困難となるおそれがある土地開発公社（第
　　1種経営健全化公社を除く。以下「第2種経営健全化公社」という。）の設立・
　　出資団体

第3　土地開発公社の経営の健全化に関する計画の策定

(1)　この要領によって第1種経営健全化公社又は第2種経営健全化公社（以下「経
　　営健全化公社」と総称する。）の経営の抜本的な健全化を図ろうとする設立・出
　　資団体は、当該経営健全化公社の経営の健全化に関する計画（以下「公社経営健
　　全化計画」という。）を定めるものとする。

　　　公社経営健全化計画については、議会への説明及び地域住民への情報の提供に
　　より、透明性を確保するものとする。

　　　なお、設立・出資団体が複数である経営健全化公社については、すべての設立
　　・出資団体が共同して公社経営健全化計画を定めるものとする。

(2)　公社経営健全化計画は、経営健全化公社が、原則として平成29年度までに、平
　　成23年度末に保有する土地のうち設立・出資団体の債務保証又は損失補償を付し
　　た借入金によって取得されたもの（以下「債務保証等対象土地」という。）の縮
　　減その他土地開発公社の抜本的な経営健全化を図ることができるように、次の事
　　項について定めるものとする。

　　(1)　経営健全化の期間

　　(2)　経営健全化の基本方針

　　(3)　公社経営健全化計画実施のための体制

　　(4)　各年度の用地取得・処分・保有計画

　　(5)　債務保証等対象土地の詳細処分計画

　　(6)　その他の経営健全化のための具体的措置

　　(7)　設立・出資団体による支援措置

　　(8)　設立・出資団体における用地取得依頼手続等の改善

　　(9)　達成すべき経営指標の目標値

第4　公社経営健全化団体の指定等

(1)　公社経営健全化計画は、設立・出資団体の長が作成し、平成25年6月30日まで
　　に、都道府県及び地方自治法（昭和22年法律第67号）第252条の19第1項の指定
　　都市（以下「都道府県等」という。）にあっては総務大臣に、市町村及び特別区
　　（同項の指定都市を除く。以下「市町村等」という。）にあっては都道府県知事
　　に提出するものとする。

(2)　公社経営健全化計画の提出を受けた総務大臣又は都道府県知事は、その内容が
　　適当であると認めるときは、平成25年8月31日までに、当該公社経営健全化計画
　　を提出した設立・出資団体を公社経営健全化団体として指定することができる。

第5編　参考資料

(3)　公社経営健全化団体は、公社経営健全化計画に基づいて経営健全化公社の経営の健全化を図るものとし、積極的な取組により、経営健全化の期間の短縮に極力努めるものとする。

(4)　総務大臣又は都道府県知事は、自らが指定した公社経営健全化団体に対し、公社経営健全化計画の実施に関し技術的な助言又は勧告を行うため、経営健全化の期間中の各年度において、11月30日までに当該年度に係る公社経営健全化計画の実施見込みに係る資料を、翌年度の6月15日までに当該年度に係る公社経営健全化計画の実施状況に係る資料を提出するよう求めることができる。

(5)　公社経営健全化団体は、経営の健全化を完了した場合においては、その旨を公社経営健全化計画の実施状況に係る資料に併せて記載するものとする。

第5　公社経営健全化団体に対する財政措置

(1)　公社経営健全化団体が、公社経営健全化計画を実施する場合には、以下の措置を講ずるものとする。ただし、公社経営健全化団体が公社経営健全化計画に著しく反している場合には、この限りでない。

(2)　公社経営健全化団体が、公社経営健全化計画に基づいて、経営健全化公社の債務保証等対象土地を取得する場合、その保有期間にかかわらず、公共用地先行取得等事業による起債対象とする。

(3)　公社経営健全化団体が、公社経営健全化計画に基づいて、経営健全化公社の債務保証等対象土地に係る資金について無利子貸付を行う場合、当該貸付に係る貸付金の原資の全額を一般単独事業債・一般事業（貸付金）による起債対象とする。

(4)　特別交付税による措置

(1)　第1種公社経営健全化団体が上記2により債務保証等対象土地を取得する場合又は上記3により無利子貸付を行う場合には、その調達金利の一部を特別交付税により措置する。

(2)　第1種公社経営健全化団体が、公社経営健全化計画に基づいて、第1種経営健全化公社の債務保証等対象土地に係る資金について利子補給を行う場合には、その経費の一部を特別交付税により措置する。

第6　公社経営健全化計画の変更

公社経営健全化団体は、災害その他特別の事情がある場合には公社経営健全化計画を変更することができる。この場合において、都道府県等にあっては総務大臣に、市町村等にあっては都道府県知事に、変更された公社経営健全化計画を提出するものとする。

第7　公社経営健全化団体の指定の取消し

経営健全化の期間中のいずれかの年度において、公社経営健全化団体の取組が公社経営健全化計画に著しく反していると認められるとき又は変更された公社経営健全化計画の内容が適当でないと認められるときは、都道府県等にあっては総務大臣

が、市町村等にあっては都道府県知事が、当該公社経営健全化団体の指定を取り消すことができる。

第8　その他

(1)　総務大臣又は都道府県知事は、自らが指定した公社経営健全化団体に対し、公社経営健全化計画の実施に関し技術的助言又は勧告を行うため、その実施に係る資料の提出を求めることができる。

(2)　総務大臣は、都道府県知事に対し、当該知事が指定した公社経営健全化団体における公社経営健全化計画の実施に関し技術的助言又は勧告を行うため、当該計画及びその実施に係る資料の提出を求めることができる。

▽「平成29年の地方からの提案等に関する対応方針」を受けた先買い土地の有効活用の促進について

平成30年3月30日　各都道府県・各指定都市・各中核市公拡法担当課長
あて国土交通省土地・建設産業局総務課公共用地室課長補佐事務連絡

平成28年の地方分権改革に関する提案募集における「「公有地の拡大の推進に関する法律」に基づき取得した土地の利用に関する規制の緩和」の提案については、「平成29年の地方からの提案等に関する対応方針」（別紙）が平成29年12月26日に閣議決定されたところである。

この対応方針に基づき、公有地の拡大の推進に関する法律（昭和47年法律第66号。以下「公拡法」という。）の規定により取得した先買い土地の有効活用を促進するため、下記の点に留意し、都市再生整備計画を作成する市町村の担当部局等とも連携を深め、取り組まれたく通知する。

なお、本通知については、貴団体の設立に係る土地開発公社、地方住宅供給公社及び地方道路公社並びに港務局に周知いただくとともに、都道府県からは、貴管下市区町村（指定都市及び中核市を除く。）にも周知いただくようお願いする。

記

1　先買い土地については、都市再生特別措置法（平成14年法律第22号。以下「都再法」という。）第46条第1項に規定する都市再生整備計画に同条第2項第2号又は第3号の事業を記載することにより活用することが可能であること

2　都市再生整備計画は、交付金を充てて事業を実施しようとする場合を除き国土交通大臣への提出等は不要であること

3　都再法第46条第2項第2号イの事業については、同事業により整備する施設が公共公益施設に当たるかどうかを市町村が判断し、都市再生整備計画に記載するものであること

また、公拡法第9条により買取り目的とは異なる事業や暫定利用に供された事例（別添1）、地域のニーズに応じた先買い土地の活用を促進するため地方公共団体に

第5編　参考資料

おいて内部連携を図っている事例（別添2）を添付したので、参考とされたい。

別紙

平成29年の地方からの提案等に関する対応方針（抜粋）

（平成29年12月26日）
（閣　議　決　定）

1　基本的考え方

　　地方分権改革については、これまでの成果を基盤とし、地方の発意に根差した新たな取組を推進することとして、平成26年から地方分権改革に関する「提案募集方式」を導入した（「地方分権改革に関する提案募集の実施方針」（平成26年4月30日地方分権改革推進本部決定））。

　　地方分権改革の推進は、地域が自らの発想と創意工夫により課題解決を図るための基盤となるものであり、地方創生における極めて重要なテーマである。

　　平成29年の取組としては、提案が出されて以降、これまで、地方分権改革有識者会議、提案募集検討専門部会、地域交通部会等で議論を重ねてきた。

　　今後は、「まち・ひと・しごと創生総合戦略（2017改訂版）」（平成29年12月22日閣議決定）も踏まえ、以下のとおり、地方公共団体への事務・権限の移譲、義務付け・枠付けの見直し等を推進する。

6　義務付け・枠付けの見直し等

国土交通省

⒆　公有地の拡大の推進に関する法律（昭47法66）

　　土地の買取りの協議（6条1項）により取得した土地（以下この事項において「先買い土地」という。）については、その有効活用を促進するため、都市再生整備計画（都市再生特別措置法（平14法22）46条1項）に同法46条2項2号又は3号に基づく事業を記載することにより、先買い土地を当該事業に活用することが可能であること、また、同計画は、交付金を充てて事業を実施しようとする場合を除き国土交通大臣への提出等は不要であるなど、市町村が簡易な手続により作成することが可能であること等について、地方公共団体等に平成29年度中に通知するとともに、引き続き活用事例を情報提供する。

　　また、地域のニーズに応じた先買い土地の活用を促進するため、地方公共団体において内部連携を図ることにより先買い土地の活用について検討している取組事例等について、地方公共団体等に平成29年度中に情報提供するとともに、定期的な調査等により、引き続き地方公共団体等が保有する先買い土地の実態の把握に努める。

▽公有地の拡大の推進に関する法律施行規則の一部改正について

> 令和2年12月25日国不用第42号・総行地第197号
> 都道府県・指定都市・中核市公有地の拡大の推進に関する法律担当部長あて国土交通省不動産・建設経済局土地政策課長総務省地域力創造グループ地域振興室長通知

　公有地の拡大の推進に関する法律施行規則の一部を改正する省令（令和2年総務省・国土交通省令第1号）は、令和2年12月23日に公布され、令和3年1月1日に施行されます。

　この省令は、規制改革実施計画（令和2年7月17日閣議決定）により、国民や事業者等に対して押印を求めている法令、通達等の改正を行うこととされたことを踏まえ、公有地の拡大の推進に関する法律施行規則（昭和四十七年建設省・自治省令第一号）に定める別記様式第一「土地有償譲渡届出書」及び別記様式第二「土地買取希望申出書」について、「㊞」を削除することをその内容とするものです。

　貴職におかれては、この改正の趣旨に則り、その施行に遺漏のないよう格別の配慮をされるとともに、各都道府県におかれましては、貴管内市区町村（指定都市、中核市を除く。）に対してもこの旨周知願います。

▽公有地の拡大の推進に関する法律の先買い制度に係る手続きのオンライン化について（ご協力のお願い）

> 令和3年3月31日　都道府県・政令指定都市・中核市公有地の拡大の推進に関する法律担当者あて国土交通省不動産・建設経済局土地政策課公共用地室課長補佐事務連絡

　日頃より、公有地の拡大の推進に関する法律（以下「公拡法」という。）第2章に基づく先買い制度の運用にご尽力いただき誠にありがとうございます。

　さて、令和2年7月17日に閣議決定された「規制改革実施計画」において、「行政手続における書面規制・押印、対面規制の抜本的な見直し」に取り組むこととされております。

　これを踏まえ、「公有地の拡大の推進に関する法律施行規則の一部改正について」（令和2年12月25日付国不用第42号、総行地第197号）を発出し、公拡法施行規則別記様式第一「土地有償譲渡届出書」及び別記様式第二「土地買取希望申出書」について、「㊞」を削除したことについて通知したところです。

　公拡法第2章に基づく先買い制度に係る手続きのうち、公拡法第4条第1項の届出及び第5条第1項の申出（以下「届出等」という。）については、「情報通信技術を活用した行政の推進等に関する法律」（平成十四年法律第百五十一号）（以下「デジタル手続法」という。）第6条第1項の規定により、添付書類も含めて、申請等のオンラインによる提出が制度的に可能とされているところです。

　つきましては、公拡法第2章に基づく先買い制度に係る手続きのうち、届出等に関

311

第5編　参考資料

し、デジタル手続法に基づく電子的方法による運用を積極的に推進するようお願い申し上げます。

　なお、「関係行政機関が所管する法令に係る情報通信技術を活用した行政の推進等に関する法律施行規則」（平成十六年内閣府・総務省・法務省・外務省・財務省・文部科学省・厚生労働省・農林水産省・経済産業省・国土交通省・環境省令第一号）第5条第4項の規定により、電子的方法による申請等を行う場合には、当該数通の書面等のうち一通に記載された場合は、その他の同一内容の書面等に記載されたものとみなし、副本の提出は不要です。

■情報通信技術を活用した行政の推進等に関する法律（平成十四年法律第百五十一号）

第二節　手続等における情報通信技術の利用

（電子情報処理組織による申請等）

第六条　申請等のうち当該申請等に関する他の法令の規定において書面等により行うことその他のその方法が規定されているものについては、当該法令の規定にかかわらず、主務省令で定めるところにより、主務省令で定める電子情報処理組織（行政機関等の使用に係る電子計算機（入出力装置を含む。以下同じ。）とその手続等の相手方の使用に係る電子計算機とを電気通信回線で接続した電子情報処理組織をいう。次章を除き、以下同じ。）を使用する方法により行うことができる。

2　前項の電子情報処理組織を使用する方法により行われた申請等については、当該申請等に関する他の法令の規定に規定する方法により行われたものとみなして、当該法令その他の当該申請等に関する法令の規定を適用する。

3　第一項の電子情報処理組織を使用する方法により行われた申請等は、当該申請等を受ける行政機関等の使用に係る電子計算機に備えられたファイルへの記録がされた時に当該行政機関等に到達したものとみなす。

4　申請等のうち当該申請等に関する他の法令の規定において署名等をすることが規定されているものを第一項の電子情報処理組織を使用する方法により行う場合には、当該署名等については、当該法令の規定にかかわらず、電子情報処理組織を使用した個人番号カード（行政手続における特定の個人を識別するための番号の利用等に関する法律（平成二十五年法律第二十七号）第二条第七項に規定する個人番号カードをいう。第十一条において同じ。）の利用その他の氏名又は名称を明らかにする措置であって主務省令で定めるものをもって代えることができる。

■関係行政機関が所管する法令に係る情報通信技術を活用した行政の推進等に関する法律施行規則（平成十六年内閣府・総務省・法務省・外務省・財務省・文部科学省・厚生労働省・農林水産省・経済産業省・国土交通省・環境省令第一号）

　行政手続等における情報通信の技術の利用に関する法律（平成十四年法律第百五十

一号）第三条第一項及び第四項、第四条第一項及び第四項、第五条第一項並びに第六条第一項及び第三項の規定に基づき、並びに同法及び関係行政機関が所管する関係法令を実施するため、関係行政機関が所管する法令に係る行政手続等における情報通信の技術の利用に関する法律施行規則を次のように定める。

（電子情報処理組織による申請等）

第五条　法第六条第一項の規定により電子情報処理組織を使用する方法により申請等を行う者は、当該申請等を書面等により行うときに提出すべきこととされている書面等（次項に規定する書面等を除く。）に記載すべきこととされている事項その他当該申請等が行われるべき行政機関等が定める事項を、前条の申請等をする者の使用に係る電子計算機から入力して、申請等を行わなければならない。

2　前項の規定により申請等を行う者は、当該申請等が行われるべき行政機関等が定めるところにより、当該申請等を書面等により行うときに併せて提出すべきこととされている書面等に記載され若しくは電磁的記録に記録されている事項又はこれらに記載すべき若しくは記録すべき事項を前項の電子計算機から入力しなければならない。

3　前二項の規定により申請等を行う者は、入力した事項についての情報に電子署名を行い、当該電子署名に係る電子証明書と併せてこれを送信しなければならない。ただし、当該申請等が行われるべき行政機関等が当該申請等を行った者を確認するための措置を別に定める場合は、本文に規定する措置に代えて当該措置を行わなければならない。

4　法令の規定に基づき同一内容の書面等又は電磁的記録を数通必要とする申請等を行う者が、第一項又は第二項の規定に基づき、当該数通の書面等のうち一通に記載され若しくは当該数通の電磁的記録のうち一通に記録されている事項又はこれらに記載すべき若しくは記録すべき事項を入力した場合は、その他の同一内容の書面等に記載され若しくは電磁的記録に記録されている事項又はこれらに記載すべき若しくは記録すべき事項が入力されたものとみなす。

▽地域の自主性及び自立性を高めるための改革の推進を図るための関係法律の整備に関する法律による公有地の拡大の推進に関する法律の一部改正の施行について

令和 6 年 8 月19日国不用第15号・国都公景第 101 号
各都道府県・各指定都市公拡法・生産緑地法担当部長あて国土交通省不動産・建設経済局土地政策課長、都市局公園緑地・景観課長通知

　令和 5 年の地方分権改革に関する提案募集を受け、第213回国会において地域の自主性及び自立性を高めるための改革の推進を図るための関係法律の整備に関する法律（令和 6 年法律第53号）が成立し、令和 6 年 6 月19日に公布されました。同法のう

第5編　参考資料

ち、公有地の拡大の推進に関する法律（昭和47年法律第66号。以下「公拡法」とい
う。）の改正規定の施行期日は、同年9月19日とされています。

　今回の公拡法の改正は、生産緑地法（昭和49年法律第68号）第2条第3号に規定す
る生産緑地について、同法第10条（第10条の5の規定により読み替えて適用される場
合を含む。）の規定に基づく市町村長への買取りの申出（以下「買取りの申出」とい
う。）をした者は、同法第12条の規定に基づく買い取らない旨の通知があった日の翌
日から1年間に限り、公拡法第4条第1項の規定に基づく都道府県知事等への有償譲
渡の届出（以下「有償譲渡の届出」という。）を不要とすることにより、生産緑地の
所有者及び地方公共団体の負担を軽減し、円滑な土地取引の実現を図るものです。

　今後の事務の執行に当たっては、下記の点に十分留意の上、その円滑な運用をお願
いします。

　また、都道府県にあっては、本通知について貴管内の市町村（指定都市を除く。）
にも周知されるようお願いします。

　なお、本通知は、地方自治法（昭和22年法律第67号）第245条の4（技術的助言）
の規定に基づくものであることを申し添えます。

記

第一　改正の趣旨等

　今回の改正の背景、趣旨及び内容は次のとおりです。

　1　改正の背景

　　生産緑地の所有者がこれを有償で譲渡しようとする場合、買取りの申出と有償
　譲渡の届出が重複することがあった。この場合には、土地所有者は公拡法及び生
　産緑地法の手続を行わなければならず、地方公共団体は生産緑地法に基づき買い
　取らない旨の通知を行った土地について、改めて公拡法に定める買取りの協議に
　関する手続を行う必要があった。そのため、土地所有者及び地方公共団体にとっ
　て二重の負担となっていたほか、一定の期間、土地取引が制限されていた。

　2　改正の趣旨及び内容

　　1の状況を踏まえ、公拡法の届出手続の合理化することとし、生産緑地法第12
　条の規定に基づく買い取らない旨の通知があった日の翌日から1年間に限り、有
　償譲渡の届出を不要とすることとした。有償譲渡の届出を不要とする期間を限定
　しているのは、公共施設等の適地とされる土地が生産緑地に指定されることか
　ら、生産緑地法の手続においていったん買い取らないと判断した場合でも、都市
　計画の変更や予算措置の都合により、一定期間の経過後には買取りの需要が生ず
　ることが考えられることによる。

　　なお、この規定は、同様の趣旨から有償譲渡の届出を不要としている改正後の
　公拡法第4条第2項第7号の規定を参考としている。

第二　留意事項

　事務の執行に当たっては、次に掲げる事項について留意されるようお願いしま

す。また、買取りの申出又は有償譲渡の届出を行う可能性がある生産緑地の所有者及び生産緑地の売買を仲介する宅地建物取引業者等に対して1及び3について周知されるようお願いします。

1　土地所有者が行う公拡法及び生産緑地法の手続について

　⑴　有償譲渡の届出を省略するには、買取りの申出を先行して行う必要があること。

　⑵　有償譲渡の届出を先行して行ったとしても、買取りの申出が不要となるものではないこと。

2　土地の買取り希望の照会に係る関係部局間の連携について

　⑴　令和6年9月19日以降に買取りの申出があった生産緑地について、市町村長が買い取らない場合は、生産緑地法第11条第2項の規定に基づき買取りの相手方となることができ、かつ、公拡法第6条第1項の規定に基づき土地の買取りの協議を行うことができる地方公共団体等（地方公共団体、土地開発公社、港務局、地方住宅供給公社、地方道路公社及び独立行政法人都市再生機構）が土地を買い取る機会が損なわれないよう配慮すること。

　⑵　具体的には、生産緑地法担当部局と公拡法担当部局とが十分に連携を図り、生産緑地法に基づく手続において地方公共団体等である各機関に対して確実に照会し、買取りの希望の有無を確認すること。

3　経過措置について

　　令和6年9月18日以前に買取りの申出を行った者が土地を有償で譲渡しようとするときには、従前のとおり有償譲渡の届出が必要であること。

以上

▽土地開発公社が自ら行う公共事業用地の先行取得について

平成4年4月17日建設省経整発第23号
北海道開発局長・沖縄総合事務局長・各地方建設局長あて建設省建設経済局長通達

　「公有地の拡大の推進に関する法律」に基づき土地開発公社が自ら行う土地の先行取得は、公共事業用地の円滑な確保を図る上で重要な役割を果たしており、平成4年度においても、「公有地の拡大の推進に関する法律」による先買い制度の拡充、「特定公共用地等先行取得資金融資制度」の創設等、その支援のために各般の施策を講じることとしているところであるが、このような土地開発公社の先行取得は、国庫債務負担行為による先行取得とは異なり再取得の確約を伴うものではなく、再取得の時期、金額等については予算措置がなされた時点で確定すべきものであることは言うまでもない。

　土地開発公社の先行取得に際しては、事業化の見込み、予算措置が行われた場合の再取得の条件等について事前に十分な連絡調整を行っておくことが望ましいが、その

第 5 編　参考資料

結果を明文化して互いに交換しておく必要がある場合においては、前記の趣旨に十分留意し、誤解の生じることのないよう厳重に注意されたい。

　なお、当面の実務の用に供するため、別添のとおり「土地開発公社が自ら行う先行取得に係る標準的な協定例（案）」を定めたので参考とされたい。

別添

　　　土地開発公社が自ら行う先行取得に係る標準的な協定

　　　例（案）

　建設省○○地方建設局長○○○○（以下「甲」という。）と○○県知事〔又は○○市長〕○○○○（以下「乙」という。）及び○○県〔又は○○市〕土地開発公社理事長○○○○（以下「丙」という。）とは、○○事業（以下「本件事業」という。）に必要な用地の取得等に関し次のとおり協定を締結する。

（目的）

第 1 条　この協定は、本件事業に必要な用地の取得等に関する基本的事項を定め、以て円滑な事業の遂行を図ることを目的とする。

　　甲、乙及び丙は、用地取得等について十分協議を行い、相互に協力するものとする。

（業務範囲）

第 2 条　丙は、本件事業に必要な別記に掲げる土地（以下「本件事業用地」という。）を取得するため、次の各号に掲げる業務（以下「本件先行取得業務」という。）を行う。

⑴　平成○○年度において本件事業用地を取得すること

⑵　本件事業用地を取得するために必要な補償金額の算定、用地交渉、契約の締結、登記、補償金の支払い及び土地の管理その他これらに附帯する事務を行うこと

（補償基準）

第 3 条　丙は、本件先行取得業務を行う場合の補償については「公共用地の取得に伴う損失補償基準要綱（昭和37年 6 月29日閣議決定）」の定めるところにより行うものとする。

（物件等の処理）

第 4 条　丙は、本件先行取得業務を行う場合において本件事業用地に、地上権、質権、抵当権又は先取特権その他所有権以外の権利が設定されており、又は存するときは当該権利を消滅させ、かつ、本件事業用地に物件が存するときは、当該物件を移転させるものとする。

（予算措置等）

第 5 条　甲は、丙が取得した本件事業用地をすみやかに取得するため所要の予算措置が講ぜられるよう努めるものとする。

2　甲は、前項の規定により本件事業用地を取得する場合においては、近傍類地の時

価を基準とし、次の各号に掲げる金額を勘案して適切な価額を丙に支払うものとする。

(1) 本件事業用地の取得に要した用地費及び補償費の額

(2) 本件事業用地の取得に要した事務費等の額

(3) 本件事業用地の管理に要した額

(4) 前各号の費用に有利子の資金が当てられた場合の当該利子支払額

（台帳等の調整）

第6条　丙は、本件事業用地の取得を行おうとするときは、土地等の権利者の氏名、住所、土地の所在、地番、地目及び面積、権利の種類及び内容、物件の種類及び数量並びに土砂れきの種類及び数量その他損失の補償にあたって必要な事項を正確に把握し、土地所有者ごとの土地調書及び物件所有者ごとの物件調書を作成するものとする。

2　丙は、前項の規定に基づく調書等に基づき、土地等の権利者の各人についての損失補償に関する損失補償台帳を作成し、補償金額、契約年月日、支払完了年月日等を適宜記入することにより、本件事業用地に係る損失補償の状況が常に明らかであるように措置するものとする。

（収用手続き）

第7条　甲は、本件事業用地の区域において丙による用地買収交渉が成立しない箇所が生じた場合においては、第2条の規定にかかわらず、予算措置が講ぜられた後、土地収用法等の定めるところにより、本件事業用地の収用手続きを行うものとする。

（証明書等の発行区分）

第8条　本件事業用地の取得に伴う租税特別措置法施行規則（昭和32年大蔵省令第15号）（以下本条においては「同規則」という。）に規定する証明書等の発行区分は次によるものとする。

(1) 甲が発行する書類

　イ　同規則第15条第2項第3号又は第22条の4第3項第3号に規定する書類

(2) 丙が発行する書類

　イ　同規則第15条第2項第1号、同項第2号及び同条第3項又は第22条の4第3項第1号、同項第2号及び同条第4項に規定する書類

　ロ　同規則第15条第4項又は第22条の4第5項に規定する調書

（協議等の経由）

第9条　この協定に関し乙及び丙が甲との間で行う協議、文書の交換等は、建設省○○地方建設局○○工事事務所長を経由して行うものとする。

（その他）

第10条　この協定に疑義が生じたとき又は特別な事情が生じたとき若しくはこの協定に定めのない事項については、甲、乙、丙が協議して定めるものとする。

317

第5編　参考資料

　この協定締結の証として、協定書3通を作成し、甲、乙、丙記名押印のうえ、それ
ぞれ1通を保有する。
　　　平成　　年　　月　　日
　　　　　　　　　　甲
　　　　　　　　　　乙
　　　　　　　　　　丙

別記

本 件 事 業 用 地 一 覧

(1) 土地の所在

地先から
地先まで

別添現況図の通り

(2) 本件事業用地等の内訳

区　　　分	単　位	数　量	摘　　　　　　　　　要
宅　　　　　地	m²		
田	m²		
建 物 移 転 料	式		
工 作 物 移 転 料	式		
立 竹 木 補 償	式		
通 常 損 失 補 償	式		

第5編　参考資料

▽土地開発公社が自ら行う先行取得に係る標準的な協定例（案）の運用について

平成7年11月1日建設省経整発第47号
北海道開発局官房長、沖縄総合事務局用地担当部長、各地方建設局用地部長あて
建設省建設経済局調整課長通達

　「土地開発公社が自ら行う先行取得に関する標準的な協定例（案）」（平成4年4月17日付け建設省経整発第23号建設経済局長通達別添。以下「協定例（案）」という。）については、下記事項に留意の上その事務処理を図られたい。
　なお、平成4年4月17日付け建設省経整発第24号建設経済局調整課長通達は廃止する。

記

1　協定例（案）第5条第2項の「適切な価額」とは、当面、近傍類地の取引価額を勘案した額に当該土地に存する物件の移転に要した費用等及び事務費等を加えた額の範囲内で、土地の取得費、当該土地に存する物件の移転に要した費用等、事務費等、直接管理費及びこれらの費用に有利子の資金が当てられた場合の利子支払額の合計額とすること。ただし、地価の下落局面においても、後年度に取得することが著しく不利又は困難である等先行取得を行うにつき、国等の事業主体が有利となる次のような合理的な理由のある場合においては、近傍類地の取引価額、当該土地の取得費、当該土地に存する物件の移転に要した費用等、事務費等、直接管理費及びこれらの費用に有利子の資金が当てられた場合の利子支払額を勘案した適切な価額により再取得を行うことができる。

　ア　市街化の進展が著しく、建築物の建築が進み事業費の増大が見込まれる場合
　イ　事業の円滑な執行上地権者の買取りの申出に早急に応ずべき場合
　ウ　実施中の他の事業と併せて用地を取得することにより、事業の円滑な執行に資する場合
　エ　用地を一括取得することにより、交渉費用等を削減し、事業費の増大を避けることができる場合

2　1の土地の取得費、事務費等、直接管理費及び利子支払額については、「国庫債務負担行為により直轄事業又は補助事業の用に供する土地を先行取得する場合の取扱いについて」（昭和51年5月11日付け建設省計用発第16号建設事務次官通達）記6(3)の例によること。

3　上記1ただし書きの適用範囲等について疑義が生じた場合においては、その取扱いが公共用地の先行取得の促進のために果たす役割の重要性に鑑み、予め当職まで照会されたい。

▽「公有地の拡大の推進に関する法律」に関する疑義について

（昭和52年7月21日建設省計用発第25号）
（神奈川県土木部長あて建設省計画局公共用地課長回答）

　昭和52年6月24日付け土調第27号で照会のあつた標記について、左記のとおり回答する。

記

　本件土地が公有地の拡大の推進に関する法律（昭和47年法律第66号）第4条第1項に規定する土地その他都市計画区域内に所在する土地（その面積が300平方メートル以上のものに限る。）であれば、当該土地の所有者は同法第5条第1項に基づき当該土地の買取り希望の申出をすることができるものであること。

〔照　会〕

（昭和52年6月24日　土調第27号）
神奈川県土木部長から建設省計画局公共用地課長あて照会

　標記の件について、取扱い上、左記のとおり疑義が生じましたので、ご教示いただきたく照会いたします。

記

（照会事項）
　既に地上権（借地権）を県が有し、公営住宅として運用している住宅敷地を、県が買収する場合における「公有地の拡大の推進に関する法律」第5条の適用の可否について

（説明事項）
○　県営○○住宅は、昭和34年度から38年度に建設されたテラス、中層耐火住宅208戸である。
○　敷地は当初から地主14名と借地契約を締結し、毎年度更新している。（借地12,171.81平方メートル賃借料51年度○○円／平方メートル年額○○円）
○　地主12名から昭和50年8月28日「県営住宅敷地の買上げについてお願い」が知事あて提出された。
○　県は買収方針により、昭和51年度地主6名から3,206.59平方メートルを平方メートル当り○○円で総額○○円で買収し、さらに昭和52年度に地主10名から7,034.66平方メートルを○○円で買収すべく手続を進めている。
○　この買収に当つて、県としては今後とも既設住宅（耐用年数75年）をそのまま運営して行く方針で、改良計画もなく、すでに公共の用に供しているものを買収するものであるから任意の双務契約として買収を実施して来たが、昭和52年度買収対象地主甲から本件は「公有地の拡大の推進に関する法律」第5条に該当し、「税の恩恵を受けられるのではないか」との照会があつた。

321

索　引

―お―

オンラインによる買取り希望の申出
　………………… Q97（105頁）
オンラインによる土地の有償譲渡の届出
　………………… Q25（29頁）

―か―

買取り希望価額　………… Q162（180頁）
買取り団体とは違う地方公共団体等に使
　用貸借させる目的での先買い
　………………… Q192（211頁）
買取りの協議を行う地方公共団体等の選
　定　……………… Q130（141頁）
買取り目的とした事業以外の事業への転
　用　……………… Q172（192頁）
開発許可区域内の土地の譲渡
　………………… Q82（82頁）
過料の手続　…………… Q200（218頁）

―き―

境界点のみが接する土地の申出
　………………… Q118（126頁）
狭小な土地を代替地として提供できるか
　………………… Q196（213頁）
行政不服審査法の適用　… Q204（220頁）
共有地の譲渡　…………… Q32（35頁）
共有地を含む土地の申出
　………………… Q119（127頁）
共有持分の譲渡　………… Q33（35頁）

―く―

国・独立行政法人・特殊法人による土地
　の買取りの協議　…… Q134（145頁）
国・独立行政法人・特殊法人による土地

の先買い　………… Q17（17頁）
国による支援　………… Q199（217頁）
国又は地方公共団体等に対する土地の譲
　渡　……………… Q76（76頁）
国又は地方公共団体等による申出
　………………… Q100（108頁）
区分所有権の譲渡　……… Q48（50頁）

―け―

契約上の地位の譲渡による土地の譲渡
　………………… Q45（48頁）
現物出資による土地の譲渡
　………………… Q39（42頁）
減歩を目的とする土地区画整理事業の施
　行区域内の土地の買取りの協議
　………………… Q140（153頁）

―こ―

公拡法施行令第3条第1項で定める法人
　………………… Q77（77頁）
公拡法第9条第1項第1号
　………………… Q175（195頁）
公拡法第9条の趣旨　…… Q171（191頁）
公拡法の概要　…………… Q1（2頁）
公拡法の土地の先買い制度と都市計画法
　の土地の先買い制度　… Q3（3頁）
公拡法の目的　…………… Q7（12頁）
公共法人による申出　…… Q101（109頁）
公示価格等と著しく異なる買取り希望価
　額　……………… Q163（181頁）
公示価格を規準として算定した価格
　………………… Q161（178頁）
公衆用道路を含む土地の譲渡

………………………Q62（62頁）
工場財団に含まれる土地の譲渡
　………………………Q40（43頁）
公有地の確保　………………Q20（20頁）
公有地の定義　………………Q9（13頁）
公有地の有効利用　…………Q21（20頁）
国土交通大臣に提出しない都市再生整備
　計画　………………………Q182（201頁）
国土利用計画法の規制区域内の土地の譲
　渡　…………………………Q87（89頁）
国土利用計画法の注視区域内の土地の譲
　渡　…………………………Q88（90頁）
国土利用計画法の届出と公拡法の届出の
　関係　………………………Q91（95頁）
国土利用計画法の届出の取下げがあった
　場合の取扱い　……………Q92（97頁）

—さ—
財産区が所有する土地の申出
　………………………Q102（110頁）
財産区による土地の譲渡　…Q78（77頁）
裁判所の命令による土地の処分
　………………………………Q41（44頁）
先買い土地を国へ譲渡できるか
　………………………Q185（204頁）
先買い土地を工場敷地として譲渡できる
　か　…………………Q188（207頁）
先買い土地の暫定利用　…Q197（214頁）
先買い土地を社会福祉法人へ貸与できる
　か　…………………Q187（206頁）
先買い土地を住宅地区改良事業の用に供
　せるか　……………Q190（209頁）
先買い土地を住宅の用に供する宅地とし
　て譲渡できるか　………Q189（208頁）
先買い土地を私立保育所施設敷地として
　貸与できるか　………Q186（205頁）

先買い土地を代替地として提供できるか
　………………………Q191（210頁）

—し—
市街化区域と市街化調整区域にまたがる
　土地の譲渡　………………Q69（69頁）
市街化区域と非線引き区域にまたがる土
　地の譲渡　…………………Q70（70頁）
市街化調整区域内の土地の譲渡
　………………………………Q68（68頁）
事業譲渡による土地の譲渡
　………………………………Q37（40頁）
事業施行者以外の者による代替地の用に
　供することを目的とした先買い
　………………………Q193（211頁）
事業認定の要否　………Q177（197頁）
市道により分断された土地の申出
　………………………Q116（124頁）
借地人へ代替地として提供できるか
　………………………Q195（212頁）
住宅街区整備事業による施設住宅の敷地
　の譲渡　……………………Q80（80頁）
重要文化財に指定されている土地の譲渡
　………………………………Q79（78頁）
小規模な土地の譲渡　………Q89（92頁）
小規模な土地の申出　……Q121（129頁）
将来的な土地の譲渡　………Q30（33頁）
所有権以外の権利が設定されている土地
　の申出　……………………Q105（113頁）
所有権以外の権利者による申出
　………………………Q107（115頁）
所有権の争いがある土地の申出
　………………………Q103（111頁）
所有者が異なる隣接する土地の譲渡
　………………………………Q59（60頁）
信託契約の手数料　………Q56（57頁）

323

索　引

信託受益権の解除　………Q55（56頁）
信託受益権の譲渡　………Q53（53頁）
信託受益権の譲渡による届出者
　………………………Q54（55頁）
信託受益権の設定　………Q52（53頁）

—す—
水路により分断される土地の申出
　………………………Q117（125頁）

—せ—
生産緑地の譲渡　…………Q65（65頁）
生産緑地法に基づく買い取らない旨の通
　知後の譲渡　……………Q84（85頁）
税制上の特例措置に係る地方公共団体等
　による手続　…………Q203（220頁）
税制上の特例措置の概要
　………………………Q201（219頁）
税制上の特例措置の適用要件
　………………………Q202（219頁）
正当な理由により土地の買取りの協議を
　行うことができなかったとき
　………………………Q169（188頁）

—そ—
相続財産清算人による土地の処分
　………………………Q35（37頁）
相続登記未了の土地の譲渡
　………………………Q34（36頁）
相続人に対する土地の買取りの協議の通
　知　……………………Q143（156頁）
相続人による土地の譲渡
　………………………Q126（135頁）

—た—
第9条第1項第3号の政令で定める事業
　………………………Q178（197頁）

第9条第1項第4号におけるその他政令
　で定める事業　…………Q184（203頁）
第9条第1項第4号の趣旨
　………………………Q179（198頁）
第9条第1項第4号の要件
　………Q180（199頁）、Q181（200頁）
大規模な住宅地の建設のための有償譲渡
　の届出があった土地の買取りの協議
　………………………Q135（147頁）
第三者のためにする契約による土地の譲
　渡　……………………Q46（49頁）
代替地の地目　……………Q194（212頁）
代理人が行った届出に関する土地の買取
　りの協議の通知　………Q144（157頁）
代理人による申出　………Q99（107頁）
建物がある土地の申出　…Q108（116頁）
建物の譲渡　………………Q47（50頁）

—ち—
地域再生計画の作成手続
　………………………Q183（202頁）
地方公共団体等の定義　……Q12（14頁）
地方公共団体の組合による土地の先買い
　………………………Q14（15頁）
地方公共団体の権利が設定されている土
　地の申出　……………Q106（114頁）
地方公共団体の資金の確保
　………………………Q198（216頁）
地方公共団体の種類　………Q13（15頁）
地方自治法における公拡法第2章の事務
　の取扱い　………………Q6（10頁）
賃借権等の所有権以外の権利の譲渡
　………………………Q51（52頁）

—つ—
通知があった日、通知があったとき
　………………………Q166（185頁）

324

抵当権等の所有権以外の権利が設定され
　た土地の譲渡　…………… Q50（52頁）
抵当権等の所有権以外の権利の設定
　………………………………… Q49（51頁）

―と―

同時期になされる土地の譲渡
　………… Q43（46頁）、Q44（47頁）
独立行政法人都市再生機構による土地の
　先買い　……………… Q16（16頁）
都市計画区域内と都市計画区域外にまた
　がる土地の譲渡　……… Q67（67頁）
都市計画区域内と都市計画区域外にまた
　がる土地の申出　……… Q114（122頁）
都市計画区域の定義　……… Q18（17頁）
都市計画施設と都市施設の定義
　………………………………… Q19（19頁）
都市計画施設の区域に接する土地の譲渡
　………………………………… Q61（61頁）
都市計画施設の区域の部分が200㎡未満
　である土地の譲渡　……… Q66（66頁）
都市計画施設又は土地収用法第3条各号
　に掲げる施設に関する事業のための土
　地の譲渡　……………… Q81（81頁）
都市計画法に基づく事業予定地の譲渡
　………………………………… Q83（83頁）
都市計画法に基づく事業予定地の申出
　……………………………… Q113（120頁）
土地開発公社　……………… Q8（12頁）
土地開発公社が管理する土地
　……………………………… Q11（14頁）
土地開発公社が取得した土地
　……………………………… Q10（13頁）
土地開発公社等による土地の先買い
　……………………………… Q15（16頁）
土地区画整理事業の仮換地の指定があっ

た土地の申出　………… Q111（118頁）
土地区画整理事業の施行区域内の土地
　……………………………… Q60（60頁）
土地区画整理事業の施行区域内の土地
　（5,000㎡）の譲渡　…… Q64（64頁）
土地区画整理事業の施行区域内の土地の
　申出　……………………… Q110（118頁）
土地区画整理事業の保留地予定地の申出
　……………………………… Q112（119頁）
土地区画整理促進区域内の土地の譲渡
　……………………………… Q63（63頁）
土地収用法第3条各号に掲げる施設
　……………………………… Q176（196頁）
土地に建物が存する場合の土地の買取り
　の協議　………………… Q142（155頁）
土地の一部を対象とする買取りの協議
　……………………………… Q138（150頁）
土地の買取価格　………… Q160（177頁）
土地の買取り希望の申出　… Q93（99頁）
土地の買取り希望の申出事項
　……………………………… Q96（103頁）
土地の買取り希望の申出の対象となる土
　地　……………………… Q95（101頁）
土地の買取りの協議　…… Q127（137頁）
土地の買取りの協議が成立しないことが
　明らかになったとき　… Q167（186頁）
土地の買取りの協議が不成立となった土
　地の譲渡
　………… Q86（87頁）、Q123（131頁）
土地の買取りの協議が不成立となった土
　地の申出　……………… Q124（133頁）
土地の買取りの協議の期間
　……… Q145（158頁）、Q157（174頁）
土地の買取りの協議の義務
　……………………………… Q156（173頁）
土地の買取りの協議の拒否

325

索　引

　　……………………………Q 159（176頁）

土地の買取りの協議の通知
　　……………………………Q 146（160頁）

土地の買取りの協議の通知がない場合の
　　譲渡　……………………Q 150（164頁）

土地の買取りの協議の通知の期間の末日
　　が土曜日や年末年始となる場合の通知
　　……………………………Q 149（163頁）

土地の買取りの協議の通知の期間の末日
　　が日曜日となる場合の通知
　　……………………………Q 148（162頁）

土地の買取りの協議の通知前の譲渡
　　……………………………Q 170（189頁）

土地の買取りの協議を行う地方公共団体
　　等の変更　………………Q 154（169頁）

土地の買取りの協議を行うことを拒むこ
　　とができる「正当な理由」
　　……………………………Q 158（175頁）

土地の買取りの協議を行う地方公共団体
　　等の順位付け　…………Q 131（142頁）

土地の買取りの協議を行う地方公共団体
　　等の選定　………………Q 128（139頁）

土地の買取りの目的　……Q 136（148頁）

土地の買取りの目的の内容
　　……………………………Q 137（149頁）

土地の買取りを希望する地方公共団体等
　　がない場合の通知　……Q 155（171頁）

土地の買取りを希望する地方公共団体等
　　がない旨の通知後の譲渡
　　……………………………Q 85（86頁）

土地の交換等を目的とした申出
　　……………………………Q 94（100頁）

土地の先買い制度　………Q 2（2頁）

土地の先買い制度の手続　…Q 5（9頁）

土地の先買いと土地の先行取得
　　……………………………Q 4（8頁）

土地の譲渡の制限

　　………Q 164（183頁）、Q 165（184頁）

土地の譲渡の制限の期間内の無償譲渡
　　……………………………Q 168（187頁）

土地の持分を対象とする買取りの協議
　　……………………………Q 139（151頁）

土地の有償譲渡の種類　……Q 28（32頁）

土地の有償譲渡の届出義務
　　……………………………Q 22（24頁）

土地の有償譲渡の届出の対象となる土地
　　……………………………Q 23（25頁）

土地の有償譲渡の届出の方法、届出事項
　　……………………………Q 24（27頁）

土地有償譲渡届出書に記載した内容に変
　　更が生じたとき　………Q 74（74頁）

土地を所有する者
　　…………Q 26（30頁）、Q 98（106頁）

土地を有償で譲り渡そうとするとき
　　……………………………Q 27（31頁）

届出があった土地の所在する地方公共団
　　体以外の土地の買取りの協議
　　……………………………Q 133（144頁）

届出等に関する情報公開請求の対応
　　……………………………Q 205（221頁）

届出等のあった日　………Q 147（161頁）

届出に関する土地の面積要件の考え方
　　……………………………Q 57（57頁）

届出の受理から3週間後に買取りの協議
　　が開始された場合　……Q 153（168頁）

届出の受理から3週間後に通知が到達し
　　た場合
　　………Q 151（166頁）、Q 152（167頁）

届出の取下げ　……………Q 73（73頁）

届出前の売買契約の締結　…Q 42（45頁）

―に―

入札による土地の譲渡　……Q 31（34頁）

―の―

農地の譲渡 …………………Q 90（93頁）

農地の代替地として供することを目的と
　した農地の買取りの協議
　…………………………Q 141（154頁）

農地法の許可を条件とした仮登記がある
　土地の申出 …………Q 104（112頁）

―は―

売買・代物弁済の予約 ……Q 29（32頁）

―ひ―

被相続人が届出を行った場合における相
　続人による土地の譲渡
　…………………………Q 36（38頁）

―ふ―

複数の市町村にまたがる土地の譲渡
　…………………………Q 72（72頁）

複数の市にまたがる土地の譲渡
　…………………………Q 71（71頁）

複数の地方公共団体等が土地の買取りを
　希望する場合の買取りの協議を行う地
　方公共団体等の選定 …Q 129（140頁）

複数の土地の譲渡 …………Q 58（59頁）

複数の土地の申出 ………Q 109（117頁）

―ほ―

法人の合併・分割等による土地の継承
　…………………………Q 38（41頁）

法定外公共物により分断されている土地
　の申出 ………………Q 115（123頁）

本法における都市計画施設と都市施設
　…………………………Q 174（194頁）

―む―

無届出による土地の譲渡 …Q 75（75頁）

―も―

申出者による土地の買取りの協議を行う
　地方公共団体等の指定
　…………………………Q 132（143頁）

申出の取下げ …………Q 122（130頁）

―ゆ―

遺言執行者による申出 …Q 125（134頁）

―よ―

用途変更した場合に、錯誤により契約が
　無効にならないか ……Q 173（193頁）

―れ―

連名による隣接地の申出
　…………………………Q 120（128頁）

327

よくわかる公拡法
土地の先買い制度関係事務Q & A

令和7年4月30日　第1刷発行

編　著　補償実務研究会

発　行　株式会社 **ぎょうせい**

〒136-8575　東京都江東区新木場1-18-11
URL：https://gyosei.jp

フリーコール　0120-953-431

ぎょうせい　お問い合わせ　検索 　https://gyosei.jp/inquiry/

〈検印省略〉

印刷　ぎょうせいデジタル株式会社　　　　　Ⓒ2025　Printed in Japan
※乱丁、落丁本はお取り替えいたします。
ISBN978-4-324-11520-6
(5109004-00-000)
〔略号：Q A公拡法〕